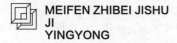

MEIFEN ZHIBEI JISHU
JI
YINGYONG

煤粉制备技术及应用

王俊哲　主编　　方　刚　主审

化学工业出版社

·北京·

本书以煤粉安全制备技术为核心，重点对煤粉的性质、煤粉制备工艺及相关设备、制粉系统防火防爆安全技术、煤粉的包装与卸料、水煤浆应用技术、煤粉工业锅炉技术、煤粉在材料领域的应用等内容进行了介绍。

本书可供从事煤粉生产和应用方面的科研人员和工程技术人员使用，也可供化工、材料等专业的师生参考。

图书在版编目（CIP）数据

煤粉制备技术及应用/王俊哲主编．—北京：
化学工业出版社，2019.10
ISBN 978-7-122-34932-3

Ⅰ．①煤… Ⅱ．①王… Ⅲ．①煤粉制备
Ⅳ．①TQ536.1

中国版本图书馆 CIP 数据核字（2019）第 153343 号

责任编辑：张　艳　　　　　　　　文字编辑：陈　雨
责任校对：刘　颖　　　　　　　　装帧设计：王晓宇

出版发行：化学工业出版社（北京市东城区青年湖南街 13 号　邮政编码 100011）
印　　刷：北京京华铭诚工贸有限公司
装　　订：三河市振勇印装有限公司
710mm×1000mm　1/16　印张 15½　字数 339 千字
2019 年 11 月北京第 1 版第 1 次印刷

购书咨询：010-64518888　　　　　　售后服务：010-64518899
网　　址：http://www.cip.com.cn
凡购买本书，如有缺损质量问题，本社销售中心负责调换。

定　　价：80.00 元

本书编写人员名单

主　　编　　王俊哲

主　　审　　方　刚

副 主 编　　李弯弯　　侯志勇　　姬文强　　庞青涛　　方世剑

参编人员　　李增林　　颜冬青　　史明章　　周安宁　　刘新成

　　　　　　张建安　　何田生　　巨　鹏　　时迎坤　　王渝岗

　　　　　　屈世存　　程少辉　　孙　强　　唐　昊

前言

中国富煤、贫油、少气的资源赋存条件决定了煤炭在我国能源结构中的主导地位。煤炭在我国能源生产中的比重一直维持在60%以上，煤炭在相当长的一个时期内仍然是我国最可靠、最稳定、最经济的能源。若在我国大规模推行煤改气，气源短缺的问题将会严重凸显，2017年冬季全国大范围出现"气荒"已印证这一事实。2018年国务院关于印发《打赢蓝天保卫战三年行动计划的通知》要求"坚持从实际出发，宜电则电、宜气则气、宜煤则煤、宜热则热，确保北方地区群众安全取暖过冬"。煤粉锅炉集中供热不仅符合国家对于"散、乱、污"企业综合整治和散煤治理的政策要求，还是解决"气荒"现实困境的有效途径。对于企业来说，采用燃气也将大大增加产品制造成本，采用煤粉锅炉是替代高耗能燃煤链条锅炉和高成本燃气锅炉的有效方式。因此，推进我国煤炭清洁高效利用是一项长期而且艰巨的任务。

将原煤磨成煤粉作为煤粉锅炉燃料，其燃尽率可达99%，大大提高了煤炭的利用率，配套自动化的煤粉锅炉系统，构成了现代化的煤粉供热体系。近年来，煤粉锅炉已被广泛应用于民用及工业集中供热。《煤炭工业发展"十三五"规划》中，明确提出"推广高效煤粉工业锅炉，鼓励发展集中供热"。中国煤炭工业协会发布的《2017煤炭行业年度发展报告》也提出"在大中城市、集中成片乡镇和农村、工业园区大力推进高效煤粉型工业锅炉，着力解决散煤清洁化燃烧和污染物控制问题"。可以说，现阶段推广煤粉锅炉集中供热具有重要的现实意义。煤粉集中供热作为一种新型的煤炭清洁高效利用方式正在我国广泛推广，随之而伴生的煤粉厂如雨后春笋在我国大量兴建。

煤粉与其他粉体相比具有可燃、密度小的特点。煤粉的安全生产是保证煤粉行业快速、持续发展的根本前提。由于煤粉的市场化应用在我国刚刚兴起，行业内规范缺失，很多煤粉厂在设计环节就存在安全隐患，在生产、储运和应用方面也处于探索阶段。近年来，已有煤粉生产和使用企业发生多起煤粉自燃和燃爆事故，对企业的财产和人员生命安全构成了严重威胁。如何避免这些问题，保证煤粉的安全生产和应用，是决定煤粉及煤粉锅炉行业健康快速发展的首要问题。本书总结了编者近年来在煤粉行业的研究和工作经验，通过理论联系实际，对煤粉的安全生产、储运及其应用进行了介绍。

本书中介绍了煤粉的性质、煤粉生产关键设备，并结合理论和编者工作经验重点介绍了煤粉安全制备过程中煤粉自燃和燃爆的防控，此外还介绍了编者在干法制备水煤浆和水煤浆级配技术方面的研究成果，最后介绍了煤粉在新材料领域的应用。本书侧重基本理论和实际生产的联系，可供从事煤粉生产和应用方面的科研人员和工程技术人员参考使用。

由于煤粉的商业化应用在我国属于新兴行业，很多问题有待进一步研究和探讨，加之编者水平有限，书中不足之处，敬请读者不吝指教。

主编
2019 年 5 月
于陕煤化新型能源有限公司

目录

第 1 章

煤和煤粉的性质

1.1 煤的生成及其成分

1.1.1 煤的生成

煤的生成大致经过两个阶段：泥炭化阶段和煤化阶段。如图 1-1 所示。泥炭化阶段是在地面沼泽中发生的，植物残体在水中与空气隔绝的条件下经过微生物的生物化学作用而形成泥炭，随着造煤植物不断堆积形成了积聚的泥炭层。泥炭化阶段历时数千年到数万年。在煤化阶段，由于地壳运动，泥炭层下沉，它被其他沉积物覆盖，把泥炭压实、脱水、浓缩而逐渐固结和煤化成岩。煤化过程首先形成褐煤。如果地层继续下沉和覆盖物加厚，煤在压力、温度的长时间作用下使水分和挥发分降低、孔隙率变小、密度增加，逐渐变为烟煤以至无烟煤。由于经受的变质程度不同而形成了不同特性的煤种。煤化阶段历时约数百万年乃至数千万年。

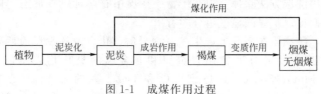

图 1-1　成煤作用过程

各种煤炭的主要特征见表 1-1。

1.1.2 煤的化学组成元素

组成煤中有机物质的化学元素有碳、氢、氧、氮和硫，这些元素的含量是计算燃烧所需空气量、燃烧产物和煤发热量的基本数据，也决定了煤的燃烧反应性能。

表 1-1　各种煤炭的主要特征

煤炭种类	煤炭特征						
	颜色	光泽	外部条带	燃烧现象	水分	相对密度	硬度
泥炭	棕褐色为主	无	有原始植物残体	有烟	多	—	很低
褐煤	褐色、黑褐色	多数暗	不明显	有烟	较多	1.1～1.4	低
烟煤	黑色	有一定光泽	呈条带状	多烟	较少	1.2～1.5	较高
无烟煤	灰黑色	金属光泽	无明显条带	无烟	少	1.4～1.8	高

(1) 碳　碳是煤中最主要的组成元素，在可燃质中的含量为 60%～97%，随着煤化程度的增加而增大。当碳完全燃烧时生成二氧化碳并放出热量，即

$$C+O_2 \longrightarrow CO_2 + 33662kJ/kg$$

煤中一部分碳与氢、氧、硫等结合成挥发性有机化合物，其余部分则呈单质状态，称为固定碳。固定碳要在较高的温度下才能着火燃烧。煤中固定碳的含量越高，就越难燃烧。

(2) 氢　氢是煤的第二个主要组成元素，一般在可燃质中含量为 1.5%～6%，随煤化程度的增加而减少。一般来说，煤中含氢量越高，煤的反应能力越强。在燃烧中氢与氧化合生成水并放出热量，即

$$H_2 + O_2 \longrightarrow H_2O + 119426kJ/kg$$

(3) 氧　煤中含氧量变化很大，随煤化程度的增加而减少，变化幅度为 0.5%～30%。它与煤中可燃元素呈化合状态，从而降低了发热量。

(4) 氮　氮在可燃物质中含量为 0.3%～3.5%。煤燃烧时，其中部分氮和氧化合生成氮氧化物（NO_x），是构成排烟中 NO_x 含量的主要部分，会造成环境污染。氮是煤中无益于燃烧的组分。

(5) 硫　硫以有机化合物、硫化物以及硫酸盐三种形态存在于煤中。煤中的含硫量多数在 0.5%～2%，最高可达 8%。硫燃烧时生成 SO_2，会导致金属设备的腐蚀，随烟气排入大气，污染环境，是煤中的有害成分。

1.1.3　煤的矿物质

煤中所含的矿物质由植物原生矿物质、成煤过程中从外界逐渐进入煤中的矿物质以及采煤过程中混入的矿物质三部分组成。前两部分为煤的内在矿物质，不易清除，而后者可用洗选方法除掉。内在矿物质在煤中有两种赋存形态，即可见杂质和细致杂质，它们可以从煤的显微组分中看出。

煤燃烧时，矿物质在高温下产生一系列分解、化合及挥发反应后剩下的不可燃残渣即灰分，其主要成分通常用含金属和非金属的氧化物表示，主要是 SiO_2、Al_2O_3、CaO、MgO、Fe_2O_3、K_2O、Na_2O 和 TiO_2。灰的成分直接影响灰熔点，通常 SiO_2 和 Al_2O_3 含量越高，灰熔点越高；而 CaO、MgO、Fe_2O_3、K_2O、Na_2O 等碱性化合物含量越高，则灰熔点越低。低灰熔点的煤容易引起锅炉燃烧室受热面的结焦从而影响锅炉的正常运行。

1.1.4　煤中的水分

将煤样在 105～110℃ 条件下干燥到恒重，失去的重量就是水分（全水分）。各

种煤的水分含量差别很大，最少的仅 2% 左右，最多的可达 50%～60%。一般来说，随着煤化程度的增加，水分逐渐减少。此外，煤的水分含量还与其开采方法、运输和储存条件等因素有关。

如果煤中水蒸气的分压力大于周围空气中水蒸气的分压力，则从煤中逸出而进入空气中的水蒸气的分子数，将大于以相反方向移动的水蒸气分子数，使煤的水分逐渐减少，直到两者达到平衡。这种在空气中经自然干燥而失去的水分，称为外部水分或表面水分。去掉外部水分后，煤中剩余的水分称为内部水分或固有水分。内部水分必须把煤加热到 105～110℃ 才能除去。外部水分与内部水分之和称为全水分。当进行煤的试验分析时，在实验室里要把煤在规定的温度和相对湿度下进行自然干燥，干燥后煤样所含有的内部水分，称为分析水分。

1.2　煤的工业指标及其影响

（1）硫分　硫在燃烧后生成 SO_2，有一部分再进一步氧化成 SO_3。随烟气流动的 SO_3 与烟气中的水蒸气进一步结合成硫酸蒸气。当烟道内受热面壁温较低时，硫酸蒸气便凝积成硫酸，使受热面遭到腐蚀。煤中硫含量越高，这种腐蚀就越严重。

燃料在燃烧时，其中的一些硫分，在高温火焰核心区局部严重缺氧的条件下会生成活性硫化氢气体（H_2S），它对高温区水冷壁会产生严重的腐蚀。对于被燃烧火炬直接冲刷的水冷壁管，这种腐蚀发展得迅速。

此外，含有氧化硫的烟气排入大气后，对人和动植物都有害。

煤中的硫化铁，质地坚硬，不易研磨，在煤粉制备过程中会加剧磨煤机部件的磨损。通常在原煤进入磨机之前或煤粉制备过程中，设法将其分离出去（利用它密度大的特点）。

（2）灰分　煤中的灰分非但不能燃烧，还妨碍可燃质与空气接触，增加燃料着火和燃尽的困难，使燃烧热损失增加。多灰的劣质煤往往着火困难，燃烧不稳定。燃烧中灰分的存在是炉膛结渣、受热面积灰和磨损的根源。灰分还造成大气和环境污染。

（3）水分　煤粉水分过高时，使煤粉在炉内点火困难，其中的水分吸热变成水蒸气并随烟气排入大气，使锅炉效率降低；同时由于煤粉水分过高影响煤粉的流动性，会使供粉量的均匀性变差，在煤粉仓中还会出现结块、"搭桥"现象，影响正常供粉。煤粉水分过高，不仅会降低煤粉燃烧温度，而且产生的水蒸气将会造成引风机电耗和排烟热损失的增加及预热器的低温腐蚀。

锅炉燃烧煤粉所需水分一般在 6% 以下，原煤的水分越高，意味着在制粉过程中所需要消耗的热能越大。制粉工艺的不同对原煤入煤水分要求也不同。若原煤水分过高（>16%），则需要先进行烘干处理。此外，原煤水分过高则容易发生煤仓下料过程堵煤现象，影响生产的正常进行。

煤粉水分过低时，产生煤粉自流的可能性增大；对于挥发分高的煤，引起自燃爆炸的可能性也增大。

（4）挥发分　失去水分的煤样，在隔绝空气的条件下加热至（900±10）℃，煤粉中的有机物分解而析出气体产物，成为挥发分。挥发分主要由各种碳氢化合物、氢、一氧化碳、硫化氢等可燃气体组成。此外，还包括少量的氧、二氧化碳、氮等不可燃气体。

不同煤种开始放出挥发分的温度是不同的。煤化程度较低、地质年代较短的燃煤（如褐煤），在较低温度下（<200℃）就迅速放出挥发分；煤化程度较高的烟煤，开始析出挥发分的温度就高一些；煤化程度更高的贫煤和无烟煤要在400℃左右才开始放出挥发分。

煤中挥发分含量的多少与煤的性质有关。一般来说，挥发分含量随煤化程度的提高而减少。

挥发分燃烧时放出的热量取决于挥发分的成分。不同煤种的挥发分发热量差别很大，低的只有17000kJ/kg，高的可达71000kJ/kg，它与挥发分中的氧含量有关，因而也与煤化程度有关。含氧量少、质量高的无烟煤和贫煤的挥发分、发热量很高，而褐煤中挥发分的发热量很低。

挥发分是煤粉燃烧的重要特性，它对锅炉的工作有很大的影响。挥发分越高，着火温度越低，煤越容易着火。例如：褐煤的着火温度约为370℃，烟煤为470～600℃，无烟煤则要在700℃以上。挥发分多的煤也易于燃尽，燃烧热损失较少。因为挥发分析出后，燃料表面呈多孔性，与助燃空气接触的机会增多；相反，挥发分少的煤着火困难，也不容易燃烧完全。挥发分含量是煤进行分类的重要依据。而在煤粉储运过程中，挥发分越高，越容易发生自燃。

（5）煤灰的熔融特性　煤在燃烧后残存的灰分是由各种矿物质成分组成的混合物，它没有固定的固相转化为液相的熔融温度，因此，煤灰的熔融过程需要经历一个较宽的温度区间。煤灰在高温灼烧时，某些低熔点组分开始熔融，并与另外一些组分发生反应形成复合晶体，此时它们的熔融温度将更低。在一定温度下，这些组分还会形成熔融温度更低的某种共熔体。这种共熔体有进一步溶解煤灰中其他高熔融温度物质的能力，从而改变煤灰的成分及熔融特性。一些氧化物、复合物及其共熔体的熔融温度如表1-2所示。

表1-2　一些氧化物、复合物及其共熔体的熔融温度

名称		熔点/℃	名称		熔点/℃
氧化物	SiO_2	1728	低熔点共熔体	$Al_2O_3 \cdot 2SiO_2 + 2FeO \cdot SiO_2 + SiO_2$	1000～1100
	Al_2O_3	2050		$2FeO \cdot SiO_2 + FeO$	1175
	CaO	2570		$2FeO \cdot SiO_2 + SiO_2$	1180
	MgO	2800		$CaO \cdot FeO + CaO \cdot Al_2O_3$	1200
	Fe_3O_4	1540		$CaO \cdot FeO \cdot SiO_2 + CaSiO_3$	1093
	Fe_2O_3	1550		$CaO \cdot Al_2O_3 + SiO_2 + CaSiO_3 \cdot SiO_2$	1170
	FeO	1420			
硅、铅、镁、钙氧化物的复合物	多铝红柱石 $3Al_2O_3 \cdot 2SiO_2$	1850			
	铝酸钙 $CaO \cdot Al_2O_3$	1500			
	硅酸钙 $CaO \cdot SiO_2$	1540			
	钙铁橄榄石 $CaO \cdot FeO \cdot SiO_2$	1100			
	铁橄榄石 $2FeO \cdot SiO_2$	1065			

目前普遍采用的煤灰熔融温度测定方法主要为角锥法和柱体法两种，国内采用角锥法。将煤灰制作成底边长为 7mm 的等边三角形，高为 20mm 的角锥。将锥体放入半还原性气体的灰熔点测定仪中，以规定的速度升温，观察灰锥在熔融过程中的四个特征温度，来表示煤灰熔融特性。灰锥变形的四个特征温度：变形温度（DT）、软化温度（ST）、半球温度（HT）、流动温度或熔化温度（FT），如图 1-2 所示。

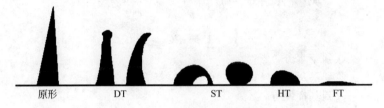

原形　　　　　DT　　　　　　ST　　　　HT　　　FT

图 1-2　灰锥熔融特征示意图

① 变形温度（DT）：煤灰锥体开始弯曲或变圆时的温度。
② 软化温度（ST）：煤灰锥体弯曲至锥尖触及底板、变成球形或半圆时的温度。
③ 半球温度（HT）：灰锥变形到近似半球形，即高约等于底长一半时的温度。
④ 流动温度（FT）：煤灰锥体完全熔化展开成高度小于 1.5mm 薄层时的温度。

通常将 DT～ST 的温度范围称为煤灰的软化范围，将 ST～FT 的温度范围称为煤的熔化范围。工业上通常以煤灰软化的温度 ST 作为衡量煤灰熔融性（灰融性）的指标，并根据指标将煤灰的熔融性划为 4 个等级，见表 1-3。

表 1-3　煤灰熔融性分级

级别	ST/℃	级别	ST/℃
易熔灰	≤1100	难熔灰	>1250～1500
可熔灰	>1100～1250	极难熔灰	>1500

由于煤灰中含有多种成分，没有固定的熔点，故 DT、ST、HT、FT 是液相和固相共存的四个温度，而不是固相向液相转化的界限温度，仅表示煤灰形态变化过程中的温度间隔。这个温度间隔值在 200～400℃ 时，意味着固相和液相共存的温度区间较宽，煤灰的黏度随温度变化慢，冷却时可在较长时间保持一定的黏度，在炉膛中容易结渣，这样的灰渣称为长渣，适用于液态排渣炉。当温度间隔值在 100～200℃ 时为短渣，此灰渣黏度随温度急剧变化，凝固快，适用于固态排渣炉。

煤灰的熔融性是判断锅炉运行中是否会结渣的主要因素之一。实际上，影响灰融性的因素是多方面的。首先是煤的化学组成，通常用各种氧化物的含量表示，并分酸性氧化物（如 SiO_2、Al_2O_3 和 TiO_2 等）及碱性氧化物（CaO、MgO、Fe_2O_3、K_2O、Na_2O 等）。这些物质在纯净状态下熔点都较高。但煤灰是多种复合化合物的混合物，燃烧时将结合为熔点更低的共晶体。

1.3　煤成分分析基准及其换算

煤中的成分是以质量分数表示的。由于煤中水分和灰分含量常随外界条件而变化，其他成分含量也就随之改变，因此在给出煤中各成分含量时，应标明其分析基准才有实际意义。常用的分析基准有收到基（as received）、空气干燥基（air dry）、干燥基（dry）和干燥无灰基（dry and ash free）四种，相应的表示方法是在各成分符号右下角加角标 ar、ad、d、daf。

（1）收到基（原应用基） 以收到状态的煤为基准计算煤中全部成分的组合称为收到基，其中包括全部水分。

$$M_{ar}+A_{ar}+C_{ar}+H_{ar}+O_{ar}+N_{ar}+S_{ar}=100\%$$

或者

$$M_{ar}+A_{ar}+V_{ar}+FC_{ar}=100\%$$

式中　M_{ar}——收到基水分，%；

　　　A_{ar}——收到基灰分，%；

　　　V_{ar}——收到基挥发分，%；

　　　C_{ar}——收到基碳含量，%；

　　　H_{ar}——收到基氢含量，%；

　　　O_{ar}——收到基氧含量，%；

　　　N_{ar}——收到基氮含量，%；

　　　S_{ar}——收到基硫含量，%；

　　　F——参数。

（2）空气干燥基（原分析基） 煤样在实验室规定的温度下自然干燥失去外部水分后，其余的成分的组合便是空气干燥基。

$$M_{ad}+A_{ad}+C_{ad}+H_{ad}+O_{ad}+N_{ad}+S_{ad}=100\%$$

或者

$$M_{ad}+A_{ad}+V_{ad}+FC_{ad}=100\%$$

（3）干燥基 以假想无水状态煤为基准。由于已不受水分的影响，灰分比较稳定，所以常用于表示煤中灰分更为准确。

$$A_{d}+C_{d}+H_{d}+O_{d}+N_{d}+S_{d}=100\%$$

或者

$$A_{d}+V_{d}+FC_{d}=100\%$$

（4）干燥无灰基（原可燃基） 以假想无水、无灰状态的煤为基准。由于不受水分、灰分的影响，比较稳定，所以常用于表示煤中有机物中碳、氢、氧、氮、硫的成分和挥发分更为准确。

$$C_{daf}+H_{daf}+O_{daf}+N_{daf}+S_{daf}=100\%$$

或者

$$V_{daf}+FC_{daf}=100\%$$

四种基准同样也可以用于煤的工业分析，煤的成分及其与各种成分基准之间的关系如图 1-3 所示。

对于同一种煤，各基准间可以进行换算，其换算系数 K 如表 1-4 所示，换算公式为

$$x=Kx_{0} \tag{1-1}$$

式中　x——换算量；

　　　x_{0}——被换算量；

　　　K——换算系数。

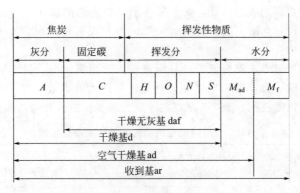

图 1-3　煤的成分及其与各种成分基准之间的关系

表 1-4　不同基准之间的换算系数

换算因子		收到基 ar	空气干燥基 ad	干燥基 d	干燥无灰基 daf
已知基准	收到基	1	$\dfrac{100-M_{ad}}{100-M_{ar}}$	$\dfrac{100}{100-M_{ar}}$	$\dfrac{100}{100-M_{ar}-A_{ar}}$
	空气干燥基	$\dfrac{100-M_{ar}}{100-M_{ad}}$	1	$\dfrac{100}{100-M_{ad}}$	$\dfrac{100}{100-M_{ad}-A_{ad}}$
	干燥基	$\dfrac{100-M_{ar}}{100}$	$\dfrac{100-M_{ad}}{100}$	1	$\dfrac{100}{100-A_{d}}$
	干燥无灰基	$\dfrac{100-M_{ar}-A_{ar}}{100}$	$\dfrac{100-M_{ad}-A_{ad}}{100}$	$\dfrac{100-A_{d}}{100}$	1

这是根据质量守恒定律导出的，可以用于同种煤不同分析基准之间除水分以外的各种成分（如 C、H、O、N、S、A）、挥发分和高位发热量的换算。

1.4　煤粉的性质

煤粉是由原煤等经过筛选、烘干、研磨加工制成的煤制品。煤制备成煤粉以后，其粒度和水分发生了改变，因此，它的性质在很多方面都不同于原煤。

1.4.1　煤粉的流动性

刚磨制好的煤粉干燥而疏松，其堆积密度为 $0.45 \sim 0.5 t/m^3$，具有良好的流动性，可采用常规粉体机械输送设备（管螺旋、斗提机等）和气力输送设备（仓泵、喷射泵等）进行输送。制粉系统要求设备或管道具有良好的密封性（或负压运行），否则会造成粉尘跑冒。

1.4.2　煤粉的自燃与爆炸性

原煤经过研磨后的煤粉平均粒径在几十微米的粒级，比表面积可达 $5 \sim 15 m^2/g$，大大增加了煤粉与空气中氧气的接触面积，而且这些"新表面"产生了更多的不饱和官能团，具有更高的表面活性，大大促进了煤粉表面的氧化，增强了自发着火倾向。实践表明，经过立磨系统研磨出的 70℃ 的堆积煤粉暴露在空气中，最短在数小时内便可发生自燃。

颗粒状的煤粉悬浮速度更低，极易形成粉尘，当氧含量、粉尘浓度和点火能三个条件同时具备时，会发生粉尘爆炸，造成极其严重的事故。表 1-5 是引起煤粉空气混合物爆炸的浓度范围，表 1-6 是煤的干燥无灰基挥发分与煤的爆炸性的关系。

表 1-5　引起煤粉空气混合物爆炸的浓度范围

名称	最低煤粉浓度/(kg/m³)	最高煤粉浓度/(kg/m³)	最易爆炸浓度/(kg/m³)	爆炸产生的最大压力/MPa	最低氧气浓度/%
烟煤	0.32～0.47	3～4	1.2～2	0.13～0.17	19
褐煤	0.215～0.25	5～6	1.7～2	0.31～0.33	18
泥煤	0.16～0.18	13～16	1～2	0.3～0.35	16

表 1-6　煤的干燥无灰基挥发分与煤的爆炸性

干燥无灰基挥发分 V_{daf}/%	爆炸性
≤6.5	极难爆炸
>6.5～10	难爆炸
>10～25	中等爆炸性
>25～35	易爆炸
>35	极易爆炸

煤粉的自燃与爆炸性是煤粉生产和应用过程中的重中之重，本书在第 6 章会专门针对煤粉自燃和燃爆的防控进行详细介绍。

1.4.3　煤粉的堆积特性

在煤粉仓中自然压实的煤粉堆积密度可达 0.7t/m³，煤粉吸附空气中的水分后容易结块，造成煤粉间架桥，导致粉仓下料中断，影响生产。煤粉堆积状态安息角>60°，煤粉输送设备的溜槽、粉仓下料壁面与水平面交角在设计过程中应大于 65°。

1.4.4　煤粉的粒度特性及其检测

(1) 煤粉的粒度特性　煤粉细度是煤粉的重要特性之一，它表示煤粉颗粒群的粗细程度。煤粉是由各种粒径不同、形状不同的颗粒混合组成的，如图 1-4 所示三组中粒径为 30μm 煤粉颗粒群放大 1000 倍后的表面 SEM 形貌图，可见煤粉颗粒群中，大小各异，形状不规则，颗粒表面呈凹凸及台阶形貌。通过激光粒度分布仪测定，其颗粒粒径范围在 0.1μm 到几百微米范围内。

物料经过破碎研磨后，其粒度组成极其复杂，若要对粒度分布进行分析，必须采用统计方法。20 世纪初，就有一些学者对矿物颗粒的筛分数据进行分析总结，研究发现，碎矿和磨矿产物的粒度数据资料可以归纳成某种数学方程式，称之为粒度特性方程式。这些粒度特性方程式以实验数据为基础，通过理论和经验总结得出，而粒度特性形成的机理至今尚未有较为完备的解释。由于粒度受到物料特性、研磨

图 1-4　$D_{50}=30\mu m$ 的三组煤粉样品的表面 SEM 形貌（×1000）

设备的综合影响，具有随机性，因此粒度特性方程具有一定条件的适用性。其中使用最为广泛的是 Rosin-Rammler 模型和 Gaudin-Schuhmann 模型。

1933 年，P. 罗辛（Rosin）、E. 拉姆勒尔（Rammler）发表粉煤的粒度特性方程

$$R(x) = \exp\left(-\frac{x}{x_m}\right)^n \tag{1-2}$$

式中　$R(x)$——大于粒度 x 的百分含量（筛上累积含量）；

$\quad\quad x_m$——$R(x)=36.8\%$ 所对应的粒径，称绝对粒度常数；

$\quad\quad n$——参数，反映了粒度均匀性，n 越大，粒度越均匀。

1940 年，A. M. 高登（Gaudin）、C. E. 安德烈耶夫和 R. 舒曼（Schuhmann）提出 G-S 粒度特性方程

$$y(x) = \left(\frac{x}{K}\right)^a \tag{1-3}$$

式中　$y(x)$——筛网孔径为 x 对应的筛下累积百分含量；

$\quad\quad K$——最大粒度；

$\quad\quad a$——参数。

R-R 模型和 G-S 模型被证实具有较好的普适性，已广泛应用于矿物粉体的研究和生产。粒度特性方程对干法级配技术制备水煤浆起到了很大的理论指导作用，本书后面章节重点讲到。

（2）煤粉粒度的筛分表征　筛分测试是粉体粒度测试最传统的方法。GB/T 6003.1—2012《金属丝编织网试验筛》规定了金属丝编织网试验筛的技术要求，包括网孔尺寸介于 $20\sim900\mu m$ 的筛网具体参数。

筛上率 R 的测试方法为：取一定数量的煤粉放入某一尺寸的筛子上进行筛分，当有 $a(g)$ 煤粉留在筛面上，$b(g)$ 煤粉通过筛孔落下，则筛子上剩余的煤粉质量占原煤粉样总质量的百分数即为煤粉细度，即

$$R_x = \frac{a}{a+b}\times100\% \tag{1-4}$$

上式中的角标 x 表示筛子的编号或筛孔尺寸。显然，R_x 值越大，煤粉越粗。

煤粉细度的筛下率 D 是用通过筛子的煤粉量占原煤粉样总量的百分数 D_x 来表示，即

$$D_x = \frac{b}{a+b}\times100\% \tag{1-5}$$

如 R_{90} 表示筛孔直径为 $90\mu m$ 的筛子筛分剩余百分比；D_{90} 表示过筛累计质量百分含量占比 90% 所对应的粒径值。D_{50} 说明筛上和筛下含量各占 50%，称为中位径或平均粒径。我国电厂常用 R_{90} 表示煤粉细度，结合 R_{200} 可判断粒度均匀度，详见 DL/T 567.5—2015《火力发电厂燃料试验方法　第 5 部分：煤粉细度的测定》。高效煤粉工业锅炉行业中，常采用 R_{75}（200 目筛上率）或 D_{75}（200 目通过率）来表示细度，跨度（Span）反映煤粉粒度的均匀性

$$Span = (D_{90} - D_{10}) / D_{50} \tag{1-6}$$

跨度越大，粒度均匀性越差；跨度越小，粒度均匀性越好。

在对煤粉进行粒度分析时，需要多个筛子同时进行筛分，得出不同的筛网尺寸-

筛上率（累积分布）对应关系，从而绘制粒度分布图，如图 1-5 所示。早期对于粒度分布特性方程的总结就是采用这个方法。

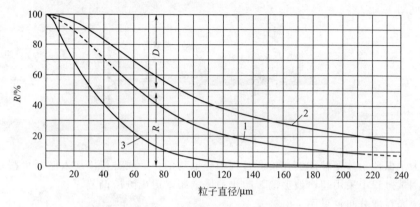

图 1-5 煤粉颗粒组成特性曲线

全筛分曲线可以直观地比较煤粉的粗细，图 1-5 所示的三根曲线中，曲线 1 代表煤粉较粗（$R_{200} = 10\%$，$R_{90} = 32\%$），曲线 2 代表的煤粉更粗（$R_{200} = 22\%$，$R_{90} = 50\%$），曲线 3 的煤粉较细（$R_{200} = 0\%$，$R_{90} = 8\%$）。

（3）激光粒度分布仪 激光粒度分布仪是近二十几年快速发展起来的一种新型粉体检测仪器。激光粒度分布仪基于衍射原理，将先进的计算机技术与激光技术相结合，与传统的筛分法相比，其最大特点是检测迅速，并且粒度表征信息丰富、操作简便、重复性好，是一种现代化的粉体检测手段，已广泛应用于粉体的研究和生产。

根据光的散射理论，当颗粒的直径与辐射的波长相当时发生的散射称为米氏散射。激光粒度分布仪激光器产生具有较好一致性的单色光（波长 λ 为 $0.7\mu m$ 左右），单色光与检测粒子（$0.1 \sim 900\mu m$）发生米氏散射，散射光的传播方向将与主光束的传播方向形成散射角，散射角的大小与颗粒的大小有关，如图 1-6 所示。不

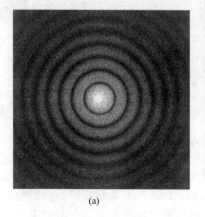
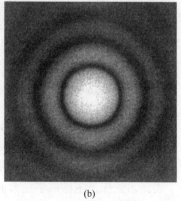

(a)　　　　　　(b)

图 1-6 两种球形颗粒的散射（衍射）图样，(a) 对应的颗粒粒径是 (b) 的两倍

同角度上的散射光的强度与对应粒径颗粒的数量有关。通过特定软件分析光电传感器不同位置的光强度，结合粒度特性模型，就可以得到样品的粒度分布，测试原理图见图1-7。

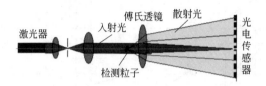

图1-7　激光粒度分布仪测试原理图

为了保证粉体颗粒能够在检测过程中分散均匀，一般将粉体加入循环水路系统，并在测试过程中采用超声波振荡，防止粉体的团聚造成测试偏差。

激光粒度分布仪见图1-8。

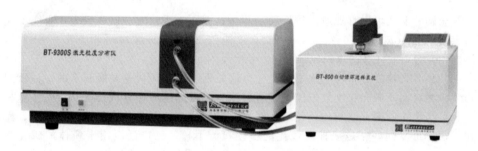

图1-8　激光粒度分布仪

需要指出的是，激光粒度仪本质上是通过光的散射并依据粒度分布方程进行数据拟合来反映物料粒度分布，因此与实际物料的粒度分布存在一定偏差，而且不同仪器测试相同的样品，由于仪器本身的参数设置不同，可能会导致结果的差异。此外，由于大颗粒（>1mm）重量较大，在循环泵的作用下不易在溶液中形成均匀的分散相，加之粒径过大，光的散射趋向几何光学散射范畴，因此无法有效检测。

虽然存在上述问题，但是粒度分布仪作为一种快速、有效、全面的粒度的检测仪器，已在粉体及化工行业被广泛使用，在企业的研发和生产中起到了很大的指导作用。我国在2016年也推出GB/T 19077—2016《粒度分布　激光衍射法》，旨在规范、完善激光粒度分布仪的检测方法。

例：图1-9为某激光粒度分布仪测试的煤粉粒度分析报告，报告中反映了该煤粉样品中各个粒级对应的累积含量（筛下率）及区间含量（累积含量微分）。通过特定过筛率对应的粒度、粒度分布数值、粒度分布曲线及特征粒径对应的过筛率四种方式进行了表征，此外，还提供了比表面积、跨度等其他信息，为分析、研究粉体粒度组成提供了极大的便利。本书后文将详细介绍根据粒度分布数据来干法制备高浓度水煤浆。

激光粒度分布仪

粒度分析报告

Range: 0.1~1036μm

样品名称：9-17 2		样品来源：	
介质名称：水		测试单位：	
物质折射率：2.420+1.000i	光学模式：Mie	测试人员：	
介质折射率：1.333	分析模式：6.3-1	测试日期：2017-09-17	测试时间：09:52:49

备注：本仪器已通过标定

中位径：24.99μm	体积平均径：30.98μm	面积平均径：7.670μm	遮光率：%
跨度：2.542	长度平均径：0.827μm	比表面积：252.3m²/kg	拟合残差：6.832%

D0:0.173μm	D6:2.453μm	D10:4.049μm	D16:6.752μm	D25:11.12μm
D75:45.63μm	D63:34.31μm	D97:87.87μm	D98:94.01μm	D100:142.9μm

粒径/μm	区间/%	累积/%	粒径/μm	区间/%	累积/%	粒径/μm	区间/%	累积/%
0.100～0.120	0	0	1.709～2.066	0.94	4.97	29.24～35.33	7.9	64.19
0.120～0.146	0	0	2.066～2.496	1.14	6.11	35.33～42.69	8.08	72.27
0.146～0.176	0.01	0.01	2.496～3.017	1.35	7.46	42.69～51.59	7.74	80.01
0.176～0.213	0.13	0.14	3.017～3.645	1.56	9.02	51.59～62.34	7.27	87.28
0.213～0.257	0.15	0.29	3.645～4.405	1.82	10.84	62.34～75.33	5.99	93.27
0.257～0.311	0.16	0.45	4.405～5.323	2.07	12.91	75.33～91.02	4.27	97.54
0.311～0.376	0.14	0.59	5.323～6.432	2.4	15.31	91.02～109.9	1.99	99.53
0.376～0.454	0.12	0.71	6.432～7.772	2.82	18.13	109.9～132.9	0.44	99.97
0.454～0.549	0.15	0.86	7.772～9.392	3.34	21.47	132.9～160.6	0.03	100
0.549～0.663	0.25	1.11	9.392～11.34	3.95	25.42	160.6～194.0	0	100
0.663～0.802	0.37	1.48	11.34～13.71	4.69	30.11	194.0～234.5	0	100
0.802～0.969	0.5	1.98	13.71～16.57	5.48	35.59	234.5～283.3	0	100
0.969～1.171	0.58	2.56	16.57～20.02	6.21	41.8	283.3～342.4	0	100
1.171～1.415	0.68	3.24	20.02～24.19	6.95	48.75	342.4～413.7	0	100
1.415～1.709	0.79	4.03	24.19～29.24	7.54	56.29	413.7～500.0	0	100

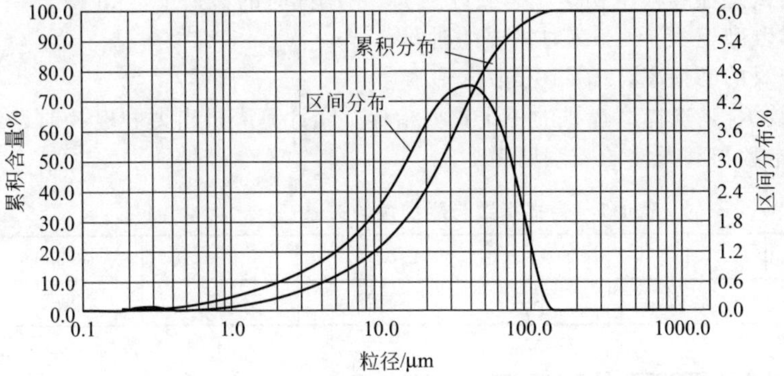

粒径/μm	含量/%
0.300	0.42
0.510	0.80
1.000	2.07
3.000	7.41
10.00	22.71
20.00	41.76
30.00	57.39
45.00	74.42
75.00	93.14
100.0	98.88

图 1-9　某激光粒度分布仪测试的煤粉粒度分析报告

1.5　煤的研磨特性

1.5.1　煤的可磨性

煤的可磨性是煤被粉碎和研磨成煤粉难易程度的特性。对于难磨的煤，研磨成同样细度的煤粉所消耗的能量较多，或消耗同样的能量时，磨出一定细度的煤粉量较少，反之亦然。煤的这种特性称为煤的可磨性指数（或可磨度），常用哈氏可磨性指数 HGI 表示。

具体测试方法为：选用 50g 粒径为 $0.63\sim1.25mm$ 的空干基煤样均匀放入研磨碗内平铺后，放置 8 个研磨钢球，安装好研磨构件，启动电机，设置研磨 60 转后自动停止，测定研磨后煤粉中小于 0.071mm 的煤粉质量 m，可由式(1-7) 计算出物料的可磨性指数

$$HGI = 6.95m + 12.71 \tag{1-7}$$

具体测试方法可参照 GB/T 2565—2014《煤的可磨性指数测定方法　哈德格罗夫法》。

我国煤的 HGI 为 $25\sim129$。HGI 小于 60 的煤属难磨煤，HGI＝$60\sim80$ 的煤属于中等可磨煤，HGI 大于 80 则属于易磨煤。

1.5.2　煤的磨损指数

煤在磨制过程中，煤中所含硬质成分（特别是石英、黄铁矿等），对磨煤机研磨部件的金属表面产生挤压、冲击、切削等作用，使其遭受磨损，磨损的轻重程度用煤的磨损指数表示。

煤的磨损特性，一般有两种表示方法，即研磨式磨损指数 AI 和冲刷式磨损指数 K_e。我国目前采用冲刷式磨损指数表示煤的磨损特性，用式(1-8) 计算。它是在高速喷射煤粉流对金属（纯铁）试片磨损测试仪中，由测试煤样在一定时间内对金属的磨损量和相同条件下每分钟能使金属磨损 10mg 的标准煤样的磨损量比较获得。

$$K_e = \frac{\delta}{A\tau} \tag{1-8}$$

式中　δ——纯铁试片在煤样由初始状态破碎到 $R_{90}＝25\%$ 时的磨损量，mg；

τ——煤样碾磨至 $R_{90}＝25\%$ 时需要的时间，min；

A——标准煤的磨损率，$A＝10mg/min$。

煤的磨损指数 K_e 是选择磨煤机的一个重要指标，在计算磨机出力和电耗时也经常会用到。磨损指数与磨损性的关系见表 1-7。

表 1-7　磨损指数与磨损性的关系

磨损指数 K_e	＜1.0	1.0～2.0	2.0～3.5	3.5～5.0	＞5.0
煤的磨损性	轻微	不强	较强	很强	极强

1.6　煤粉质量指标及检测

1.6.1　煤粉技术条件

由陕煤集团新型能源公司联合煤炭科学研究总院等单位制定的国家标准 GB/T

26126—2018《商品煤质量　煤粉工业锅炉用煤》于 2018 年 5 月 14 日正式发布。该标准规定了煤粉工业锅炉用煤、煤粉产品质量等级、技术要求、试验方法、检验规则、标识、运输及储存，并将煤粉工业锅炉用煤及煤粉产品按发热量和全硫指标进行等级划分，以"发热量等级＋全硫等级"的形式表示。煤粉的技术要求和试验方法应符合表 1-8 的规定。

表 1-8　煤粉的技术要求和试验方法（部分）

项目	符号	单位	级别	技术要求	试验方法
全水	M_t	%	—	≤5	GB/T 211
灰分	A_d	%	—	≤12	GB/T 212
挥发分	V_{daf}	%	—	≥28	GB/T 30372
硫	$S_{t,d}$	%	Ⅰ	≤0.5	GB/T 214 或
			Ⅱ	$0.5 < S_{t,d} \le 1.0$	GB/T 21254
发热量	$Q_{net,ar}$	MJ/kg	Ⅰ	≥27.17	GB/T 213
			Ⅱ	≥25.08	
			Ⅲ	≥22.99	
煤粉细度	R_{90}	%	—	≤20	DL/T 567.5

1.6.2　煤粉采样、制备、储存、运输和质量测试报告

① 煤粉产品的试样按 GB/T 475 或 GB/T 19494.1 规定采取，按 GB/T 474 或 GB/T 19494.2 规定制备。

② 煤粉产品应储存在防雨、防潮、防火的地方，并定期巡检。

③ 煤粉产品以吨包或罐车的方式进行运输。

④ 每批出厂的产品应附有检验报告。

1.6.3　煤粉制备用原料煤的检测

选择原料煤一方面要满足燃烧用户的要求，另一方面应该考虑原料煤可磨性指数。因为原料煤的可磨性指数直接影响着煤粉制备工艺、煤粉产品质量和磨煤成本。同时原料煤的质量检测，也为煤粉生产、储运和煤粉产品质量保证提供科学的参考依据。

根据制粉工艺对煤的要求和锅炉燃烧对煤粉的要求，一般要对入磨原料水分、灰分、挥发分、含硫量、发热量、碳、氢、氮、可磨性、磨损度、灰熔点等项目进行检测。在这些检测项目中，尤其检测煤的挥发分（V）、灰熔点（ST）、全水分（M_t）和哈氏可磨性指数（HGI）。前两项 V 和 ST 影响着煤粉在炉膛中是否能稳定着火燃烧和锅炉燃烧的排渣方式；后两项 M_t 与 HGI 决定了磨机出力与功耗。

1.7　煤粉工业指标检测

1.7.1　水分的测定

1.7.1.1　全水分的测定

（1）方法 A——干燥箱法

① 取 5~10g 左右的煤粉样品置于预先干燥并称量（称准至 0.0002g）过的称量瓶中，迅速加盖，称量（称准至 0.0002g），晃动摊平。

② 打开瓶盖，将称量瓶和瓶盖放入预先鼓风并已经加热到 105~110℃ 的干燥箱中（见图 1-11），冷却至室温，称量。

③ 进行检查性干燥，每次 30min，直到连续两次干燥煤样的质量减少不超过 0.0010g 或质量增加时为止。

④ 结果计算

$$M_t = \frac{m_1}{m} \times 100\%$$ (1-9)

式中　M_t——煤样的全水分；

　　　m——称取的煤样质量，g；

　　　m_1——煤样干燥后的质量损失，g。

（2）方法 B——红外干燥法　红外水分分析仪（见图 1-10）采用远红外光作用于物料内部水分，使水分发生共振吸收，从而产生热能烘干物料，测试原理不同于传统热传导和对流的方式，具有检测迅速、效率高、不改变物料性状的优点。采用红外水分分析仪检测煤粉水分仅需要 3min 左右，大大缩短了煤粉水分的检测时间和检测程序，实现了煤粉生产过程中水分的有效控制。

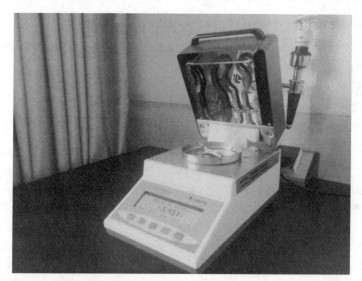

图 1-10　红外水分分析仪

① 按红外水分分析仪测定说明书要求，进行准备、状态调节以及参数设定。

② 将样品盘放置在仪器支架上，去皮重，称取 3~5g 的样品放置在样品盘中，确保样品分布均匀。

③ 合上上盖，点击"启动"，仪器进入自动测试程序。当听到蜂鸣一声，测试结束，读取数据。

1.7.1.2　一般分析煤粉水样的测定

① 在预先干燥并已称量过的称量瓶内称取粒度小于 0.2mm 的一般分析试验煤

样（1±0.1）g，称准至 0.0002g，平摊在称量瓶中。

②打开称量瓶盖，放入预先鼓风并已加热到 105～110℃ 的干燥箱中（见图 1-11）。在一直鼓风的条件下，烟煤干燥 1h，无烟煤干燥 1.5h。

注：预先鼓风是为了使温度均匀，可将装有煤样的称量瓶放入干燥箱前（3～5min）就开始鼓风。

③从干燥箱中取出称量瓶，立即盖上上盖，放入干燥器中冷却至室温（约 20min）后称量。

④进行检查性干燥，每次 30min，直到连续两次干燥煤样的质量减少不超过 0.0010g 或质量增加时为止。在后一种情况下，采用质量增加前一次的质量为计算依据。水分小于 2.00% 时，不必进行检查性干燥。

图 1-11　鼓风干燥箱

⑤结果计算

$$M_{ad} = \frac{m_1}{m} \times 100\% \qquad (1\text{-}10)$$

式中　M_{ad}——煤样的全水分；

　　　m——称取的煤样质量，g；

　　　m_1——煤样干燥后的质量损失，g。

1.7.2　灰分的测定

（1）缓慢灰化法

①在预先灼烧至质量恒定的灰皿（见图 1-12）中，称取粒度小于 0.2mm 的一般分析试验煤样（1±0.1）g，称准至 0.0002g，均匀地摊平在灰皿中，使其每平方厘米的质量不超过 0.15g。

图 1-12　灰皿

② 将灰皿送入炉温不超过 100℃ 的马弗炉（见图 1-13）恒温区，关上炉门并使炉门留有 15mm 左右的缝隙。在不少于 30min 的时间内将炉温缓慢升至 500℃，并在此温度下保持 30min。继续升温到 （815±10)℃，并在此温度下灼烧 1h。

图 1-13　马弗炉

③ 从炉中取出灰皿，放在耐热瓷板或石棉板上，在空气中冷却 5min 左右，移入干燥器中冷却至室温（约 20min）后称量。

④ 进行检查性灼烧，温度为 （815±10)℃，每次 20min，直到连续两次灼烧后的质量变化不超过 0.0010g 为止。以最后一次灼烧后的质量为计算依据。灰分小于 15.00% 时，不必进行检查性灼烧。

（2）快速灰化法

① 将快速灰分测定仪预先加热至 （815±10)℃。

② 开动传送带并将其传动速度调节到 17mm/min 左右或其他合适的速度。

③ 在预先灼烧至质量恒定的灰皿中，称取粒度小于 0.2mm 的一般分析试验煤样 （0.5±0.01)g，称准至 0.0002g，均匀地摊平在灰皿中，使其每平方厘米的质量不超过 0.08g。

④ 将盛有煤样的灰皿放在快速灰分测定仪的传送带上，灰皿即自动送入炉中。

⑤ 当灰皿从炉内送出时，取下，放在耐热瓷板或石棉板上，在空气中冷却 5min 左右，移入干燥器中冷却至室温（约 20min）后称量。

⑥ 按下式计算煤样的空气干燥基灰分

$$A_{ad} = \frac{m_1}{m} \times 100\%$$（1-11）

式中　A_{ad}——空气干燥基灰分的质量分数；

　　　m——称取的一般分析试验样的质量，g；

　　　m_1——灼烧后残留物的质量，g。

1.7.3　挥发分的测定

① 在预先于 900℃温度下灼烧至质量恒定的带盖瓷坩埚（见图 1-14）中，称取粒度小于 0.2mm 的一般分析试验煤样（1±0.1）g，称准至 0.0002g，然后轻轻振动坩埚，使煤样摊平，盖上盖，放在坩埚架上。

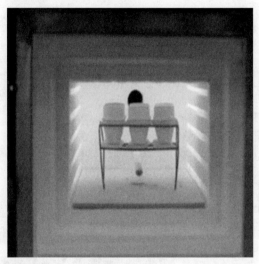

图 1-14　坩埚

② 褐煤和长焰煤应预先压饼，并切成宽度约 3mm 的小块。

③ 将马弗炉预先加热至 920℃左右。打开炉门，迅速将放有坩埚的坩埚架送入恒温区，立即关上炉门并计时，准确加热 7min。坩埚及坩埚架放入后，要求炉温在3min 内恢复至（900±10）℃，此后保持在（900±10）℃，否则此次试验作废。加热时间包括温度恢复时间在内。

注：马弗炉预先加热温度可视马弗炉具体情况调节，以保证在放入坩埚及坩埚架后，炉温在 3min 内恢复至（900±10）℃为准。

④ 从炉中取出坩埚，放在空气中冷却 5min 左右，移入干燥器中冷却至室温（约 20min）后称量。

⑤ 按下式计算煤样的空气干燥基挥发分

$$V_{ad} = \frac{m_1}{m} \times 100\% - M_{ad} \qquad (1-12)$$

式中　V_{ad}——空气干燥基挥发分的质量分数；

　　　m——一般分析试验煤样的质量，g；

　　　m_1——煤样加热后减少的质量，g；

　　　M_{ad}——一般分析试验煤样水分的质量分数，%。

1.7.4　发热量测定

（1）测试方法

① 按照仪器说明书安装和调节热量计。

② 在燃烧皿中称取粒度小于 0.2mm 的空气干燥煤样，称准到 0.0002g。

③ 在熔断式点火的情况下，取一段已知质量的点火丝，把两端分别接在氧弹的两个电极柱上，弯曲点火丝接近试样，注意与试样保持良好的接触或保持微小的距离（对易飞溅和易燃的煤）；并注意勿使点火丝接触燃烧皿，以免形成短路而导致点火失败，甚至燃烧燃烧皿；同时还应注意防止两电极间以及燃烧皿与另一电极之间的短路。

④ 按量热仪（见图 1-15）的操作说明书进行其余步骤的试验，直至结束试验。

⑤ 结束试验后，取出氧弹，开启放气阀，放出燃烧废气，打开氧弹，仔细观察弹筒和燃烧皿内部，如果有试样燃烧不完全的迹象或有炭黑的存在，试验应作废。

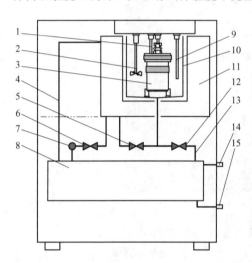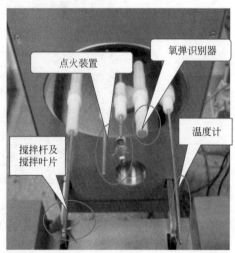

图 1-15　量热仪结构示意图

1—点火装置；2—搅拌器；3—氧弹；4—溢流管；5—平衡阀；6—进水阀；7—进水泵；
8—备用水箱；9—精密感温探头；10—内桶；11—外桶；12—放水阀；
13—放水管；14—溢流口；15—放水口

（2）方法的精密度　发热量测定的重复性限和再现性临界差如表 1-9 所示。

表 1-9　发热量测定的重复性限和再现性临界差

高位发热量/(J/g)	重复性限 $Q_{gr,ad}$	再现性临界差 $Q_{gr,d}$
	120	300

1.7.5　全硫的测定

（1）测试步骤

① 启动电脑测硫仪（见图 1-16），将管式高温炉升温并控制在 (1150±10)℃。

② 开动供气泵和抽气泵并将抽气流量调节到 1000mL/min。在抽气下，将电解液加入电解池内，开动电磁搅拌器。

③ 在瓷舟中放入少量非测定用的煤样，进行终点电位调整试验。如试验结束后库仑积分器的显示值为 0，应再次测定，直至显示值不为 0。

④ 在瓷舟中称取粒度小于 0.2mm 的空气干燥煤样 (0.05±0.005)g（称准至

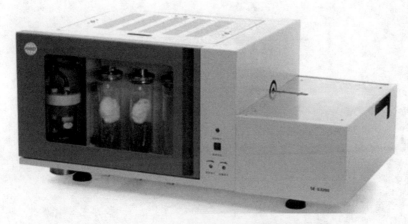

图 1-16 库仑滴定法电脑测硫仪

0.0002g)，并在煤样上盖一薄层三氧化钨。将瓷舟放在石英托盘上，开启送样程序控制器，煤样即自动送进炉内，库仑滴定随即开始。试验结束后，库仑积分器显示出硫的毫克数或质量分数，或由打印机打印。

⑤ 全硫质量分数按下式计算

$$S_{t,ad} = \frac{m_1}{m} \times 100\%$$ (1-13)

式中 $S_{t,ad}$——一般分析煤样中全硫质量分数；

    m_1——库仑积分显示器显示值，mg；

    m——煤样质量，g。

（2）方法的精密度 库仑滴定法全硫测定的重复性和再现性如表 1-10 所示。

表 1-10 库仑滴定法全硫测定的重复性和再现性

全硫质量分数 S_t/%	重复性限 $S_{t,ad}$/%	再现性临界差 $S_{t,d}$/%
≤1.50	0.05	0.15
1.50（不含）~4.00	0.10	0.25
>4.00	0.20	0.35

参 考 文 献

[1] 李郁侠，王新红，贺梅．发电厂动力设备．西安：陕西科学技术出版社，2003.
[2] 周强泰．锅炉原理．第三版．北京：中国电力出版社，2013.
[3] 李启衡．粉碎理论概要．北京：冶金工业出版社，1993.
[4] 段希祥．碎矿与磨矿．北京：冶金工业出版社，2012.
[5] 张安国，梁辉．电站锅炉煤粉制备与计算．北京：中国电力出版社，2010.

第2章

煤粉制备过程的烘干及热平衡

煤粉制备是将原煤在一定的工艺条件下粉磨制备出符合技术指标要求的煤粉的过程。这一过程属于物理变化，实质为煤的粒径和煤中水分的变化。一般原煤的水分大于10%，而煤粉的水分一般要求<6%；对于原煤入磨粒径而言，一般要求入磨粒径小于25mm，否则需先经过破碎，遵循"多破少磨"的节能原则，锅炉燃烧煤粉一般要求粒径在20~50μm之间。在煤粉制备生产过程中工艺控制都是围绕着煤粉水分和煤粉粒度这两个指标展开的。

烘干、研磨及输送构成了制粉过程的三大核心环节，根据烘干形式的不同，制粉工艺可分为一步法和两步法；根据研磨方式不同，可分为球磨研磨和立式研磨；输送过程可分为气力输送和机械输送方式。本章将着重介绍煤粉制备过程的烘干，并介绍生产系统的热平衡。

2.1 原煤烘干形式

烘干的形式分为两步法（先烘后磨）和一步法（边烘边磨），两步法一般采用带式烘干机（见图2-1）或回转窑炉（见图2-2）对原煤进行烘干，烘干后的物料再进入磨机进行研磨。带式烘干机一般采用电加热的方式，不仅耗能大，而且烘干效率偏低，一般来说，烘干后的水分不低于9%；回转窑炉一般采用煤粉作为燃料进行烘干，但烘干后的原煤水分也不低于7%，难以达到工业煤粉的要求，而且两次烘干增加了原煤输送倒运的次数，增加了生产成本。两步法无法实现原煤低水分的原因在于，原煤内部空隙发达，对原煤进行直接烘干，原煤内部的游离水和结合水无法得到蒸发。由于采用两步法在烘干原煤的过程中烘干效率低、耗能大，且无法将原煤水分烘干至5%以下，因此在煤粉制备过程已逐渐弃用。

图 2-1　带式烘干机

图 2-2　回转窑炉

　　采用一步法边烘边磨的形式具有很大优势：原煤经过研磨形成煤粉的过程中原煤内部的游离水还有部分结合水会形成水蒸气而排出，不仅耗能低，而且制备出的煤粉水分最低可达 3%。此外，水分的降低还会增加物料的可磨性，提升磨机的磨矿效率，因此目前制粉厂普遍采用一步法的方式进行烘干。

2.2　热风炉的分类

　　作为一步烘干法，采用热风炉为系统提供热量。热风炉按照结构不同可分为卧式热风炉和立式热风炉。卧式热风炉主要由耐火砖砌成，成本高，占地面积大，但优点是易于设计，且供热量大；立式热风炉炉体主要是钢体构架，占地面积小，施工周期短，缺点是设计复杂。燃烧器布置一般为对角式，供热量小。所以用户应根据实际需要进行选型。

　　按照燃料不同分为煤粉热风炉、原煤热风炉（沸腾炉、链条炉）、煤粉气化炉、水煤浆热风炉、重油热风炉、天然气热风炉。

　　原煤热风炉为链条式层燃方式，不仅原料燃尽率和热风炉燃烧效率低，而且现场工作环境恶劣、煤场占地面积大，近年来已被逐渐取缔；沸腾炉属于煤的流态化燃烧，原煤颗粒（粒径一般＜8mm）在大于其本身悬浮速度的气流作用下上下翻动，与流体的沸腾相似，故又称沸腾燃烧方式，这种燃烧方式大大提高了煤的燃尽率，从而提高了热效率，但是缺点是飞灰较多、排渣量大、耗电量大，本质上仍是原煤的燃烧。煤粉热风炉采用煤粉燃烧器进行喷吹式燃烧，属于悬浮式燃烧，煤粉燃烧改变了原煤的燃烧方式，不仅燃料燃尽率高，可达98％以上，而且煤粉可进行仓式存储、气力输送，节能环保，成本低廉，近年来在建材行业、农业、路政行业普遍采用煤粉喷吹式窑炉对物料进行烘干煅烧，对于企业来说，不仅能够节约生产成本，而且降低了粉尘污染。水煤浆热风炉采用水煤浆介质进行燃烧，采用专门的水煤浆燃烧器在一定的供浆压力和空气压力下，将水煤浆进行雾化燃烧，水煤浆最大的优点是安全，除非采用雾化燃烧，否则几乎无法点燃或自燃，同时燃料燃尽率高，可泵送，但是水煤浆需要制浆设备，增加了制浆环节，且具有一定的存储周期，这一点限制了水煤浆在烘干领域的推广。采用重油方式燃烧的热风炉具有发热量高、无粉尘污染的优势，但是成本较高，不适合大规模生产使用。天然气是最洁净的燃烧方式，但是天然气的成本高，是煤燃烧成本的3倍，这是生产企业无法接受的。

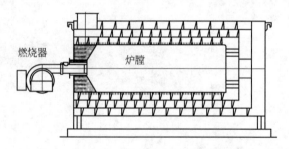

图 2-3　直接加热热风炉炉膛结构示意图

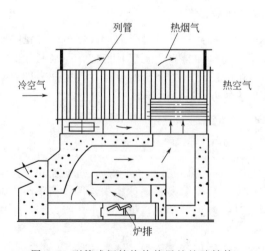

图 2-4　列管式间接换热热风炉炉膛结构

　　按照烘干方式不同可分为热烟气直接加热热风炉和间接式换热热风炉。图 2-3 为直接加热热风炉炉膛结构示意图，图 2-4 为列管式间接换热热风炉炉膛结构示意图。

　　直接加热热风炉应用于对纯净度要求不高的物料，如煤、建材物料、铺路沥青的石子等。间接式换热采用高温烟气加热纯净空气的方式，常用于干燥对洁净度要求高的物料，如农产品、副食品、化工品等，这种方式还避免烟道中高温灰渣与物料的直接接触，安全性高，但是间接式换热过程存在能量的交换，因此热效率低。为了降低成本，在实际生产过程中，如果对物料洁净度要求不高，应在严格的工艺条件控制下，采用直接加热方式。

直接加热热风炉，物料在炉膛内部与高温烟气直接接触；列管式热风炉属于间接加热方式的一种，是指热风炉的换热器由多根换热管按一定次序排列组成，冷空气进入列管（一般为碳钢或合金钢结构）内部，列管外部直接接触高温烟气，热量由管外经过列管传导至管内冷空气，实现管外至管内的热传递，从而达到加热管内空气的目的。

对于原煤来说，不需要考虑杂质的影响，经过计算，即使采用原煤或煤粉作为燃料对原煤灰分的影响也不超过 0.1%，因此考虑到生产成本，对原煤的烘干采用直接加热方式。

2.3　热风炉的技术参数

2.3.1　温度

温度主要包括炉膛温度、出口温度、循环风温度等。炉膛温度是燃料燃烧时尚未与物料及环境换热对应的温度；出口温度相当于排烟温度，排烟温度低说明换热效率高；部分热风炉为了利用余热或出于安全考虑降低系统氧含量，会在炉膛内引入循环风，这时循环风的温度与具体的工艺过程有关。

温度的测量主要采取三种测量方式。

（1）热电阻传感器　中低温区最常用的一种温度检测器，一般用于温度范围在 -200～500℃ 区间的测量，具体测量温度范围应依照仪表铭牌。

（2）热电偶型传感器　采用铂铑合金、镍合金等制成，铂铑合金因为其测温幅度宽（高温大于 1300℃），且在高温氧化环境中性能稳定而被广泛使用。

（3）红外测温仪　红外测温仪属于非接触式温度测量。红外测温仪测温范围在 -30～2000℃，测温幅度宽、精度高，但设备价格也较高，目前也经常用于锅炉及热风炉炉膛测温。

2.3.2　风量

风量、温度及烟气的比热容决定了烟气的热量，在一步法的烘干系统中，风量还承担着输送粉体物料的作用，这一具体过程后面的章节会讲到。风量在风温确定的情况下，不仅决定了系统的热量输入，还决定物料的气力输送过程，因此风量是烘干系统乃至制粉系统最重要的参数之一，是系统的工艺设计及生产过程工艺控制的基础参数。

风量的测量一般有三种形式：热敏式、机械式、皮托管式。热敏式风速测量仪［见图 2-5(a)］内部由一根被电流加热的金属丝制成，流动的空气使电阻丝散热，散热速率和风速的平方根呈线性关系，基于这种关系便可实现风速的测量，热敏式风速测量仪灵敏度较高，适用于 0～5m/s 小风速测量。

机械式风速测量仪［见图 2-5(b)］原理构造最简单，采用螺旋桨结构，使其旋转平面始终正对风的来向，它的转速正比于风速，根据转速测量出风速值。机械式风速测量仪用于 5～40m/s 风速的测量。机械式测量由于其体积和环境温度的制约，主要用于常温状态下手持式测量。

(a) 热敏式风速测量仪　　　　　　(b) 机械式风速测量仪　　　　　　(c) 皮托管式风速测量仪

图 2-5　几种风速测量仪

　　皮托管式风速测量仪［见图 2-5(c)］根据流体力学的伯努利原理设计而成。对重力场中的不可压缩流体而言，满足伯努利方程，流体的压强、重力势能、单位体积动能三者之和为一常数

$$p + \rho g z + \frac{1}{2} \rho v^2 = C \tag{2-1}$$

式中　p——流体压强；

　　　ρ——密度；

　　　z——垂直高度；

　　　v——流速；

　　　C——常数。

　　对于气体而言，重力势能差 $\rho g z$ 可忽略，因此上式可简化为

$$p + \frac{1}{2} \rho v^2 = C \tag{2-2}$$

　　式(2-2) 中等式左边第一项、第二项分别为气体的静压和动压，等号右边代表全压。

　　根据上式只要能够测得气体动压 $\frac{1}{2} \rho v^2$，便可得知流速 v。皮托管提供了一种测定气体动压的途径：最简单的皮托管有一根端部带有小孔的金属细管为导流管，正对流体流动方向测出流体的全压；另外在背对流体流向附近再引出一根导压管，测得静压力；差压计与两导压管相连，测出的压力即为动压力，从而测得流体的流速。示意见图 2-6。

　　如图 2-6 所示，流量计的 A 口迎面对着烟气流动的方向，烟气经过导流管进入流量计测得烟气的全压，B 口背对烟气流动方向，测得烟气静压，经过流量计信号处理单元进行数据处理，得出烟气流速，结合管道内径可得出风量值。在线式风量计还要考虑随着长时间的运行，烟气中的杂质可能会堵塞导流管，因此需增加反吹装置。

　　利用皮托管的测试原理，可用于对管道内负压的测量，压差计便是依据同样的原理设计而成：如图 2-6 所示，只要将 A 端置于管道之外，B 置于管道内，便得出管道内外的压差。

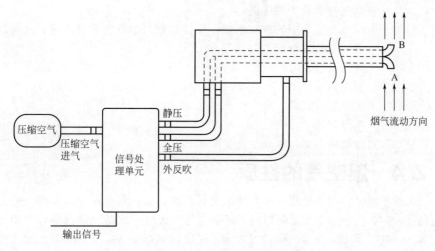

图 2-6　在线式皮托管流量计测量示意图

2.3.3　烟气热量

烟气热量是烘干系统的最主要热源，是系统热平衡计算及热风炉工艺设计的最重要的参数，具体过程后面章节会讲到。烟气热量采用下列表达式

$$Q = C_p VT \tag{2-3}$$

式中，Q 表示烟气热量；C_p 为热烟气等压比热容；V 表示烟气流量；T 表示烟气温度（热力学温度）。

2.3.4　烘干效率

烘干效率是指实际单位时间烘干物料所用的热量与消耗燃料放热的比值。烘干物料所用的热量实际等于烘干物料前后烘干水分的汽化热，燃料放热取决于单位时间内燃料耗量、燃料耗值及燃料的燃烧效率。影响烘干效率的因素还有：燃烧器助燃风量、系统漏风、炉体散热、外界气温等，这些都是热风炉热平衡计算和设计的基础。

2.3.5　烟气阻力

当烟气在管道或设备中流动时，由于流体本身具有黏滞性并且与管道产生摩擦力，这种阻力称为沿程摩阻。此外，烟气阻力还包括局部压损（烟气流向改变或管道突然变宽或变窄造成烟气流速变化而产生的阻力）、烟气经过旋风除尘或布袋除尘的阻力，对于一步法的煤粉制备系统还包括带动物料的启动压损、固气两相流的气流压损、经过磨机的压损等。烟气在系统内的压损直接影响到系统烟气的流动阻力，是系统设计和风机选型的主要依据。这里主要先对烟气在水平管道阻力做一个简要介绍，先让读者有一个表观的认识，具体过程后面会讲到。除尘器压损由厂家直接提供，只在具体生产过程做微小修正。

对于水平直管，烟气阻力有

$$\Delta P_{\text{直}} = \lambda_a \frac{L}{D} \times \frac{\rho_a v_a^2}{2} \tag{2-4}$$

式中　$\Delta P_{直}$——烟气在直管中的压损；

$\qquad \lambda_a$——烟气在直管中的摩擦系数，摩擦系数与烟气流型（层流、过渡、紊流）及管道材料相关；

$\qquad L$——管道长度；

$\qquad D$——管道内径；

$\qquad \rho_a$——烟气密度；

$\qquad v_a$——烟气流速。

可见烟气阻力取决于烟气本身性质及管道工况。

2.4　湿空气的性质

热风炉干燥过程实质是热烟气与物料进行换热，将物料的水分以水蒸气的方式带走的过程。在用热力学处理问题时，理想气体指绝对干燥的纯净气体。干燥空气含有氧气、氮气、二氧化碳、稀有气体等，根据道尔顿分压定理，理想的混合气体的总压力等于组成该混合气体的各种气体的分压力之和，因此干燥空气可作为理想气体满足理想气体状态方程

$$pV = nRT \tag{2-5}$$

式中　p——空气压强；

$\qquad V$——空气体积；

$\qquad n$——混合气体物质的量；

$\qquad R$——普适气体常数；

$\qquad T$——空气温度。

实际的空气中总是存在水蒸气，水蒸气在空气中的含量用绝对湿度、相对湿度和含湿量来表示。

2.4.1　绝对湿度

绝对湿度是每立方米湿空气中含有的水蒸气含量，即空气中水蒸气的密度。

2.4.2　相对湿度

水分在特定空气（定温定压）中的含量存在一个上限值，超过这个值水蒸气就会凝结成液态水，这个上限值称为饱和蒸汽压密度，低于这个密度的水蒸气叫做过热水蒸气。而绝对湿度并不能反映过热蒸汽到达饱和水蒸气的程度，因此引入相对湿度的概念。相对湿度为实际空气中的水蒸气密度与饱和水蒸气密度的比值，有如下表示

$$\varphi = \rho / \rho_s \tag{2-6}$$

式中　φ——相对湿度；

$\qquad \rho$——过热水蒸气密度；

$\qquad \rho_s$——饱和水蒸气密度。

将水蒸气看做理想气体，根据理想气体状态方程，上式也可表示为

$$\varphi = p / p_s \tag{2-7}$$

式中　p——空气中过热水蒸气压；

$\qquad p_s$——饱和水蒸气压。

相对湿度较为直接地反映了空气的干燥程度，相对湿度越大，空气湿度越大，当相对湿度达到 1 时，空气中水蒸气凝结成水。

2.4.3　含湿量

含湿量表示单位质量（1kg）干空气所携带的水蒸气的质量（g），含湿量确切反映了空气中含有水蒸气量的多少，含湿量有下式表示

$$d = \frac{m_v}{m_a} \qquad (2-8)$$

式中，m_v 为空气中水蒸气质量；m_a 为干空气质量。

结合两者的理想气体状态方程

$$p_a V = m_a R_a T, \quad p_v V = m_v R_v T$$

可得

$$d = 1000 \frac{p_v}{p_a} \times \frac{R_a}{R_v} \qquad (2-9)$$

空气的普适常数 R_a 为 287J/(kg·K)；水蒸气的普适常数 R_v 为 461J/(kg·K)。

湿空气的压强设为 B，引入相对湿度 φ，则有

$$d = 622 \frac{p_s \varphi}{B - p_s \varphi} \qquad (2-10)$$

2.4.4　露点温度

露点温度指空气在水汽含量和气压都不改变的条件下，冷却到饱和时的温度。露点温度是干燥气的重要指标，如果物料烘干前后水分指标一定，那么干燥气与物料进行热交换后烟气中水汽含量就为一定值，系统内烟气可做等压近似处理，则要求烘干后烟气的温度不得低于露点温度，否则会对布袋除尘系统造成严重影响。烘干前物料水分发生变化时，烟气露点温度也会随之变化，需控制烟气温度以防止烟气结露影响到生产的稳定性及安全性。露点温度在测得烟气的干球温度及相对湿度后，可通过查表法计算。

2.4.5　干球温度、湿球温度

干球温度表示温度计在空气中实际测得的温度。湿球温度是绝热条件下湿空气与水进行温度交换后达到的平衡温度，可采取以下方式测量：用湿纱布包扎普通温度计的感温部分，纱布下端浸在水中，以维持感温部位空气湿度达到饱和，在纱布周围保持一定的空气流通，使周围空气接近达到等焓，近似为绝热系统，示数达到稳定后，此时温度计显示的读数近似认为是湿球温度。因为外界空气水分为过热未饱和状态，那么湿纱布表面的水分会不断蒸发，由于水蒸发时吸收热量，从而使贴近纱布的一层空气温度降低。温差的形成导致外界空气向纱布传热，而纱布周围的水分会继续吸热形成水蒸气向外界的不饱和蒸汽扩散，直到温度计显示稳定达到湿球温度。干球温度、湿球温度测试示意图见图 2-7。

因此，空气的湿球温度小于干球温度，相对湿度愈小，湿球温度与干球温度差距愈大。如果空气中水蒸气是饱和状态，湿球温度和干球温度相等。因此干球温度、湿球温度与相对湿度存在一定的关系，如图 2-8 所示。

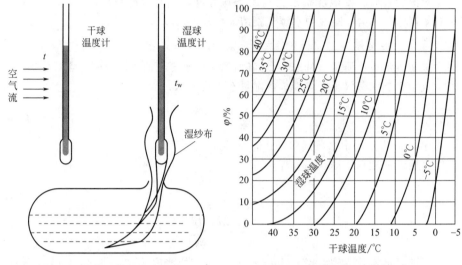

图 2-7 干球温度、湿球温度
测试示意图

图 2-8 干球温度、湿球温度、
相对湿度关系图

湿度的测量和计算可参照 GB/T 11605—2005《湿度测量方法》，工业上测量湿度的方法主要包括冷凝露点法与电阻电容法，前者适合在线测量，如冷镜式湿度仪，具有精度最高、测量范围宽、稳定性能好的优点，但价格昂贵。电阻电容法是比较常用的一种测量手段，但其中湿敏元件的感湿部分不能受污染、腐蚀或凝露，因此不适合在高湿环境中连续测量，是人工检测的很好方式。

2.4.6 比焓

在定压过程中，系统所吸收的热量等于系统态函数焓的增加。空气的焓值为

$$H = U + pV \tag{2-11}$$

由上式可以看出焓也表示空气的总能量，因此定压比热容 C_p 可用焓表示为

$$C_p = \lim_{\Delta T \to \infty} \frac{\Delta Q_p}{\Delta T} = \left(\frac{\partial H}{\partial T}\right)_p \tag{2-12}$$

即定压比热容为焓值对温度的偏微分。

根据定义，以 0℃ 的单位质量的干空气为基准，湿空气焓值可表示为

$$H_a = 1.01t + 1.84t + 2500d \quad (\text{kJ/kg 干空气}) \tag{2-13}$$

式中　t——空气温度，℃；

　　　d——空气的含湿量，kg/kg；

　　　1.01——干空气的平均定压比热容，kJ/(kg·K)；

　　　1.84——水蒸气的平均定压比热容，kJ/(kg·K)；

　　　2500——0℃时水的汽化潜热，kJ/kg。

单位质量的焓值称为比焓，定义为 1kg 干空气的焓和它相对应的水蒸气的焓的总和。通过比焓的增加和减少，确定空气是吸热还是放热。

根据焓湿图（见图 2-9），已知任意两个独立的空气状态参数，通过在焓湿图上找到相应的状态点，从而确定其他的状态参数，也可通过查表法得出其他参数量，

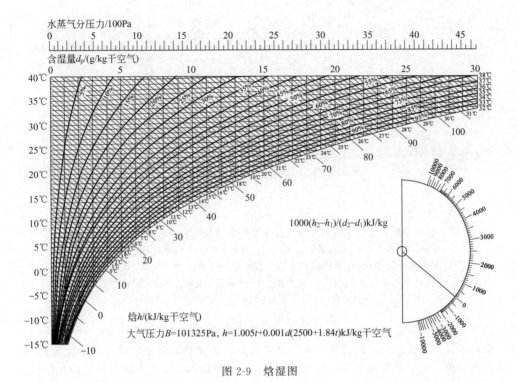

图 2-9　焓湿图

具体表格可参照 GB/T 11605—2005《湿度测量方法》。目前也有很多关于湿度换算的软件，也可通过软件进行换算。

2.5　系统热平衡计算

系统热平衡计算建立在热力学第一定理即能量守恒定理之上，结合物料平衡计算，是煤粉制备系统设计和生产过程工艺参数控制的基本依据。在磨粉过程中，干燥气主要控制温度 T 和风量 Q 两个参数，热平衡计算便是主要确定温度，风量取决于粉体的气力输送，后面的章节会详细介绍。热平衡计算虽然在正常的生产过程中很少用到，但是如果物料水分发生变化，或者要改变粉磨产品的水分指标时，热平衡计算是调整生产工艺参数的基础，当系统出现异常时，也是分析问题的基础。在处理磨粉系统热平衡问题时，涉及的物料数量庞大，烟气成分复杂，系统能量收支项目繁多，因此无法做精确计算，有些项目可做近似处理。对于两步法的粉磨工艺，其物料烘干过程的热平衡计算可参照《新型干法水泥厂工艺设计手册》。这里主要介绍一步法粉磨工艺的热平衡计算，相比两步法烘干过程，一步法更为复杂，因为干燥气除了温度外，风量值同时要满足物料风送的条件，有关物料风送过程的计算在后面的章节会着重介绍，这里仅仅围绕热平衡进行讨论计算。下面以典型的一步法立磨研磨工艺为例（陕煤化集团新型能源有限公司的煤粉制粉系统），进行热平衡计算。

立磨研磨工艺流程图如图 2-10 所示。

具体工艺过程如下：将入料粒度＜50mm 的末煤自原煤棚通过输煤皮带栈桥输

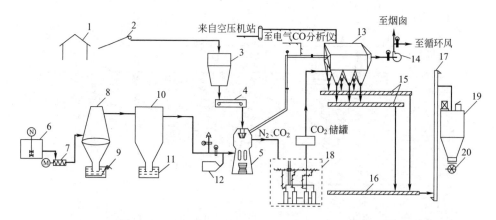

图 2-10 　立磨研磨工艺流程图（陕煤化集团新型能源有限公司的煤粉制粉系统）

1—原煤棚；2—输煤皮带；3—原煤缓冲仓；4—称重给煤机；5—立式磨机；6—炉前供浆罐；

7—螺杆泵；8—热风炉；9—刮板机；10—旋风除尘炉；11—激冷水槽；12—制粉车间；

13—脉冲布袋收尘器；14—通风机；15—小螺旋输送带；16—大螺旋输送带；

17—斗提机；18—CO₂灭火系统；19—煤粉仓；20—卸料器

送至原煤缓冲仓，缓冲仓内原煤通过全封闭式由称重给煤机将原煤以 20～30t/h 的喂料量加入立式磨机，同时经热风炉出来的热风通过旋风除尘炉除尘后从立式磨机进入磨内，其中，热风炉顶连通有循环风，将旋风除尘引出的热风进行冷热配风，从而调节进入立式磨机内的热风温度，原料煤在立式磨机研磨出中位径为 20～100μm 的细粉。

热风炉通过燃烧水煤浆产生热风，热风通过旋风除尘炉除尘后从立式磨机进入磨内，通过调节循环风门内负压（−2.5 ～−3kPa）及冷风门控制进入立式磨机的进风温度不超过 160℃，出口温度控制在 70℃ 之内。不仅起到降低煤粉水分的作用，而且通过烘干增强了煤的可磨性。

通过调整磨机内分离器转速及通风机风量（调整负压）制备出所需粒度分布的细粉。符合粒度要求的细粉随气流进入袋收尘系统，由布袋收集，在压缩空气的脉冲振动下，布袋收集的细粉落入管螺旋，由管螺旋输送机输送至斗提机，通过斗提机，煤粉卸至煤粉仓。通风机为整个生产系统提供负压抽力，使得热风炉的热源能够与立磨内的煤粉进行热量交换，同时为煤粉的负压气力输送提供动力。

热风炉产生的高温干燥气在磨机内与原煤进行热量交换，当入磨原煤及最终煤粉产品的指标（水分）确定后，结合系统工况，可以通过系统热平衡计算，得出干燥气入磨时的温度，作为系统温度控制的依据。以磨机之后的系统作为热平衡系统的研究对象，将系统的能量收入项和支出项进行分析，为了便于计算，取 0℃ 作为基准。

2.5.1 　系统收入热与支出热分析

对立磨系统基于热平衡原理进行热量平衡计算。磨机系统的热平衡表如表 2-1 所示。

表 2-1 系统收入热与支出热平衡表

	收入热/(kJ/h)			支出热/(kJ/h)	
1	干燥气带入热	q_1	6	水分及水汽带走热	q_6
2	入磨原煤带入热	q_2	7	煤粉带走热	q_7
3	系统漏风带入热	q_3	8	出袋收尘废气带走热	q_8
4	磨机研磨产生热	q_4	9	磨机筒体散热	q_9
5	脉冲空气带入热	q_5	10	管道散热	q_{10}
			11	袋收尘散热	q_{11}
总计	$Q_1=q_1+q_2+q_3+q_4+q_5$		总计	$Q_2=q_6+q_7+q_8+q_9+q_{10}+q_{11}$	
平衡	$Q_1=Q_2$				

各单项计算如下。

2.5.1.1 干燥气带入热的计算

(1) 干燥气带入热 q_1

$$q_1=V_1C_1T_1 \tag{2-14}$$

式中　q_1——干燥气热量，kJ/h；

V_1——入磨热风风量，m^3/h；

C_1——入磨热风平均比热容，$kJ/(m^3 \cdot ℃)$；

T_1——入磨热风温度，℃。

入磨热风风量可用在线式风量计测量，入磨热风的平均比热容 C_1 等于各个组分的比热容的体积平均值，即

$$C_1=\sum_{i=1}^{n}C_iV_i \tag{2-15}$$

假设有 n 种气体，C_i 为各气体的比热容，V_i 为各气体的体积分数。热风炉燃料燃烧后产生的烟气包含 CO_2、CO、SO_2、NO_2、NO、O_2、N_2，这些气体的含量可采用烟气分析仪进行测量。表 2-2 采用德国 MRU NOVA PLUS 型烟气分析仪测量的一组热风炉烟气数据，测得烟气温度为 213℃，负压为 −1040Pa，负压较小可近似以 1atm（1atm＝101325Pa）处理，在此温度及压力下同时可查得各组分气体的比热容。

表 2-2 各组分气体的体积分数及等压比热容

烟气组分	O_2	CO_2	SO_2	NO_x	CO	N_2
体积分数	16.4%	4.09%	$12×10^{-6}$	$89×10^{-6}$	0	79.5%（计算值）
各烟气比热容/[J/(mol·K)]	31.1	44.6	46.6	48.76	29.68	29.4

根据上式可得，烟气平均比热容 C_1 为：

$C_1=31.1×16.4\%+44.6×4.09\%+29.4×79.5\%+(46.6×12+48.76×89)×10^{-6}$

$=30.4[J/(mol·K)]$

可查得，在 213℃，空气的定压比热容为 29.8J/(mol·K)，与上述计算值很接

近，主要是因为烟气中 CO、SO_2、NO_x 等占比很少，且空气中氧含量及氮含量变化不大，这是因为一步法的干燥气中引入了系统循环风与外界冷风，因此当热风炉的热风风量相比总风量较小，且未知烟气燃烧后产物具体含量时，为了便于计算，也可直接参考在相应温度和压力下空气的比热容。

（2）入磨原煤带入热 q_2　入磨原煤是主要与干燥气进行换热的介质，包含两部分：原煤带入热及原煤水分带入热。

$$q_2 = G_1[C_s + M_1/(1-M_1)C_w]T_0 \qquad (2\text{-}16)$$

式中　q_2——入磨原煤带入热，kJ/h；

　　　G_1——投料量，kg/h；

　　　M_1——入磨原煤水分，%；

　　　C_w——水的比热容，kJ/(kg·℃)；

　　　C_s——入磨原煤平均比热容，kJ/(kg·℃)；

　　　T_0——入磨原煤温度（即环境温度），℃。

（3）系统漏风带入热 q_3　系统漏风在一定程度上能够稳定系统内部的负压波动，但过多的漏风会影响到系统的温度控制及物料的风送。漏风相关参数与外界环境一致。

$$q_3 = V_3C_3T_0 \qquad (2\text{-}17)$$

式中　q_3——漏风带入热，kJ/h；

　　　V_3——系统漏风风量，m^3/h；

　　　C_3——漏风平均比热容，kJ/(m^3·℃)；

　　　T_0——环境温度，℃。

（4）磨机研磨产生热 q_4　磨机在研磨煤粉过程中会产生热量，是一个电能转化为机械能、机械能转化为热能的过程，这一过程的热功转换系数近似选取 0.7。

$$q_4 = 3600 \times 0.7P_0 \qquad (2\text{-}18)$$

式中　q_4——磨机工作发热，kJ/h；

　　　3600——热功当量（1kW·h=3600kJ），kJ/(kW·h)；

　　　0.7——热功转换系数；

　　　P_0——磨机主电机功率，kW。

（5）脉冲空气带入热 q_5　研磨完成的煤粉随气流经过布袋集粉器实现气粉分离，附着在布袋上的煤粉需经过脉冲空气的拍打脱离布袋，脉冲空气会从外界引入热量。

$$q_5 = V_5C_5T_0 \qquad (2\text{-}19)$$

式中　q_5——脉冲空气带入热，kJ/h；

　　　V_5——脉冲空气风量，m^3/h；

　　　C_5——脉冲空气平均比热容，kJ/(m^3·℃)；

　　　T_0——环境温度，℃。

2.5.1.2　支出热的计算

（1）原煤水分及水汽带走热 q_6　原煤水分及水汽带走热是热量主要支出项，主要包括水汽化过程的吸收热和由 0℃升温为 T_2（等同于出磨煤粉温度）所吸收的热量。

$$q_6 = G_2[M_1/(1-M_1) - M_2/(1-M_2)](q_汽 + C_{w1}T_2) \tag{2-20}$$

式中 q_6——水分及水汽带走热，kJ/h；

G_2——煤粉产量，kg/h；

M_1——原煤中水分含量，%；

M_2——煤粉中水分含量，%；

$q_汽$——1kg 水由 0℃变成水蒸气所需汽化潜热，kJ/kg；

C_{w1}——水蒸气比热容，kJ/(kg·℃)；

T_2——煤粉温度，℃。

（2）煤粉带走热 q_7 烘干后的煤粉温度有所上升，煤粉所带走的热量分为两部分，一部分为煤粉干基带走的热量，另一部分为煤粉中水分带走的热量。

$$q_7 = C_f G_2(1-M_2)T_2 + C_w G_2 M_2 T_2 \tag{2-21}$$

式中 q_7——煤粉带走热，kJ/h；

G_2——煤粉产量，kg/h；

M_2——煤粉中水分含量，%；

C_f——煤粉平均比热容，kJ/(kg·℃)；

C_w——水的比热容，kJ/(kg·℃)；

T_2——煤粉温度，℃。

（3）出袋收尘废气带走热 q_8 制粉系统烟气经过收尘器会对外排出部分高温烟气，排出烟气带走的热量为

$$q_8 = V_8 C_8 T_3 \tag{2-22}$$

式中 q_8——出袋收尘废气带走热，kJ/h；

V_8——出袋收尘废气量，m³/h；

C_8——废气平均比热容，kJ/(m³·℃)；

T_3——出袋收尘废气温度，℃。

（4）立磨筒体散热 q_9 立磨本体主要为铸铁成分，金属具有良好的导热性能，系统内的能量通过立磨本体源源不断向外界传导，单位时间内立磨散热表达式为

$$q_9 = \alpha_1 F_1(T_{b1} - T_0) \tag{2-23}$$

式中 q_9——立磨筒体散热，kJ/h；

α_1——传热系数，kJ/(m²·h·℃)；

F_1——立磨散热面积 $F_1 = \pi D(D/4 + L)$，D 为磨机直径，L 为磨机高度；

T_{b1}——磨机表面温度，℃；

T_0——制粉车间环境温度，℃。

（5）管道散热 q_{10}

$$q_{10} = \alpha_2 F_2(T_{b2} - T_0) \tag{2-24}$$

式中 q_{10}——管道散热，kJ/h；

α_2——传热系数，kJ/(m²·h·℃)；

F_2——管道表面积 $F_2 = \pi DL$，D 为管道直径，L 为管道长度；

T_{b2}——管道表面温度，℃；

T_0——制粉车间环境温度，℃。

（6）袋收尘器散热 q_{11}　袋收尘器作为集粉设备，空间庞大，具有较大的表面积，也是系统散热的主要支出项，不过为了避免除尘器过度散热，一般除尘器壳体都有保温措施。

$$q_{11} = \alpha_3 F_3 (T_{b3} - T_{01}) \tag{2-25}$$

式中　q_{11}——袋收尘散热，kJ/h；

α_3——传热系数，kJ/(m²·h·℃)；

F_3——袋收尘散热面积 $F = 2CH + 2KH + CK$，C 为袋收尘长，K 为袋收尘宽，H 为袋收尘高；

T_{b3}——袋收尘表面温度，℃；

T_{01}——室外环境温度，℃。

2.5.2　举例计算

根据某煤粉生产企业生产系统产品、产能、风量匹配计算结果统计表，选取 $D_{50} = 28.47\mu m$，投料量为 38t 时，计算立磨入口所需热风温度。

已知条件：

投料量 G_1	38000kg/h	产量 G_2	33060kg/h	系统漏风 V_3	8000m³/h
入磨原煤水分 M_1	13%	煤粉水分 M_2	4%	排出废气温度 T_3	70℃
入磨原煤温度 T_1	20℃	煤粉温度 T_2	70℃	周围环境温度 T_0	20℃
入磨热风风量为 110471.7m³/h			脉冲空气风量为 300m³/h		
磨机主电机功率 P_0			500kW		

2.5.2.1　收入热的计算

（1）热风带入热 q_1

$$q_1 = V_1 C_1 T_1 = 110471.7 \times 1.322 \times T_1 = 146043.59 T_1 \text{(kJ/h)}$$

（2）入磨原煤带入热 q_2

$$q_2 = G_1 [C_s + M_1/(1-M_1) C_w] T_0 = 38000 \times$$
$$[1.406 + 13\%/(1-13\%) \times 4.187] \times 20 = 1544049 \text{(kJ/h)}$$

（3）系统漏风带入热 q_3

$$q_3 = V_3 C_3 T_0 = 8000 \times 1.297 \times 20 = 207520 \text{(kJ/h)}$$

（4）磨机研磨产生热 q_4

$$q_4 = 3600 \times 0.7 P_0 = 3600 \times 0.7 \times 500 = 1260000 \text{(kJ/h)}$$

（5）脉冲空气带入热 q_5

$$q_5 = V_5 C_5 T_0 = 300 \times 1.297 \times 20 = 7782 \text{(kJ/h)}$$

2.5.2.2　支出热的计算

（1）水分及水汽带出热 q_6

$$q_6 = M_汽 (q_汽 + C_{w1} T_2) = G_2 [M_1/(1-M_1) - M_2/(1-M_2)](q_汽 + C_{w1} T_2)$$
$$= 33060 \times [13\%/(1-13\%) - 4\%/(1-4\%)] \times (2490 + 1.88 \times 70)$$

$$=9339450(\text{kJ/h})$$

（2）煤粉带走热 q_7

$$q_7 = C_f G_2 (1-M_2) T_2 + C_w G_2 M_2 T_2$$
$$= 1.093 \times 33060 \times 70 \times (1-4\%) + 4.187 \times 33060 \times 70 \times 4\%$$
$$= 2815826(\text{kJ/h})$$

（3）收粉器废气带走热 q_8

$$q_8 = V_8 C_8 T_3 = (M_{汽} \times 22.4/18 + 110471.7 + 8000) \times 1.302 \times 70$$
$$= 11201565(\text{kJ/h})$$

（4）立磨筒体散热 q_9

$$q_9 = \alpha_1 F_1 (T_{b1} - T_0) = 75 \times 92.65 \times (70-20) = 347437.5(\text{kJ/h})$$

（5）管道散热 q_{10}

$$q_{10} = \alpha_2 F_2 (T_{b2} - T_0) = 70 \times 89.49 \times (50-20) = 187927(\text{kJ/h})$$

（6）袋收尘散热 q_{11}

$$q_{11} = \alpha_3 F_3 (T_{b3} - T_{01}) = 80 \times 340 \times (40-18) = 598400(\text{kJ/h})$$

总收入热 Q_1 为

$$Q_1 = q_1 + q_2 + q_3 + q_4 + q_5 = 146043.59 T_1 + 1544049 + 207520 + 1260000 + 7782$$
$$= 146043.59 T_1 + 3019351(\text{kJ/h})$$

总支出热 Q_2 为

$$Q_2 = q_6 + q_7 + q_8 + q_9 + q_{10} + q_{11} = 9339450 + 2815826 + 11201565 + 347437.5$$
$$+ 187927 + 598400 = 24490605.5(\text{kJ/h})$$

根据热平衡原理 $Q_1 = Q_2$，得

$$T_1 = (24490605.5 - 3019351)/146043.59 = 147(℃)$$

即磨机入口温度应保持在 147℃ 左右，当然在这里还要遵循两个原则：煤粉的着火点和收粉器露点温度。首先，为了防止高温导致煤粉燃烧，烘干原煤的温度不宜高于原煤着火点。安全起见，应将温度控制在甚至低于原煤着火点几十度以下，这是因为温度传感器属于点测量，在系统某些部位的局部温度可能高于该值。原煤着火点的测量可在有资质的第三方进行测试，一般烟煤着火点在 $320\sim340℃$ 之间，因此入口温度应最高不宜超过 270℃ 以上。其次，收粉器烟气温度如果过低，会造成收粉器布袋结露，影响收粉器的正常功能。计算收粉器烟气的绝对含湿量，根据烟气的负压和烟气工作温度等初始条件，可通过查表或湿度换算软件确定烟气露点温度，根据绝对湿度定义，收粉器烟气绝对湿度可由下式得出

$$D = M_{汽} / V_8 = 30\text{g/m}^3$$

若收粉器内部烟气负压值为 -2000Pa，烟气温度为 75℃，通过湿度换算软件可得出对应露点温度为 59℃，因此收粉器烟气出口温度不得低于该露点温度，考虑到 10℃ 的波动量，实际生产不宜低于 69℃。当然，该算法提供了一种露点温度的估算方法，在实际生产中可采用湿度计实际测量收粉器出口的烟气湿含量，从而得出更为精确的露点值。

可见，通过热平衡计算确定了系统温度控制参数，当然，热平衡过程为了便于计算，采取了近似处理，如比热容直接参考空气比热容，因此热平衡计算结果不可能完全精确，但为生产调控提供了参考值，在实际生产过程中就可以以计算结果作

为依据结合实际生产进行调控，在保证系统安全稳定的前提下，制备出质量合格的煤粉产品。

上述计算目标值为立磨前热风温度，若把热风炉纳入热平衡计算范围，可以计算出单位时间的燃料供给量，从而为热风炉的燃烧控制提供依据。

图 2-10 工艺中，热风炉采用立式水煤浆热风炉，水煤浆燃料通过变频螺杆泵控制流量，螺杆泵电机频率越大，流量越高，相应单位时间内的热量供给就越高，同时还要增加鼓风机供气量，以使水煤浆在燃烧过程中能够有足够的氧气，一般要求燃烧过程的过剩空气系数为 1.2。

假设水煤浆低位发热量 $Q_{net.ar}$ 为 3000kcal/kg，折合 12500kJ/kg，根据上述热平衡计算，进磨热风能量为

$$q_1 = V_1 C_1 T_1 = 110471.7 \times 1.322 \times T_1 = 146043.59 \times 147 = 21468407.7 (\text{kJ/h})$$

则每小时供浆量至少应为

$$Q = q_1 / Q_{net.ar} = 21468407.7 \div 12500 = 1717.5 (\text{kg/h})$$

可知水煤浆流量至少应在约 1.7t/h 才能满足热量的供给，进一步通过螺杆泵的设备参数，可确定在该流量下螺杆泵的供浆频率，从而为生产提供依据。

根据热平衡计算，将生产过程中产能、物料的指标特性、工艺系统的风量、温度、设备的工况等参数统一地联系了起来，这是制粉系统设计过程中必须遵从的原则。可基于若干已知参量，通过热平衡计算求出其他参数，为生产过程的工艺控制提供依据，比如：

① 研磨可磨性较低的原煤需要降低投料量；

② 原煤水分发生变化；

③ 热风炉燃料热值发生变化；

④ 客户要求煤粉产品水分发生变化；

⑤ 四季气温变化导致入料原煤温度差异等。

当发生上述情况时，需要依据热平衡对系统工艺进行调整。

为了方便使用，可针对特定生产系统将热平衡过程编制程序，也可简单在 Excel 中编制算法，以指导日常生产。

参 考 文 献

[1] 朱文学. 热风炉原理与技术. 北京：化学工业出版社，2005.

[2] 严生，常捷，程麟. 新型干法水泥厂工艺设计手册. 北京：中国建材工业出版社，2007.

[3] 冯丹玲，马彩雯，邹平. 几种常用热风炉的结构与特点分析. 新疆农机化，2013 (4)：49-50.

[4] GB/T 11605—2005. 湿度测量方法.

[5] 李椿，章立源，钱尚武. 热学. 北京：高等教育出版社，2010.

第**3**章

煤粉的粉磨制备

3.1 粉碎和研磨

粉碎和研磨是在外力的作用下使大块物料克服内聚力，碎裂成若干小颗粒的加工过程。根据粉碎所得产物的粒度级别，可将粉碎分为破碎和粉磨两类。破碎是使大块物料碎裂成小块物料的加工过程，粉磨是使小块物料粉磨成微米级粉体的加工过程。可按以下方法进行分类：

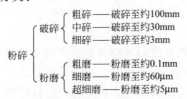

在机械力的作用下，物料的粉碎方式主要包含物料与破碎机工作面的挤压、劈裂、冲击、折断、剪切等，不同的破碎机对应不同的破碎方式。颚式破碎机主要以挤压、剪切作用为主；锤式破碎机主要以冲击为主；圆锥式破碎机主要以挤压、折断方式为主；齿辊式破碎机主要以劈裂方式为主。而物料粉碎成更细小的颗粒则需要采用研磨方式，包含了球磨、棒磨、立式辊磨等，物料的研磨过程主要体现了物料之间、物料与工作面之间的剪切作用。

物料粉碎性能介绍如下。

3.1.1 强度

分子与分子、原子与原子之间通过离子键、共价键、金属结合能、范德华力吸引在一起。离子键和共价键的作用力最强，约为 $1000 \sim 4000 kJ/mol$，金属键能为

$100 \sim 800kJ/mol$，范德华结合能仅为 $0.4 \sim 4.2kJ/mol$。对于晶体而言，分子与分子都是以共价键或离子键结合，晶体的结构决定其在晶面密度最大的晶面之间结合力最小，会形成解理面，即晶体更容易在解理面发生断裂。自然形成的晶体或矿物并非理想结构，其内部存在位错、空隙、裂纹。格里菲斯（A. A. Griffith）创立的断裂力学便是基于裂纹对物体强度的影响进行研究的一门学科。对于体积较大的物料，其内部发生"裂纹"的概率也就越大，因此大尺寸的物料破碎能量较小，随着粒度的减小，所需破碎能量急剧增大，这一点会在后面的破碎理论详细介绍。

3.1.2　硬度

硬度是物体抵抗其他物体刻划、压入或磨蚀的能力，是在固体表面产生局部形变的能力。硬度取决于物料内部分子的键合情况及晶体结构。金刚石之所以坚硬，是由于碳原子之间以共价键结合，且碳原子形成的正四面体具有稳定的晶体结构。硬度的表示方法主要有：①莫氏（Mohs）硬度：莫氏硬度采用划刻法进行测量，分为 10 个等级，数值越大表示其硬度越大；②布式（Brinell）硬度：用淬火钢球测压痕的表面积作为硬度标；③洛式硬度：用金刚石圆锥体或淬火钢球测压痕的深度作为硬度标；④肖式硬度：采用弹子回跳的高度作为硬度标。

硬度与强度虽然在本质上与分子之间的作用力有关，但是硬度并没有直接地反映与破碎物料有关的能量，更多地表示物料的抗刻划能力，因此，很少用硬度来研究物料的破碎过程。

3.1.3　脆性、塑性

脆性和塑性是相反的物性：塑性是指在外力作用下，材料能稳定地发生永久变形而不破坏其完整性的能力；脆性是指物料在受力破坏直接碎裂之前，只出现极小的弹性形变而不出现塑性形变。脆性和塑性都着重于对物料物性的定性描述，也有学者对脆性进行了量化研究。此外，描述物料特性的参数还有弹性、韧性，这里就不一一表述。

3.1.4　可磨性

对于煤粉制备而言，原料煤的可磨性是磨矿过程的重要指标。可磨性反映了原料煤被研磨成粉体的难易程度，是指特定质量的物料从某一粒度粉碎到指定粒度所需的功耗。物料可磨性最常用表示方法是哈氏可磨性指数 HGI。物料的哈氏可磨性指数越大，则越容易细磨。哈氏可磨性指数的测定采用哈氏可磨性指数测定仪。

哈氏可磨性指数测定仪如图 3-1 所示，主要由机座、研磨件、转数控制器、电机、减速机、重块等构成。研磨件（图 3-2）由研磨环、研磨碗、8 个钢球构成。测量时，在研磨件上部安装重块，使研磨钢球上部的压力为 $(284 \pm 2)N$。

测量方法如下：选用 50g 粒径为 $0.63 \sim 1.25mm$ 的空干基煤样均匀放入研磨碗内平铺后，放置 8 个研磨钢球，安装好研磨

图 3-1　哈氏可磨性指数测定仪

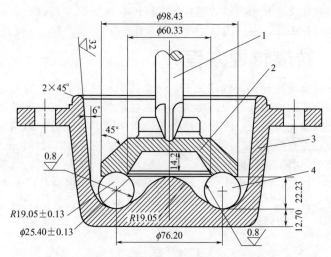

图 3-2　哈氏可磨性测定仪研磨件内部结构图
1—主轴；2—研磨环；3—研磨碗；4—钢球

构件，启动电机，设置研磨 60 转后自动停止，测定研磨后煤粉中小于 0.071mm 的煤粉质量（m），可由式(3-1) 计算出物料的可磨性指数

$$HGI = 6.95m + 12.71 \tag{3-1}$$

或可通过哈氏可磨性指数校准图（图 3-3）查得。

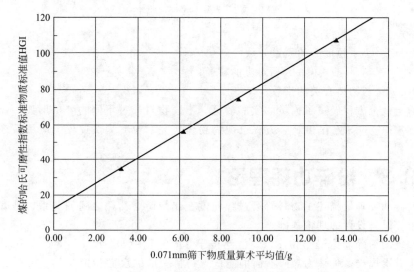

图 3-3　哈氏可磨性指数校准图

　　具体的测量方法可参考 GB/T 2565—2014《煤的可磨性指数测定方法　哈德格罗夫法》。由于可磨性与煤种水分有关，测试哈氏可磨性指数之前采用煤的空干基，但在实际磨矿过程中，原煤直接进行研磨，因此也可采用原煤收到基直接进行测试，这样对实际生产更具有指导意义。

　　除了哈氏可磨性指数，邦德粉磨功指数也定量表示了物料的粉磨难易程度，与哈氏可磨性指数相反，邦德功指数越小，物料越容易细磨。邦德粉磨功指数与哈氏可磨性指数具有相关性，在这里就不再详细介绍。

3.2　粒度特性方程

在了解破碎及磨矿过程的机理之前，先要认识粉体的特性。物料经过破碎研磨形成粉体是一个复杂的随机过程：物料本身的性质各有差异且内部缺陷复杂，物料的粉磨受力过程也复杂多变，因此物料的粒度分布只具有统计学意义。为了便于研究粉体的性质，需要总结出粉体粒度之间的关系，经过人们对粉体的长期研究发现，经过自然破碎或研磨后形成的粉体，其粒度分布具有一定的特征，其特征关系称为粒度特性方程。目前，关于粉体粒度特性方程有十几种，比较有代表性的是高登-舒曼方程（简称 G-S）和罗辛-拉姆勒尔方程（简称 R-R）。

G-S 方程为

$$w = \left(\frac{x}{K}\right)^a \tag{3-2}$$

式中　w——小于粒级 x 质量分数；

　　x——对应的粒度；

　　K——最大粒度；

　　a——与物料有关的指数。

R-R 方程

$$y(r) = 1 - \exp\left[-\left(\frac{r}{r_m}\right)^n\right] \tag{3-3}$$

式中　r——某个粒度；

　$y(r)$——小于粒度 r 的质量分数；

　r_m——与 $y(r) = 0.368$ 相对应的粒径；

　n——与物料有关的指数。

以上两个方程经过了大量的实验验证，不同物料通过不同的磨矿形式，皆表现出上述规律。G-S 方程和 R-R 方程已成为粉体研究、粒度测试过程中应用最普遍的基本方程。

3.3　粉碎功耗理论

粉碎功耗理论描述了物料研磨过程粒度变化与研磨功耗之间的关系，是磨矿研究、粉碎设备设计的理论基础。

系统的粉碎理论最早由 R. P. 雷廷格于 1867 年在德国出版的《选矿知识教科书》中首次提出，他认为破碎所需的能量与物料新增的表面积成比例，因此又称为面积假说。

1883 年，F. 基克（Kick）提出体积假说，他认为物料粉碎所需的能量与物料的体积或重量成比例。在此后的几十年里，很多学者都围绕这两个粉碎理论展开验证与讨论，1921 年，格里菲斯提出断裂能量理论，阐明了物料粉碎过程中裂纹的重要影响。1938 年到 1941 年，苏联学者尼丰托夫与列宾杰尔将两种学说结合，认为破碎物料所消耗的功 A 一部分转化为新增的表面能 $\gamma\Delta S$，大部分转化为热损失，而热

损失与物料的形变能相当（$K\Delta V$），即

$$A = \gamma\Delta S + K\Delta V \tag{3-4}$$

雷廷格学说只考虑了前一项 $\gamma\Delta S$，基克学说只考虑了后一项 $K\Delta V$，上式将两者进行了融合。当破碎比（即原料粒度与产品粒度之比）不大时，$K\Delta V \gg \gamma\Delta S$，可采用基克学说；而当破碎比较大时，$\gamma\Delta S \gg K\Delta V$，宜采用雷廷格学说。

1952 年，F. C. 邦德对前人的研究进行总结，提出了第三个粉碎理论：物料粉碎时，外界功先使物料发生变形，变形导致局部缺陷出现裂纹，储存在物料内部的形变能便促使物料断裂形成新的表面能，因此输入功一部分转化为新生表面能，其他以热损失的形式耗散。

以上三种学说所对应的数学表达式分别为

雷廷格学说：

$$W_R = k_R\left(\frac{1}{D_P} - \frac{1}{D_F}\right) \tag{3-5}$$

基克学说：

$$W_K = k_K \lg\frac{D_F}{D_P} \tag{3-6}$$

邦德学说：

$$W_B = k_B\left(\frac{1}{\sqrt{D_P}} - \frac{1}{\sqrt{D_F}}\right) \tag{3-7}$$

式中　W——粉碎物料所需功；

　　　k——比例系数；

　　　D_F——物料直径；

　　　D_P——产物直径。

因此可以做如下理解：物料在前段破碎时，破碎比较小时，基克学说占据主导地位；当破碎比较大时，物料进入粉磨阶段，雷廷格学说占据主导地位；而邦德学说作为基克学说与雷廷格学说之间的过渡。因此三个学说并不矛盾，而是相互补充。

沃尔克（D. R. Wolker）将三种学说进行总结，得出微分形式

$$dE = -C\frac{dx}{x^n} \tag{3-8}$$

式中，C 为与物料性质及设备性能相关的参数；n 为与破碎程度有关的指数；负号表示吸收能量。$n=2$ 时，积分上式得到雷廷格学说；$n=1.5$ 时，积分上式得到邦德学说；$n=1$ 时，积分上式得到基克学说。

当然，以上三个学说还不能用于粉碎过程精确的定量计算，测试结果与理论还是存在一定的偏差，但是以半定量的形式解释了粉碎过程功耗与物料粒径的关系，随后的研究都是围绕这三个基本学说展开的，随着测试技术的提高与人们对粉碎理论的认识不断完善，粉碎功耗理论也得到不断的完善。

3.4　粉碎机械力化学理论

机械力化学是指固体在经过冲击、剪切、摩擦、压缩等机械力作用下，导致物料在物理结构发生变化的同时，发生了化学性能的变化，这种过程也发生在物料的粉碎研磨过程中，即粉碎机械力化学作用。物料在粉碎过程发生的具体变化包括：

（1）物理变化　颗粒和晶粒进一步细化；材料内部产生裂纹；物料真密度及比表面积发生变化。

（2）结晶状态　晶体晶格发生畸变；产生晶格点缺陷、线缺陷及面缺陷；结晶程度降低，趋于无定形态，即晶格的各向异性向各向同性转变；晶型发生变化。

（3）化学变化　含结晶水或羟基物质脱水；形成合金或固溶体；降低反应活化能，形成新的物相；化学键的断裂和重组，形成新生化合物。

上述粉碎形成的物性变化并非相互独立，而是形成因果关系：粉碎过程的机械力作用导致物料的物理性能先发生变化，随着破碎研磨的继续进行，机械能将对物料的结晶状态产生影响，产生晶格畸变、缺陷甚至晶型的改变，从固体物理的角度讲，晶格的变化将导致晶体电子行为的变化，从而影响到晶体的化学性能。

粉碎平衡：物料粉碎至一定程度后，颗粒比表面能增加，会导致颗粒间相互团聚而降低彼此表面的活化能，这一团聚过程与物料的粉碎研磨过程相反，当物料的粉碎研磨与颗粒团聚达到动态平衡后，颗粒的研磨尺寸达到了极限，无法再被细磨，即达到了粉碎平衡，粉碎平衡与物料的性质及物料破碎形式息息相关。

机械力化学作为一门新兴学科，目前在材料科学及水泥技术等领域有了一些探讨和研究。对于煤粉领域，机械力化学不仅是煤粉制备研究和生产过程中必须考量的因素，也是煤粉表面改性的理论基础。目前一些研究着眼于对煤粉表面改性用于橡塑填料，或降低煤粉表面活性抑制煤粉自燃，这些都离不开对煤粉机械力化学的分析。

3.5　粉碎功耗与粒度分布特性的关系

粉碎功耗理论描述了特定物料粉碎至特定粒度所消耗的能量。在实际情况中，粉体的粒径是呈分布特性的，即前文所述粉体粒度分布方程，因此为了将粉碎功耗理论结合实践，还需要与粉体的粒度分布结合起来。

R. T. 查尔斯（Charles）将 G-S 方程与沃尔克方程结合起来导出查尔斯公式：首先将 G-S 方程两边微分求导，得

$$\mathrm{d}W = \frac{100a}{K^a} x^{a-1} \mathrm{d}x \tag{3-9}$$

将上式与沃尔克方程结合，可得

$$\mathrm{d}E = \left(-C \frac{\mathrm{d}x}{x^n} \right) \left(\frac{100a}{K^a} x^{a-1} \mathrm{d}x \right) \tag{3-10}$$

式中，K 为最大粒度，可假设最小粒度为 0。可将上式左边项的粒径由 0 到最大粒径 K 区间进行积分，右边项由 x 到 x_m 区间（x 与 x_m 差距很小）进行积分，有

$$E = \int_0^k -\frac{C}{x^n} \mathrm{d}x \int_x^{x_m} -\frac{100a}{K^a} x^{a-1} \mathrm{d}x$$

$$= -\frac{100C}{K^a} \int_0^k \left(\frac{x_m^a - x^a}{x^n} \right) \mathrm{d}x$$

$$= -\frac{100C}{K^a} \left(\left| \frac{x^{-n+1}}{-n+1} x_m^a \right|_0^K - \left| \frac{x^{a-n+1}}{a-n+1} x_m^a \right|_0^K \right)$$

在假设 $x \approx x_m$ 的情况下，并根据 $a \approx n-1$（实验验证），最终可得

$$E = -\frac{100Ca}{(a-n+1)(1-n)} K^{1-n}$$

令 $-\dfrac{100Ca}{(a-n+1)(1-n)}$ 为常数 A，则有

$$E = AK^{-a} \tag{3-11}$$

当然上述的假设结果用于基克学说时，$n=1$ 会导致 E 的无穷大，因此该公式适用于产品中的粉体细粉区间，粗粉会与之偏离。查尔斯公式在不同物料磨矿中都得到了较好的验证，许多学者根据不同的物料还测定了相应的指数 a。

宫胁助之介采用 R-R 方程仿照查尔斯公式进行了类似的推导，首先对 R-R 方程求导，得

$$\mathrm{d}y = n\,\frac{r^{n-1}}{r_{\mathrm{m}}^{n}}\exp\left[-\left(\frac{r}{r_{\mathrm{m}}}\right)^{n}\right]$$

依照查尔斯的公式的推导方法，有

$$E = \int_{x_{\min}}^{x_{\max}} -\frac{C}{x^{n}}\mathrm{d}x \int_{x_{0}}^{x} n\,\frac{r^{n-1}}{r_{\mathrm{m}}^{n}}\exp\left[-\left(\frac{r}{r_{\mathrm{m}}}\right)^{n}\right]\mathrm{d}x$$

在假设 $x_{0}\approx0$ 的情况下，根据上式最终可得

$$E = A' r_{\mathrm{m}}^{1-n}$$

$$A' = \frac{c}{n-1}\Gamma\left(\frac{a-n+1}{a}\right)$$

A' 为常数，将上式 E 两边取对数，可得

$$\ln E = (1-n)\ln r_{\mathrm{m}} + \ln A' \tag{3-12}$$

上式中，$\ln E$ 与 $\ln r_{\mathrm{m}}$ 呈线性关系，通过实验测得不同的 E 与特征粒度 r_{m} 的对应关系后，通过上式采用最小二乘法线性拟合，便可得出常数 n 与 A' 值。

可见，查尔斯公式与 G-S 方程及 R-R 方程进行的推导显示出粉碎功耗与粒度分布的特征粒度（G-S 方程为最大粒度 K，R-R 方程为过筛率为 36.8% 所对应的粒度 r_{m}）都呈现了幂函数的关系，进一步揭示了粉碎功耗与产品粒度分布的关系。

除此之外，其他学者也提出不同的磨矿功耗与粒度的关系式，他们都表达了粉碎所需能量与产物粒度呈幂函数的关系。这些理论公式从多方面阐述了粉体粉碎的规律，对粉体的生产运用起到了积极的推动作用，同时这些计算公式也是采用计算机建模模拟粉碎过程的基础算法。

3.6　磨矿动力学

磨矿功耗理论描述了磨矿所需能量与磨矿粒度的关系，未涉及磨矿的具体过程。磨矿动力学主要研究了物料研磨过程的磨矿速率与物料及研磨工况等因素的关系，从而对物料研磨过程进行有效控制。

令 Q 为磨矿前物料较粗颗粒的重量，经过磨矿时间 t 后，粗粒级重量减少，粗粒级随磨矿时间的变化率为 $\mathrm{d}Q/\mathrm{d}t$，磨矿动力学就是主要研究 $\mathrm{d}Q/\mathrm{d}t$ 与其他参数之间的函数关系。

参照化学反应动力学方程及反应级数，可将磨矿动力学的基本表达式用下式表示

$$-\frac{\mathrm{d}Q}{\mathrm{d}t} = KA^{a}B^{b}C^{c}\cdots\cdots \tag{3-13}$$

$a+b+c+\cdots$之和为反应级数，根据反应级数为 0、1、2 规定为零级、一级、二级动力学。下面分别对零级、一级、二级动力学做简要介绍。N. 阿尔比特认为磨矿过程符合零级动力学，其表达式为

$$-\frac{\mathrm{d}Q}{\mathrm{d}t}=K$$

零级动力学认为磨矿速率为常数，粗颗粒的研磨量与磨矿时间成正比。假设经过 t 时间后，粗颗粒含量由 Q_0 变为 Q_t，将上式进行积分，得

$$Q_t=Q_0-Kt$$

E. W. Davids 提出磨矿速率与待磨物料中的粗颗粒呈正比，满足一级磨矿动力学，即

$$-\frac{\mathrm{d}Q}{\mathrm{d}t}=K_1Q \tag{3-14}$$

假设经过 t 时间后，粗颗粒含量由 Q_0 变为 Q_t，将上式进行积分

$$\int_{Q_0}^{Q_t}\frac{\mathrm{d}Q}{Q}=-\int_0^t K_1\mathrm{d}t$$

$$Q_t=Q_0\mathrm{e}^{-K_1t} \tag{3-15}$$

F. W. 鲍迪什（Bowdish）提出二级磨矿动力学，他认为球磨机中球荷的表面积 A 也是影响磨矿速率的因素，因此磨矿速率可表示为

$$-\frac{\mathrm{d}Q}{\mathrm{d}t}=K_2AQ \tag{3-16}$$

假设在磨矿过程中，磨介磨损很小，A 为常数。上式经过积分后，可得

$$Q_t=Q_0\mathrm{e}^{-K_2At} \tag{3-17}$$

V. V. 阿利厄夫登（Aliavden）也提出与上式相同的表达方式，但他认为需要在一级磨矿动力学方程中引入一个影响因子 m，如下

$$Q_t=Q_0\mathrm{e}^{-K_1mt} \tag{3-18}$$

m 与物料粒度特性、粉体特性、磨矿工况等有关，是随着磨矿过程而发生变化的参数。比如在初期研磨过程中粗颗粒中的缺陷较多，产率较高，但随着研磨的粒度越来越细，内部缺陷逐渐减少，粉磨难度也提高，产率下降，因此 m 值也随之变小。由此可见，二级动力学可以看做一级动力学的进一步延伸。

在零级、一级、二级磨矿动力学提出以后，各国学者都针对公式进行了验证：E. 罗伯茨（Roberts）将磨机功率参数引入，验证了若干物料的粉磨过程符合零级动力学；C. E. 安德烈夫推证了一级磨矿动力学；K. A. 拉苏莫夫基于实验，对一级磨矿动力学做了进一步完善。

3.7　磨矿动力学方程与粒度特性方程之间的关系

磨矿动力学主要研究了磨矿速率在物料研磨过程中的变化规律，并未反映研磨粉体粒度的变化过程，因此研究粉体在研磨过程中粒度随时间的变化至关重要。

苏联学者 B. A. 别洛夫将磨矿动力学与 R-R 方程结合起来：假设从原物料中粒级 d 占 100% 磨碎至残留 36.8% 所需的时间为 T，则磨矿动力学表达式为

$$Q_t=Q_0\mathrm{e}^{-K_1T} \tag{3-19}$$

改写为

$$36.8\% = e^{-K_1 T} \tag{3-20}$$

由上式得

$$K_1 T = 1$$

磨矿速率 K_1 与粒级 d 的粗细有关，较粗的粒级磨矿至其残留 36.8% 所需的 T 要小，即磨矿速率 K_1 要大，因此做如下假设

$$K_1 = \frac{1}{T} = ad^n \tag{3-21}$$

式中　a——比例系数；

　　　　n——指数。

别洛夫同时考虑到磨矿时间项的非线性，引入时间指数 m，结合上述，将磨矿动力学改写为

$$Q_t = Q_0 e^{-ad^n t^m} \tag{3-22}$$

当 t 为定值时，上式等效为 R-R 方程；当 d 为定值时，上式为磨矿动力学方程。

别洛夫在上述推导过程中的不足之处在于假设粒级 d 占到粒级总量的 100% 时，没有考虑到粒度的特性分布。

虽然存在推导的不完善性，但是苏联学者坦佐夫和我国学者陈炳辰验证了铁矿石磨矿规律基本符合别洛夫的推论，陈炳辰通过试验还指出：当式(3-19)作为磨矿动力学方程时，ad^n 和 m 皆与粒度 d 呈线性关系；当作为粒度特性方程时，at^m 和 n 皆与磨矿时间 t 线性相关。陈炳辰将上式改进提出 n 阶动力学方程

$$Q_t = Q_0 \exp[-k(d)t^{n(d)}] \tag{3-23}$$

式中，$k(d)$、$n(d)$ 为与粒度有关的函数，由试验确定。陈炳辰采用上式描述分批磨矿过程，他假定：单一直径的球介质对混合给料的破碎作用等于其对各粒级物料破碎作用的线性叠加；混合球对混合给料的作用等于混合球中各单一球介质对各单粒级物料破碎作用的线性叠加。这样，只要通过试验求出混合球中每种尺寸的球介质破碎各单粒级物料的动力学参数 k、n 以及 k、n 与产品粒度的关系，就可以利用计算机程序求任意球配比及任意给料粒度组成时产品粒度组成，为粉体研究的计算机模拟过程提供了有效途径。

粉碎理论于 20 世纪 80 年代在我国得到了长足的发展，早期不同的学者针对不同方向对磨矿动力学模型及功耗模型进行了完善，促进了粉碎理论的完善：段希祥教授指出磨矿动力学参数 k、n 值在不同磨矿阶段的变化能反映磨碎过程的实际情况，对早期苏联学者的解释进行了修正并结合数学关系与试验现象说明了参数的意义及关联性，从而更好地解释了物料磨碎的现象；熊维平应用分批磨矿动力学模型，测定了邦德功指数；叶红齐和何晓川先后独立地研究了粉碎能耗与产品粒级累积产率的关系；郑捷研究了行星式磨机的混合料磨细行为；杨合营研究了棒磨机修正的线性行为；还有很多工作从磨矿设计角度出发进行研究，以实现设备磨矿过程的节能降耗。

近年来，随着粉体测试及分析手段的进步，不同学者针对粉碎理论也进行了不少研究，主要包括对特定磨矿条件下物料的粉碎功耗理论及粉体动力学相关参数进行了细分，从而使公式更加具有针对性；采用 Matlab 甚至更为高级的软件

JKSimMet 对磨矿过程进行更为精准的模拟，有效促进了基础研究及对生产的指导及预测。

虽然针对不同研磨设备及矿产物料的研究不在少数，但是专门针对煤粉研磨过程的功耗及粉碎动力学却鲜有报道。将煤质特性（如可磨性、水分、煤阶、密度）与磨矿功耗及动力学的相关参数结合起来，对煤粉的研磨生产具有重大的指导意义。此外，之前的磨矿模型主要集中在球磨机等比较传统的磨矿设备，而目前大多采用功耗低、环境相对友好的负压立磨设备，研磨与粉体分选过程跟球磨已有很大区别，针对此类立磨磨矿理论的研究也相对较少。立磨的研磨原理属于辊压方式，宜采用料床粉碎理论，下面就料床粉碎理论进行简单介绍。

3.8   料床粉碎理论

在大批量物料的粉磨过程中，物料形成一种床层（颗粒群）的堆积方式，物料并非直接受到磨矿设备施加的外力，而是通过颗粒之间的传递或相互作用受到的集中应力而被粉碎、研磨，这就是"料床粉碎"现象（也称"料层粉碎"）。1972 年，德国学者舒纳德研究了在不同粉碎方式下单颗粒脆性物料的粉碎，并用高压挤压方式进行了料床粉碎，得出所需能耗大大低于传统球磨机粉磨的方式，1984 年制造出世界第一台辊压机。在破碎过程中，物料是以单颗粒粉碎为主，能量消耗主要用于粉碎做功；而粉磨过程是以料床粉碎为主，除粉碎做功之外，还要在物料压缩、流动等方面消耗一些能量。因此，破碎过程的能量利用率一般都要高于粉磨过程。在料床粉碎时，低强度的粗颗粒粉碎后，料床内细颗粒的数量增加，比表面积增大，受力面增加，应力变小，粉碎困难；大颗粒周围被越来越多的细颗粒包围，起到缓冲垫层的作用，粉碎效率降低。这也是立磨研磨过程采用负压吸送方式，将已研磨合格的细粉及时排出，减少过粉磨现象，从而提高粉磨效率的道理所在。

在料床粉碎中，物料床层的稳定非常重要。在球磨机中，物料的流动性好，料床不稳定；在立式磨中，物料受到磨辊和磨盘的空间限制，能够形成稳定料床；因此，立磨研磨效率要高于球磨效率。

料床粉碎理论是现代发展中的粉磨理论，有许多数理关系还在研究之中，某些技术结论还需要试验数据和生产实践进行总结和检验，但它对于粉磨工艺过程具有重大的理论指导意义。

3.9   立磨简介

磨机最广泛地使用于水泥生产中，球磨机作为传统的磨矿设备早期被大量采用，有关磨矿理论大部分也是由球磨工艺总结而来。直到 20 世纪 80 年代大型立磨的出现，其设备及生产工艺的优势克服了传统球磨机粉磨工艺的诸多缺陷，逐渐引起人们的重视而被大量使用。在磨矿原理方面，它是利用料床原理进行粉磨，避免了金属间的撞击与磨损，金属磨损量小、噪声低；物料的输送方式为负压吸送，避免了合格细粉的过粉磨现象，减少了无用功的消耗，粉磨效率高。在组成工艺方面，立磨磨矿系统采用一步法对物料进行烘干，实现了对物料的边烘边磨，不仅降低了能耗，也大大增强了对物料水分的烘干能力。与球磨系统相比，立磨粉磨电耗仅为后者的 50%～60%。此外，立磨还具有工艺流程简单、单机产量大、入料粒度大、负压操作无扬尘、对成品质量控制快捷、更换产品灵活、易实现智能化及自动化控制等优点，故在世界各国得到广泛应用。已成为当今国际上矿用粉磨及煤粉磨的首选设备。球磨机与立磨的对比列于表 3-1。

表 3-1　球磨机与立磨的对比

磨机类型	磨矿原理	粉磨效率	烘干能力	粒度控制	环境影响
球磨机	钢球与煤主要以泻落及抛落方式进行作用，属于冲击粉磨方式	球磨的部分功耗损失在钢球直接碰撞产生的热能上，且无法形成稳定料床，导致钢球的冲击力无法被充分利用，粉磨效率较立磨低	球磨烘干采用两步法烘干，且烘干效率低下，对于原煤来说，一般烘干后水分不低于 9%	球磨的粒度控制取决于钢球配比及磨矿时间，粒度分布及粒径难以控制	球磨采用冲击磨方式，研磨过程噪声大；出料方式为重力卸料，造成一定的粉尘污染
立式磨机	原煤受到磨辊与磨盘的挤压作用被粉磨，属于料床粉磨方式	粉磨功被物料充分利用，且分级及时，避免了物料过粉磨现象，粉磨效率高，电耗较低，比球磨节能 20% 以上	立磨工艺采用一步法烘干工艺，耗能低，烘干后煤粉水分可达 3%	立磨的粒径大小取决于磨辊压力、输送风量大小、分离器转速，通过生产过程中这三者参数的改变可轻易实现粒径及粒度分布的控制	立磨为料床粉磨，磨矿过程噪声低，比球磨机低 20～25dB；生产过程中，系统负压低于 −1000Pa，无粉尘跑漏，环境友好

　　立磨又称立式磨、辊磨、立式辊磨。第一台立磨在 20 世纪 20 年代由德国研制出来，第一台用于水泥工业的立磨于 1935 年在德国出现。立磨技术的突破开始于 20 世纪 60 年代，随着立磨在欧洲、美洲、亚洲的水泥工业的普及，立磨的制造及工艺技术不断得到改进，进入 20 世纪 90 年代，随着材料科学、计算机技术、液压技术的发展，使立式磨研磨体的耐磨性能得到显著改善和提高，控制系统更加稳定和智能化，液压系统更加先进可靠，从而使立式磨的开发和应用得到进一步拓展。目前，国内外现代新型干法水泥生产线及热电厂建设中，立磨使用率超过 90%。

　　德国莱歇磨是最具代表性的立磨，得名于生产其的公司——莱歇（Loesche）公司。莱歇公司是最早从事辊式磨机研发、设计、制造及相关技术服务的企业之一，莱歇磨以其运行可靠、操作简便、节能显著等特点被各国水泥行业及电厂大规模采用。立磨在我国的发展始于 20 世纪 70 年代末，国内在干法水泥厂开始发展窑外分解新型干法工艺时，才比较重视立磨粉磨生料的研究开发工作。目前，我国已经研制出具有自主知识产权并成功应用于水泥及煤磨工业的立式磨机：天津水泥研究设计院开发出了 TKM 系列立磨；合肥水泥工业设计研究院研究开发出了 HRM 系列立磨；北京电力设备总厂的 ZGM 系列中速辊式磨机等。

3.9.1　结构及工作原理

　　电机通过减速机带动磨盘转动，磨辊从动。物料通过入料口经溜槽落到磨盘中

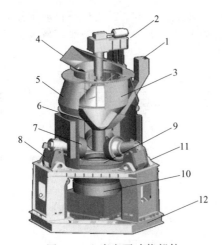

图 3-4　立磨主要功能部件

1—入料口；2—分离器电机及减速机；
3—分离器；4—出料口；5—壳体；
6—粗粉集料斗；7—磨辊；8—摇臂；
9—磨盘；10—磨盘驱动电机减速机；
11—入风口风环；12—基座

央，在离心力的作用下被甩向磨盘边缘并受到磨辊的碾压粉磨，粉碎后的物料从磨盘的边缘溢出，被来自风环处高速向上的热气流带起烘干，根据气流速度的不同，部分物料被气流带到分离器内，粗粉经分离后经过粗粉集料斗返回到磨盘上，重新粉磨；细粉则随气流出磨，在系统收尘装置中收集下来，即为产品。

除了图 3-4 所标识各部件外，立磨设备还设有：在壳体上设有用于内部检修的检修口、用于更换磨辊的翻辊装置、稀油润滑站、液压供油站、排渣口等。概括起来，立磨主要由电机及驱动系统、研磨系统、选粉系统、润滑及液压油系统、监控系统等五大部分组成。

3.9.1.1　电机及驱动系统

立磨的传动装置由主电机、联轴器、减速机三部分组成，安装在磨机下部，如图 3-5 所示。磨机主电机通过联轴器驱动行星式减速机带动磨盘转动，此外还要承受磨盘、物料、磨辊的重量以及加压装置施加的碾磨压力，是立式磨的核心部件之一。

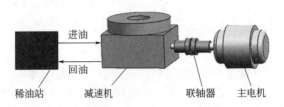

图 3-5　电机及驱动系统示意图

立磨行星减速机由一对螺伞齿轮（图 3-6）、一级行星减速齿轮装置（图 3-7）、推力轴瓦（滑动轴承）构成。一级行星减速齿轮由一个内齿环紧密结合于齿箱壳体

图 3-6　螺伞齿轮　　　　图 3-7　一级行星减速齿轮

上，环齿中心有一个自外部动力所驱动的太阳齿轮。介于两者之间为一组由五颗齿轮等分组合的行星齿轮组，当螺伞齿轮驱动太阳齿轮时，可带动行星齿轮自转，并沿内齿环之轨迹围着中心公转，行星齿轮旋转带动内齿环输出动力，最终驱动磨盘转动、磨辊从动。减速机内部齿轮运转过程需浸泡在油池中，保证齿轮之间有良好的油膜润滑，因此，稀油润滑站将温度适宜的润滑油泵送至减速机箱体并形成循环。

3.9.1.2　研磨系统

立磨主要靠磨辊（图 3-8）与磨盘的压力使介于两者之间的物料得到碾压研磨。磨辊主要部件由辊轴、锥辊轴承、滚柱轴承、辊套构成。其中锥辊轴承可承受传导来自轴向的压力，由于在粉磨过程中处于高粉尘浓度环境，对轴承的密封提出更高的要求，合肥水泥工业设计研究院 HRM 磨辊轴承采用新型机械密封装置，北京电力设备总厂的 ZGM 磨辊轴承采用密封风机对轴承进行保护。此外，磨辊轴承采用油脂润滑，但由于原煤水分较大，为了提高烘干能力，磨腔内气体温度一般高达 100 多度，操作不当易造成磨辊轴承温度过高，导致润滑脂蒸发变质影响轴承寿命。因此，立式磨需要采用磨辊稀油强制润滑、冷却。

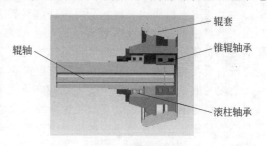

图 3-8　磨辊结构

磨辊辊套直接与物料接触并施压，不仅要求辊套具有良好的抗冲击能力，还应具备较高的韧性和耐磨性，一般采用含镍铬等合金的耐磨铸钢材料。一般辊套为对称结构，在磨损到一定程度后可翻面使用，延长其使用寿命。

磨辊辊轴为磨辊传导来自立磨液压站的压力，可为磨辊提供最大 10MPa 的压力。磨辊磨盘在研磨过程功率消耗可由下式表示

$$P = fFZV \tag{3-24}$$

式中　P——研磨物料过程的有效功率；

　　　f——与被粉磨物料有关的相关系数；

　　　F——磨辊压力；

　　　Z——磨辊数；

　　　V——磨盘转速。

假设某物料在一定的研磨粒径下单位质量功率消耗为 W，立磨产量达到 M，则该立磨的研磨有效功率可表达为

$$P = WM \tag{3-25}$$

将式(3-24)与式(3-25)联立可得

$$WM = fFZV \tag{3-26}$$

式中，W 与 f 为与物料有关的参数，因此磨机的产能 M 取决于磨辊压力、磨辊数量及磨盘转速。

磨盘（图 3-9）由衬板、衬板压块、挡料环、风环构成。衬板材料为耐磨铸铁合金，由衬板压块固定在磨盘上，与物料和辊套直接接触。挡料环位于磨盘的边沿，挡料环的高度决定了磨盘上粉磨料床的厚度，在相同的通风量及研磨压力情况下，

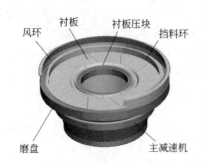

图 3-9　磨盘的主要结构

挡料环高度越大，料层越厚，料床过厚会导致粉体不能被及时风送，导致磨机能耗上升、降低粉磨效率；挡料环过低会使滞留在磨盘上的物料较少，导致物料未被充分研磨而被输送，使产品"跑粗"，甚至导致料层过薄使磨机产生较大的振动。介于挡料环与磨机壳体之间的空间区域是风环，它的主要作用是将来自进风道的热风均匀地导入粉磨腔。风环的过风面积是影响气体速度的重要因素，同等的输送风量，环形面积越小，风速越大。在研磨的过程中，磨盘由磨机主电机驱动旋转，从而带动磨辊转动对物料进行研磨，物料由磨机进料口落入磨盘中央，物料在磨盘转动所产生的离心力的驱动下经过磨辊的碾压研磨，研磨后的粉体经风环吹入的热风将粉体输送至分离器，较大颗粒的物料或密度较大的煤矸石会受离心力作用从风环落下至磨机的风道，由磨盘下的刮板从排渣口排出。

磨辊与磨盘的间隙由限位装置调控，立式磨的限位可以使磨机轻载启动，这样既能保持稳定的料层厚度，提高粉磨效率，又能保证在断料等不正常情况下磨辊和磨盘不直接接触，避免磨机振动，对减速机起到保护作用。

3.9.1.3　选粉系统

立磨的选粉系统（图 3-10）主要由分离器装置和粗粉集料斗构成，分离器内部结构主要由变频调速电机及减速机、导风叶片、笼形转子组成，工作时导风叶片可使夹杂煤粉颗粒的气流更加均匀，电机带动笼形转子高速旋转，转子的叶片与粗颗粒撞击，给物料以较大的线速度，产生较大的离心力，使其进行分离，使得没有通过分离器的不合格煤粉落入粗粉集料斗，最终重新落回磨盘粉磨。分离器转子转速越高，选粉粒度越细，可将物料粉磨后的平均粒度控制在 $20\mu m$ 左右的水平。

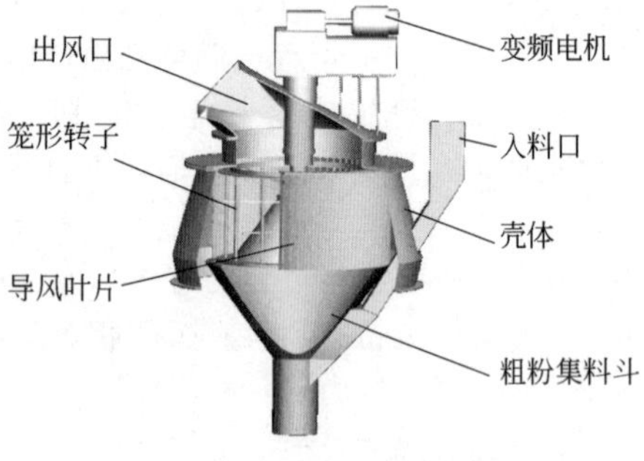

图 3-10　选粉系统主要结构

分离器的选粉过程是一个复杂的两相流动力学问题，可采用有限元分析的方法进行数值模拟研究。利用 ANSYS 或 Fluent 软件对分离器导风叶片尺寸及倾角、转子的转速、风速、煤粉粒度的关联性进行研究分析，将数值模拟结论与试验研究结果进行对比，最终获得工业运行的最佳方案。

3.9.1.4　润滑及液压油系统

立磨的润滑及液压油系统一般包括三台设备：主电机减速机稀油站、磨辊稀油站和磨辊液压工作站。主电机减速机稀油站主要起到对主电机减速机及轴瓦润滑保护和冷却的作用，其工作原理是：电机带动油泵旋转，将油吸入油管内，经过过滤器后，进入冷却器，油管分为两路，高压油路和低压油路。低压油路里的润滑油直接进入主减速机内的齿轮箱，在齿轮上形成油膜对齿轮进行润滑；高压油路通过二级泵对油加压，将油压入轴瓦，对轴瓦进行润滑，然后回流油箱。

一般油温工作温度在 35～45℃ 之间，油站在启动前，油站油温低于 25℃，需开动加热器，在主机正常运行中，供油出口油温降到 35℃ 再自动开动电加热器，随着设备的运行，油温高于 45℃ 时，需打开循环水冷却器。

磨辊稀油站的工作原理与主减速机稀油站工作原理类似，稀油站内润滑油对磨辊轴承的降温作用保证了磨辊可长时间高负荷运行。

3.9.1.5　监控系统

监控系统反映立磨实时工况，为操控立磨提供基础的数据依据，也是整个制粉工艺系统稳定安全运行的保障。立磨的监控系统包括对设备参数的监控和对工艺参数的监控：设备监控安装在各设备部件上，如各电机电流值及轴承温度监控、磨辊限位、稀油站进出口温度及油压监控、分离器转速值、磨机振动值等；工艺参数监控包含进出口风温及风压、磨机氧含量、一氧化碳浓度等。监控系统对于煤粉的粉磨制备尤其重要，煤粉具有可燃属性，且煤粉在立磨内部处于粉尘浓度爆炸极限范围之内，当系统氧含量、煤粉浓度达到一定值时，火源会引起粉尘爆炸，具体的安全管控措施在后面的章节会专门讲到，因此监控系统的完备及可靠对煤粉制备系统的安全稳定运行意义重大，不仅是操作的基础，而且生产过程中某些应急预案的启动也是以监测设备的监测数据为依据的。

3.9.2　工艺控制

立磨集粉磨、烘干、分级和气力输送于一体，各部件之间必须互相协调形成有机的整体，才能充分发挥作用。设备与工艺相互影响，互为依存：设备是工艺运行的基本保障，而设备功能的发挥最终体现在对工艺的控制上；工艺不仅影响到产品的质量，而且是系统安全稳定运行的直接因素。采用立磨系统在制备煤粉的过程中，工艺的控制可以总结为：投料量与料层的控制、粒度的控制、风量与风温的控制三大类。

3.9.2.1　投料量与料层的控制

物料经过立磨研磨之后由热风将粉磨后的煤粉输送至下一环节，立式磨属于料床粉磨方式，投料量决定了磨机的产能，而稳定的料床厚度是连续恒定的投料量的保障，料床反映了物料的动态平衡水平：在正常情况下，磨内的料层厚度大约为20～40mm，此时磨机运转平稳，排渣量小；料层太薄，磨机振动大；料层过厚，磨机负荷大而粉磨效率降低，吐渣量大，严重时会造成料床不均匀而产生剧烈振动。立磨料层厚度也是操作立磨过程中最直观的参数，可通过磨辊限位装置确定。虽然料层厚度不是一个精确值，却是保证立磨稳定运行的过程中调整投料量、磨辊压力等其他参数的最直接的依据。投料量与料层控制尤其体现在立磨的开停车过程。

3.9.2.2　粒度的控制

物料的粒度控制取决于三个方面，风量、磨辊压力和分离器转速。相同物料不同粒径的颗粒悬浮速度不同，粒度越小，悬浮速度越小，也就是所需要的输送风量越小，反之亦然。磨辊压力越大，则单位时间物料研磨的颗粒越小。对于分离器而言，分离器转速越高，所分选颗粒粒径越小。因此最终产品的粒径取决于以上三个因素。对于产品粒径的影响程度来说，一般为分离器转速＞磨辊压力＞系统风量，这是因为分离器作为立磨的主要选粉装置起着控制粒径的主要作用，其作为单一变量而存在，也就是说分离器的变化对系统其他的参数影响不大，而磨辊压力还要受到投料量及料层厚度的影响，而且稳定生产的过程中，磨辊压力是一个定值，立磨的操作过程不宜频繁调节磨辊压力，因此磨辊压力在粒度控制的调控中很有限。而系统风量主要作为输送煤粉的介质，此外还起到烘干物料的作用，因此当物料和最终产品指标及投料量确定的情况下，风量是一个定值，风量涉及整个系统工况的稳定，因此对粒度的控制则更为有限。因此，调节产品的中位径主要依靠分离器的转速来完成，依据笔者的经验，对于具有大致相同中位径的产品，产品中粗颗粒的含量对磨辊压力的变化更为敏感，而产品中细颗粒的含量对输送风量更为敏感，因此可通过磨辊压力与输送风量的控制对产品的粒度分布进行微调。在实际生产过程中，应采取周期取样化验粒度的措施，根据最终产品要求的粒度对分离器转速、磨辊压力及输送风量三项参数及时调整。

3.9.2.3　风量与风温的控制

立式磨采用负压吸送制粉，煤粉输送、分级、烘干均需大量的热风。风量首先应能满足输送物料的要求，风量过小会造成大量合格细粉不能被及时输送出去，增加物料内循环，影响到产品粒度的调控，甚至影响立磨压差和系统的稳定运行；风量过大不仅造成风机耗能浪费，还会造成产品跑粗。风温高低取决于入磨原煤的水分及最终产品的水分要求，此外与风量、系统散热及漏风息息相关，入磨风温的确定在上一章的热平衡计算中已详细介绍，这里不再赘述。这里着重介绍立磨内输送风量的确定。

3.9.3　输送风量的确定

原煤在立磨内经研磨系统粉碎后，煤粉被进入立磨的热风带起，经过磨机分离器及连接管道最终进入收粉器被收集。这一过程风量的确定应采用气力输送理论进行分析。

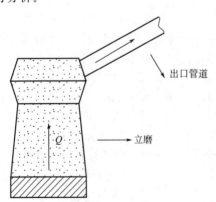

图 3-11　立磨内风量流动示意图

图 3-11 为立磨内风量流动示意图。

气力输送按输送方式可分为吸送式与压送式两种类型。吸送式是将大气与物料一起吸入管道内，用低于大气压力的气流进行输送；压送式是用高于大气压力的压缩空气推动物料进行输送的。此外吸送式根据真空度又分为低真空（＞－10kPa）及高真空（－10～－50kPa）输送，一般低真空度吸送式气力输送都属于稀相输送（固气混合比＜8），立磨制粉系统内最低真空度一般不低于－5kPa，立磨系统的粉体输送属于稀相低真空吸送式气力输送，因此应基于此输送类型进行计算。

3.9.3.1　流体流动的类型

流体流动类型按雷诺数分为三个区：层流区、过渡区和湍流区。

雷诺数是由流体速度 v_n、颗粒粒径 d、空气黏度 μ、煤粉密度 ρ 组合成的一个无量纲参数，用于判断流型。

图 3-12 为各个区域速度脉动示意图。各个区域的分类、特点及悬浮速度公式列于表 3-2。

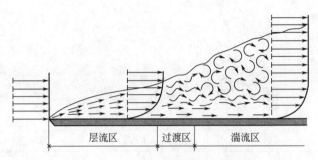

层流区　过渡区　湍流区

图 3-12　各个区域速度脉动示意图

表 3-2　各个区域的分类、特点及悬浮速度公式

项目	层流区（Stokes 区）	过渡区（Allen 区）	湍流区（Newton 区）
雷诺数	$Re<1$	$1<Re<500$	$500<Re<1000$
特点	沿轴向作直线运动，不存在横向混合和质点的碰撞	介于两者之间，取决于流体进入管道的情况、管壁粗糙度以及周围有无振动等因素	不规则杂乱运动，质点碰撞，剧烈混合。脉动是湍流的基本特点。湍流的流动阻力远大于层流
悬浮速度公式 (v_n)	$K_v \dfrac{(\rho_s-\rho_g)g d_v^2}{18\mu_g}$	$27.3\times\dfrac{\mu_g}{\rho_g d_v}\times$ $\dfrac{K_{tu}^2}{K_v}\left(\sqrt{1+0.004\dfrac{K_v^2}{K_{tu}^2}Ar}-1\right)$	$K_{tu}\times1.741\sqrt{\dfrac{(\rho_s-\rho_g)g d_v}{\rho_g}}$
备注	K_v：层流区球形颗粒的 Stokes 形状系数；K_{tu}：湍流区非球形颗粒的 Stokes 形状系数；ρ_s：颗粒的密度；ρ_g：空气的密度；μ_g：空气的黏度；d_v：颗粒直径；Ar：颗粒的阿基米德数		

$$Re=\frac{dv_n\rho}{\mu} \tag{3-27}$$

无论是层流还是湍流，在管道任意截面上，流体质点的速度均沿管径而变化，管壁处速度为零，离开管壁以后速度剧增，到管壁中心处速度最大，速度在管壁上的分布规律因流型而异。

3.9.3.2　临界风速

在稀相气力输送理论中，临界输送风速 v_k 一般是指在任意给定输料管管径 D 和输送浓度 m 条件下，管道等速段两相流压损为极小值的输送风速。由于以 v_k 进行输送，在理论上功能消耗接近最小且效率最高，因而称 v_k 为理论上的经济输送风速或最佳风速。

临界风速计算公式如表 3-3 所示。

表 3-3　临界风速计算公式

临界输送风速计算公式	$v_k = \left[(A+\sqrt{B})^{\frac{1}{3}} + (A-\sqrt{B})^{\frac{1}{3}} - \dfrac{b}{3} + v_n^t\right]^{\frac{1}{t}}$ 　　　$B>0$ $v_k = \left(\dfrac{2}{3}\sqrt{b^2-3c}\cos\dfrac{\varphi}{3} - \dfrac{b}{3} + v_n^t\right)^{\frac{1}{t}}$ 　　$B<0$ 式中　$A = -\dfrac{2b^3-9bc+27d}{54}$ $B = A^2 + \dfrac{(3c-b^2)^3}{27^2}$ $\varphi = \arccos\dfrac{27A}{\sqrt{(b^2-3c)^3}}$ 　　$(0<\varphi<\pi)$

	阻力区		
系数计算公式	层流区（Stokes 区）	过渡区（Allen 区）	湍流区（Newton 区）
	$t=1$ $b = \dfrac{(2\lambda_a+\lambda_s m)v_n}{2(\lambda_a+\lambda_s m)}$ $c=0$ $d = -\dfrac{gDmv_n}{\lambda_a+\lambda_s m}$	$t=1.5$ $b = \dfrac{(3\lambda_a+1.5\lambda_s m)v_n^{1.5}}{3\lambda_a+2\lambda_s m}$ $c = -\dfrac{4.5gDmv_n}{3\lambda_a+2\lambda_s m}$ $d = 1.5v_n^{1.5}c$	$t=1$ $b = 2v_n$ $c=0$ $d = -\dfrac{4kgDmv_n}{2\lambda_a+\lambda_s m}$

假设相关物性参数如表 3-4 所示。

表 3-4　相关物性及工况初始条件

产品粒度（$D_{90}/D_{50}=65.97/26.13$）$d_v$/m		65.97×10^{-6}
煤粉的球形度	ψ	0.75
煤粉的密度	$\rho_{煤粉}$	1400kg/m³
空气的密度	ρ_{air}	1.293kg/m³
空气的黏度	μ	17.2×10^{-6}Pa·s
固气混合比	m	0.266
空气与管道摩擦系数	λ_a	0.0132
物料与管道的摩擦系数	λ_s	0.004
温度	T	0℃
管径	D	1.6m

3.9.3.3　物料的悬浮速度

（1）煤粉颗粒层流区和湍流区非球形颗粒 Stokes 形状系数分别为

$$K_v = \psi^{0.83} = 0.75^{0.83} = 0.788$$

$$K_{tu} = \psi^{0.65} = 0.75^{0.65} = 0.829$$

（2）空气中煤粉颗粒的阿基米德数 Ar

$$Ar = \frac{(\rho_{coal}-\rho_{air})\rho_{air}gd_v^3}{\mu^2} = \frac{(1400-1.293)\times1.293\times9.81\times(65.97\times10^{-6})^3}{(17.2\times10^{-6})^2} = 17.2$$

（3）假设处于过渡区，煤粉颗粒在空气中的悬浮速度为

$$v_n = 27.3 \times \frac{\mu}{\rho_{air} d_v} \times \frac{K_{tu}^2}{K_v} \left(\sqrt{1 + 0.004 \frac{K_v^2}{K_{tu}^2} Ar} - 1 \right)$$

$$= 27.3 \times \frac{17.2 \times 10^{-6}}{1.293 \times 65.97 \times 10^{-6}} \times$$

$$\frac{0.829^2}{0.788} \times \left(\sqrt{1 + 0.004 \times \frac{0.788^2}{0.829^2} \times 17.2} - 1 \right)$$

$$= 0.15 (m/s)$$

颗粒的雷诺数为

$$Re = \frac{d v_n \rho_{air}}{\mu} = \frac{65.97 \times 10^{-6} \times 0.15 \times 1.293}{17.2 \times 10^{-6}} = 0.74 < 1$$

所以煤粉颗粒在空气中自由沉降应处于层流区。采用层流区的悬浮速度计算公式得煤粉颗粒的自由沉降速度为

$$v_n = K_v \frac{(\rho_{coal} - \rho_{air}) g d_v^2}{18\mu} = 0.788 \times \frac{(1400 - 1.293) \times 9.81 \times (65.97 \times 10^{-6})^2}{18 \times 17.2 \times 10^{-6}}$$

$$= 0.15 (m/s)$$

风速计算

假设输送煤粉颗粒阻力在过渡区（Allen 区），由表 3-3 得知

$t = 1.5$

$$b = \frac{(3\lambda_a + 1.5\lambda_s m) v_n^{1.5}}{3\lambda_a + 2\lambda_s m} = \frac{(3 \times 0.0132 + 1.5 \times 0.004 \times 0.266) \times 0.15^{1.5}}{3 \times 0.0132 + 2 \times 0.004 \times 0.266}$$

$$= 0.057$$

$$c = -\frac{4.5 g D m v_n}{3\lambda_a + 2\lambda_s m} = -\frac{4.5 \times 9.81 \times 1.6 \times 0.266 \times 0.15}{3 \times 0.0132 + 2 \times 0.004 \times 0.266} = -67.6$$

$$d = 1.5 v_n^{1.5} c = 1.5 \times (0.15)^{1.5} \times (-67.6) = -5.89$$

$$A = -\frac{2b^3 - 9bc + 27d}{54} = -\frac{2 \times 0.057^3 - 9 \times 0.057 \times (-67.6) + 27 \times (-5.89)}{54}$$

$$= 2.30$$

$$B = A^2 + \frac{(3c - b^2)^3}{27^2} = 2.30^2 + \frac{[3 \times (-67.5) - 0.057^2]^3}{27^2} = -11385.88 < 0$$

因为 $B < 0$

所以

$$\varphi = \arccos \left[\frac{27A}{\sqrt{(b^2 - 3c)^3}} \right] = \arccos \frac{27 \times 2.30}{\sqrt{[0.057^2 - 3 \times (-67.6)^3]}} = 1.55$$

$$v_k = \left(\frac{2}{3} \sqrt{b^2 - 3c} \cos \frac{\varphi}{3} - \frac{b}{3} + v_n^t \right)^{\frac{1}{t}}$$

$$= \left(\frac{2}{3} \sqrt{0.057^2 - 3 \times (-67.6)} \cos \frac{1.55}{3} - \frac{0.057}{3} + 0.15^{1.5} \right)^{\frac{1}{1.5}}$$

$$= 4.1 (m/s)$$

雷诺数为

$$Re=\frac{dv_{k}\rho_{air}}{\mu}=\frac{65.97\times10^{-6}\times4.1\times1.293}{17.2\times10^{-6}}=20.33$$

所以过渡区公式适合，假设合理。

余量系数取 $\alpha=3.5$（经验值）

所以实际的风速为

$$v=\alpha v_{k}=3.5\times4.1m/s=14.35(m/s)$$

（4）标况下的风量为

$$Q_{标}=3600\times(1.6/2)^{2}\times3.14\times14.35=103815.94(m^{3}/h)$$

（5）管道的输送能力

$$q_{m,s}=Q_{标}\rho_{air}m=103815.94\times1.293\times0.266=35.71（t/h）$$

因此，上述物料指标及相关工况条件下，若投料量在 35.71t/h，则系统风量需达到 103815.94m³/h。

3.9.4　立磨的压差

立磨的压差是热风经过分离器出口与热烟气入口静压之差，这个压差主要由三部分组成：一是热风入磨通过风环造成的局部通风阻力，二是为将磨盘的粉体进行输送所产生的阻力压损，三是为经过分离器所产生的阻力。其中风环所产生的压损是定值，分离器产生的压损波动较小，磨机压差的主要变化是输送风输送粉体而引起的阻力变化，即研磨室内悬浮物料量的变化，而悬浮物料量取决于入磨量与出粉量的差值，因此压差的变化就直接反映了磨腔内物料动态平衡的状态。这个平衡被破坏，压差将随之变化：压差降低表明入磨物料量少于出磨物料量，循环负荷降低，料床厚度逐渐变薄，严重时会发生振动而停磨；压差增高表明入磨物料量多于出磨物料量，循环负荷不断增加，最终会导致料床不稳定或吐渣严重，从而造成停车。这就要求在工艺操作过程中，投料量的控制与磨辊压力及系统风量需相互匹配。投料量一定的情况下，研磨压力过小或系统风量过低会导致磨内不合格粉体增多，加之风量不足不能及时排出，造成磨内压差过大。如果风量过大，也会造成不合格的粗粉悬浮于磨内，同样造成压差变大。为了更加准确地分析磨机压差与其他参数之间的关系，可对立磨压差进行理论的定量计算。

热风输送煤粉的过程宜采用气固两相流的理论进行处理。气固两相流的压力损失包括加速压损、摩擦压损、悬浮压损及局部压损。四项压力损失的表达式分别介绍如下。

3.9.4.1　加速压损

位于磨盘上经过粉磨后的煤粉初始速度为 0，煤粉从静止到达最终速度需经历一个加速段，根据动能定理，在这个过程中气体所产生的压缩功转化为煤粉与气流的速度，加速压损可用下式表示

$$\Delta p_{加}=\left[1+m\left(\frac{v_{s}}{v_{a}}\right)^{2}\right]\rho_{a}\frac{v_{a}^{2}}{2} \tag{3-28}$$

过渡区固气速度比为

$$\varphi=\frac{v_{s}}{v_{a}}=\frac{1}{1.5}\left[1-\left(\frac{v_{n}}{v_{a}}\right)^{1.5}\right] \tag{3-29}$$

式中　v_s——磨机内煤粉的速度；

　　　v_a——磨机内气流的速度；

　　　v_n——煤粉颗粒悬浮速度；

　　　ρ_a——输送气流密度。

3.9.4.2　摩擦压损

这项压损发生在两相流的等速段，主要包括了气流的摩擦压损和物料产生的摩擦压损。计算公式如下

$$\Delta p_{摩} = \alpha \times \Delta p_{纯气} \tag{3-30}$$

$$压损系数\ \alpha = 0.15m + \frac{250}{v_a^{1.5}}$$

$$\Delta p_{纯气} = \lambda_a \frac{D}{H} \rho_a \frac{v_a^2}{2} \tag{3-31}$$

$$沿程阻力系数\ \lambda_a = 0.0125 + \frac{0.0011}{D}（柏列斯公式） \tag{3-32}$$

式中　λ_a——热烟气与管道的摩擦系数；

　　　D——磨机内径；

　　　H——磨机高度。

3.9.4.3　悬浮压损

气流在向上输送煤粉的过程中需克服煤粉的重力势能，因克服物料粉体重力势能而产生的压损为悬浮提升压损，在垂直管路中，表达式如下

$$\Delta p_{悬} = g\rho_a mH \frac{v_a}{v_s} \tag{3-33}$$

3.9.4.4　局部压损

纯流体在经过变径、弯管、障碍物时会产生压降，对于两相流体而言，其局部压损为

$$\Delta p_{局} = \xi_a \frac{\rho_a v_a^2}{2}(1+mk) \tag{3-34}$$

$$k = \frac{\xi_s}{\xi_a} \times \frac{v_s}{v_a}$$

式中　ξ_a——纯流体局部压损阻力系数；

　　　ξ_s——气固两相流局部压损阻力系数。

为了在生产过程中对立磨两端的压差进行实时监控，一般在入磨之前的热风管道及立磨出口各安装一个压力变送器，通过测得的静压力的差值得出立磨两端的压差。假设磨机前的压力变送器安装测点与磨机入风口的距离为 L，根据达西阻力定理

$$\Delta p_{直} = \lambda_a \frac{L}{D_{管}} \times \frac{\rho_a v_a^2}{2} \tag{3-35}$$

式中，$D_{管}$ 为热风管道内径。

热风在到达磨盘进行输送粉体之前还需克服两处压力损失：一处是热风进入风道管道变径产生的压损，另一处是风道经过风环变径所产生的压损。这两部分与具

体的磨机结构有关，原理上都遵从纯流体局部压损公式

$$\Delta p'_{局} = \xi'_a \rho_a \frac{v_a^2}{2} \tag{3-36}$$

式中，ξ'_a 为纯流体的局部压损系数，一般根据不同的风道结构由实验测定。

综上所述，磨机两端的压损可表示为

$$p_总 = \Delta p_加 + \Delta p_摩 + \Delta p_悬 + \Delta p_局 + \Delta p_直 + \Delta p'_局 \tag{3-37}$$

其中各分项压强可由各项磨机参数、物性参数及测量值结合各表达式求出。磨机压差表达式的确立不仅为工艺操控提供了理论数据依据，更重要的是，磨机压差的数学公式清晰地反映了设备参数、物性参数和工艺参数的内在联系，对制粉过程中出现的工艺参数变化提供了分析和处理问题的工具。可以说磨机压差是磨机运行稳定的"晴雨表"，是各项参数变化的综合体现。保证系统压差稳定并通过磨机直观的压差变化分析各参数的变化和影响是生产过程中控制磨机制粉的要素。

在立磨制粉过程中，与立磨运行参数相关的特定原煤属性包括：投料量、煤粉产品粒度、烘干水分（取决于原煤与煤粉产品水分）。这三项指标决定了立磨的主要工艺运行参数，即磨辊压力、分离器转速、风量、入磨风温。压差是投料量、产品分选粒度、磨辊压力、分离器转速、风量"匹配程度"的综合体现。可以将上述指标以自变量与因变量的函数关系表达：

煤粉粒度 ＝ f（分离器转速，磨辊压力，风量）

投料量 ＝ f（烘干水分，磨辊压力）

烘干水分 ＝ f（风量，入磨风温）

磨机压差 ＝ f（投料量，煤粉粒度，磨辊压力，风量，分离器转速）

用关系图的方式表达如图 3-13 所示。

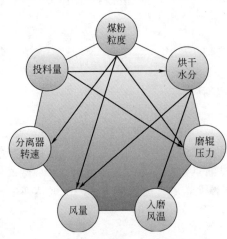

图 3-13　物料属性与立磨工艺参数关系图

可见，这些指标之间相互影响，相互制约，在实际的生产过程中为了保证系统的平衡稳定，这些指标互为因变量。上一章的风温计算和本章的输送风量计算及压差计算从数理关系上清晰地表达了参数之间相互的关系。这些理论基础为指导生产提供了最基本的依据，这些理论计算值离实际生产还有一定的偏差，在制粉过程气流、粉体、管壁之间存在大量的热交换，相互作用也极其复杂，无法精确求解，各参数也都在一定的区间内波动，因此，在实际的生产过程中，需建立起一套完整的工艺操作程序、各岗位作业指导书及应急操作预案，保证各岗位各司其职，保证制粉过程的安全稳定运行。

陕煤新型能源有限公司洁净煤应用工程实验室，通过多年的试验摸索和生产实

践，建立了煤粉生产工艺系统的参数计算程序，开发出"煤粉立磨负压生产系统工艺参数计算软件"（见图 3-14），可实现对煤粉制备系统各项工艺参数的计算，从而对煤粉厂的工艺系统设计和日常生产给予指导。

图 3-14　煤粉立磨负压生产系统工艺参数计算软件操作界面

3.9.5　立磨操作示例

以 HRM2200M（最大投料量 40t/h）立式磨为例，开车时立磨的操作如下。

3.9.5.1　投料前设定

在热风炉点炉结束后，集控室对立磨升温，并对磨机系统参数进行初始设定：

设定项目	给料量	分离器速度	磨辊压力设定	风机前风门
设定值	20t/h	800r/min	3MPa	≥40%

3.9.5.2　运行中的操作

投料：

（1）给料量为 20～25t/h　以磨机料层厚度为标准，每当料层厚度小于 30mm 时或收尘器进口温度上涨 0.5℃时，增加 1t 投料量，以此循环直至投料量到达 25t/h。

（2）给料量为 25～30t/h　将磨辊压力由 5MPa 调至 7MPa，料层厚度稳定，以收尘器进口温度为准，每上升 0.5℃，增加 1t 投料量，不满足增料操作时，应及时调整热风炉温度或增大拉风量，以此循环直至投料量到达 30t/h。

（3）给料量为 30～38t/h　根据生产不同粒度的煤粉产品，将磨辊压力调整至相应的 7～9MPa。以收尘器温度为标准，只要灰斗温度大于 70℃，增加 1t 投料量，不满足增料操作时，应及时调整热风炉温度或增大拉风量，以此循环直到投料量到达 38t/h。

在增加投料量过程中，每增加 2t 投料量，磨辊压力增加 1MPa 左右。

监控：

主操作员进行操作，并做记录点的实时监视，并在"生产系统运行记录"（如表 3-5 所示）中每半个小时记录数据一次。

表 3-5　生产系统运行记录样例（立磨）

	磨辊轴承温度 1	出口温度	
	磨辊轴承温度 2	进口压力	
	减速机轴瓦温度 1	出口压力	
磨机	减速机轴瓦温度 2	电机电流	
	稀油站供油温度	磨辊压力	
	CO 含量	分离器转速	
	进口温度	—	—

停机：

（1）停热风炉。

（2）断料。待收尘器灰斗温度降至 65℃以下时，停止全封闭称重给煤机。

（3）待磨机料层厚度降至 5cm 时，抬起磨辊。

（4）调整各风门开度继续拉风。

（5）断料 10min 后，停止磨机。

（6）断料 15min 后，磨辊复位。

（7）断料 40min 后，停止风机。

（8）停辅机。

（9）断料 45min 后，停止主收尘器。

（10）停输粉系统，输粉系统按照逆煤流依次停止。

（11）注氮保护 2h。

参　考　文　献

[1]　周仕学. 粉体工程导论. 北京：科学出版社，2010.

［2］　周辉，孟凡震，张传庆，等.基于应力-应变曲线的岩石脆性特征定量评价方法.岩石力学与工程学报，2014，33（6）：1114-1122.

［3］　GB/T 2565—2014.煤的可磨性指数测定方法　哈德格罗夫法.

［4］　李启衡.粉碎理论概要.北京：冶金工业出版社，1993.

［5］　段希祥.碎矿与磨矿.北京：冶金工业出版社，2012.

［6］　韩仲琦.加强水泥工业应用基础研究，提高自主创新水平（上）.中国水泥，2013，2：27-30.

［7］　段希祥.磨矿动力学参数与磨矿时间的关系研究.昆明工学院学报，1988（5）：27-37.

［8］　陈绍龙，张朝发，李福州.水泥生产破碎与粉磨工艺技术及设备.北京：化学工业出版社，2007.

［9］　闫顺林，魏杰儒，李燕芳，等.基于离散相模型的旋转煤粉分离器流场数值研究.应用能源技术，2012，8（5）：15-17.

［10］　何亚群，周念鑫，左蔚然，等.不同磨煤粒度条件下煤粉分离器分离特性研究.中国粉体技术，2012，18（1）：61-65.

［11］　严金中.立磨机磨矿原理的探讨.矿冶工程，1998，18（1）：27-30.

［12］　周文涛，杨金林，马少健，等.基于破碎理论下球磨机功耗模型预测.矿产综合利用，2016，（5）：43-46.

［13］　刘全军，姜美光.碎矿与磨矿技术发展及现状.云南冶金，2012，41（5）：21-28.

［14］　何邃，刘松利，伍斌，等.磨矿动力学在矿物加工中的研究现状.现代矿业，2016，（9）：21-28.

［15］　韩仲琦.先进科学技术在水泥工业的应用与研究（上）.中国水泥，2014，（6）：71-74.

第4章

煤粉输送设备

煤粉的输送是煤粉生产和使用的重要环节，煤粉输送根据输送原理不同可分为两大类：机械输送和气力输送。煤粉的输送过程与其他粉体输送无本质区别，但需要注意的是，煤粉在输送过程中应避免煤粉在设备内部长时间的堆积而导致自燃。气力输送过程中，在氮气源充足的情况下，或输送超细煤粉（中位径＜10μm）时宜采用氮气输送。本章主要对煤粉输送的主要设备（如斗提机、螺旋输送机、喷射泵、浓相泵等）进行介绍。

4.1 斗提机

斗提机即斗式提升机，它是利用均匀固接于无端牵引构件上的一系列料斗，竖向提升物料的连续输送机械。斗提机具有结构简单、造价低、输送量大、提升高度高等特点被广泛使用。在煤粉的生产和应用中，斗提机常用于煤粉至煤粉仓顶的输送，或生产用末煤至原煤缓冲仓顶的输送。

4.1.1 斗提机的分类

斗式提升机按牵引构件型式分为带式斗式提升机（TD）和链式斗式提升机，链式斗提机又分为环链式提升机（TH）和板链斗式提升机（TB）。各型式的斗提机功能及特点如下：

TD 型：带式斗式提升机，采用离心式或混合式方式卸料，适用于输送堆积密度小于 $1.5t/m^3$ 的粉状、粒状、小块状的无磨琢性、半磨琢性物料；物料温度不超过 60℃，采用耐热橡胶带时温度不超过 200℃。常用的规格有 TD100（料斗宽度 mm）～TD630 多种型式。

　　TH 型：环链斗式提升机，采用混合式或重力式方式卸料，适用于输送堆积密度小于 1.5t/m³ 的粉状、粒状、小块状的无磨琢性、半磨琢性物料，物料温度不超过 250℃。常用规格有 TH315～TH1000 多种型式。

　　TB 型：板链斗式提升机，采用重力式方式卸料，适用于输送堆积密度小于 2t/m³ 的中、大块状的磨琢性物料；物料温度不超过 250℃。常用规格有 TB250～TB1000 多种型式。

　　目前使用的大型斗式提升机宽度已达 1200mm，输送量达 1000t/h，最大提升高度达 80m。煤粉制备工艺中一般依据磨机的实际产能进行选型，煤粉的堆积密度为 0.4～0.7t/m³。立磨系统生产出的煤粉温度常常超过 60℃，且煤粉具有自燃特性，自燃后的煤粉容易引燃牵引胶带，因此输送煤粉的斗提机不应选用带式斗式提升机，应选用链式斗式提升机。

4.1.2　斗提机的结构

　　斗提机的运行部分和驱动滚筒（或链轮）安装在封闭的机壳内。斗提机分为机头、中部机壳、下部部件三部分，机头由上部机壳、减速机、联轴器、电机等部件组成；斗提机高度可通过配置不同数量的中部机壳叠加来满足工况要求；下部部件由底部机壳、入料口、张紧装置构成，侧面有检修口，便于对其内部检查和对粉体清扫。斗提机在工作时，驱动电机通过减速机变速后驱动滚筒/链轮转动，滚筒带动胶带和料斗转动，实现物料由机壳下部的进料口至提升机的卸料口的垂直提升。在机壳内还设有防止过大横向摆动的导向轨板，在驱动装置上装有防止运行部分返回运动的逆止装置。

　　料斗是提升机的承载构件，通常是用厚度为 2～6mm 的钢板焊接或冲压而制成的。为了减少料斗边唇的磨损，常在料斗边唇外焊上一条附加的斗边。根据物料特性和装、卸载方式不同，料斗常制成三种形式：深斗、浅斗和有导向槽的尖棱面斗，煤粉制备过程中一般不推荐使用尖棱面式料斗。

　　根据料斗的装料方式不同，可分为掏取式和注入式，如图 4-1 所示。掏取式是物料加到提升机底部，被运转的料斗直接掏取而提升；注入式是物料直接由装料口

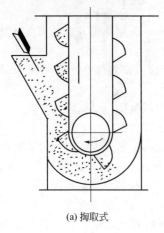
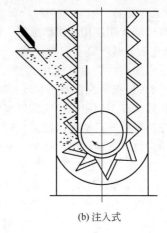

　　　　(a) 掏取式　　　　　　　　　　　　(b) 注入式

图 4-1　斗提入料形式

加到运行的料斗中。需要注意的是，无论采取哪种方式，采用斗提机初次输送煤粉前，应采用与煤粉粒度相当的青石粉对设备进行带料运转，使斗提机内部的平台、斗提底部或容易形成积粉的部位被石粉填充，避免煤粉在这些地方长期堆积导致自燃。

4.1.3　斗提机的应用

斗提机是煤粉制备过程中主要输送设备，例如原煤（末煤）输送、成品煤粉的提升入仓输送。

① 原煤的粒度均匀性较差，所以对斗提机的磨损以及稳定运行提出一定要求，一般选用"注入式"进料装料。

② 煤粉为细小粉末状物料，流动性良好，所以煤粉提升机采用"掏取式"或"注入式"进料装载，为了减少煤粉在斗提机底部的堆积，建议采用注入式，料斗不建议采用尖棱面式料斗。

值得注意的是：斗提机在试运转期间，注意检查料斗与壳体、链条与壳体之间的摩擦，防止在输送过程中产生火花或者摩擦生热造成煤粉自燃引发事故。

4.1.4　斗提机维护保养

① 使用时，要经常做好各摩擦面的润滑工作，防止煤粉进入轴部造成干磨，以确保提升机的正常运转和延长使用寿命。斗式提升机主要润滑部位是传动链和传动部分各轴承。

② 每班应逐一检查各连接板、销轴与料斗的固定情况。

③ 每周定班清理尾部节段内的堆积物料和杂物，每次停机前应延长斗提机运行时间，顺煤流方向停止斗提机，防止物料堆积挤坏料斗。

④ 按照产品使用说明以及保养手册，定期调紧传动链的张紧程度，并且应使两根传动链张紧程度一致。

⑤ 在使用中如发现中间槽铸石板松动或脱落应立即清理，以免卡住链条。

⑥ 斗链使用一段时间后，会产生不同程度的磨损。当斗链过松造成料斗刮底或链条绕过头轮两侧间距不一致时，均应通过拉紧装置进行不定期调整，以保证设备在良好状态下运行。

⑦ 当斗链长期使用磨损严重时，应及时更换。为避免提升机的两条斗链长短不一，两条斗链的链板必须同时更换。

⑧ 滚动轴承的润滑。使用钙钠基润滑脂，如三班连续生产，每三个月更换一次，使用时可根据情况适当延长或缩短周期。

⑨ 拉紧螺杆不使用时，应涂以润滑脂，并用纸包住，以免落入灰尘。

⑩ 当拉紧提升机螺杆锈蚀无法转动时，应予以更换。

⑪ 经常检查减速机内的油量。更换减速机或其中部分齿轮，其润滑油运转500h后，应全部更换新油。对于长期连续工作的提升机减速机，必须三个月换油一次；若使用中发现温升超过60℃或油温超过85℃，须更换润滑油后再用。

⑫ 提升机半年小修一次，两年大修一次。小修包括更换润滑油，检查传动齿轮的状况及滚动轴承处的密封等。大修除包括小修内容外，还需解体拆卸全部零件进行检查、修理或更换，特别是传动齿轮出现下列情况之一者，应做报废处理：出现

裂纹；齿面点蚀达啮合面的 30％且深度达齿厚的 10％；一级啮合齿轮磨损达原齿厚的 10％，其他级齿轮磨损达原齿厚的 20％。

⑬ 定期检查斗提机底部积煤情况，如使用其他不燃性粉体填充的工段，应检查被替换情况并进行修复工作。

常见故障及处理方法列于表 4-1。

表 4-1　常见故障及处理方法

序号	故障现象	故障原因	处理方法
1	回料现象	卸料溜子被物料充满	清理物料
		卸料口和溜子过小	扩大卸料口
		卸料溜子过小	检查卸料溜子角度
2	摩擦声	尾部壳体底板和料斗相碰	调整链条长度
		键松动链条偏摆	调整链条位置
		导轨变形	修理导轨
		轴承转动不良	更换轴承
3	冲击声	头尾齿轮形错位	修正齿形或更换链轮
		头轮与链条啮合不良	修正齿形
		驱动链条打滑	调整链条长度
4	链条摆动	链条和壳体相互干扰	修理壳体和链条
		头尾链齿形不对	校正齿形
		链条太松	调整张紧装置
		支撑不足	加强支撑
5	牵引构件打滑	牵引构件过长	调整丝杆
		上部链轮磨损过大	更换
		牵引构件磨损过大	更换

4.2　螺旋输送机

螺旋输送机俗称绞龙，是矿产、饲料、粮油、建筑业中用途较广的一种输送设备，由钢材做成，用于输送温度较高的粉末或者固体颗粒等化工、建材用产品。螺旋输送机具有构造简单、占用空间小、安装简便、密封效果好等优点，因此成为煤粉制备以及储运过程中应用最为广泛的一种输送方式。在煤粉输送过程中应该注意煤粉在螺旋两端持续存留而无法被替换引发自燃事故以及煤粉输送的效率问题等。

4.2.1　螺旋输送机的分类

螺旋输送机在输送形式上分为有轴螺旋输送机和无轴螺旋输送机两种，在外形上分为 U 形螺旋输送机和管式螺旋输送机。

有轴螺旋输送机适用于无黏性的干粉物料和小颗粒物料，例如：水泥、粉煤灰、石灰、煤粉等；无轴螺旋输送机适合输送黏性和易缠绕的物料，例如：污泥、水煤浆、生物质等；U形螺旋输送机主要用于粉体的水平输送，其上部盖板可以打开，以便日常检修和维护。

4.2.2　螺旋输送机的基本构造

螺旋输送机主要构件包括动力装置、减速器、螺旋叶片、中吊轴、输送管。其工作原理是螺旋叶片在电机驱动下旋转，向物料施加向前的轴向作用力，从而推移物料向前输送。而进行螺旋输送机输送，使物料不与螺旋输送机叶片一起旋转的力是物料自身重力和螺旋输送机机壳对物料的摩擦阻力。螺旋输送机旋转轴上焊的螺旋叶片，叶片的面型根据输送物料的不同有实体面型、带式面型、叶片面型等型式。螺旋输送机的螺旋轴在物料运动方向的终端有止推轴承以随物料给螺旋的轴向反力，在机长较长时，应加中间吊挂轴承。

煤粉的流动性较好，因此在一般水平输送过程中选择有轴型管式螺旋（图 4-2）或者有轴型 U 形螺旋（图 4-3），输送效率较高。

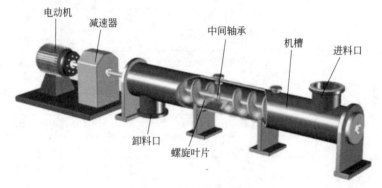

图 4-2　有轴型管式螺旋

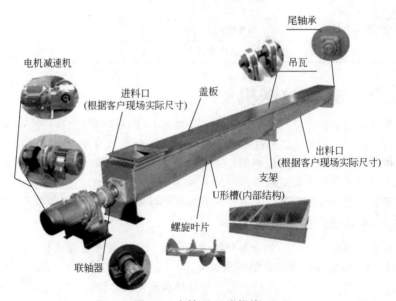

图 4-3　有轴型 U 形螺旋

4.2.3　螺旋输送机的特性参数

4.2.3.1　输送量

螺旋输送机的输送量与螺旋的管径、螺距、转速及填充系数有关，可用下式表示

$$I_\mathrm{m} = 60 \times \frac{\pi}{4} D^2 S n \rho \varphi \tag{4-1}$$

式中　I_m——输送量，t/h；

　　　D——螺旋输送机公称直径，m；

　　　S——螺距，m；

　　　n——螺旋输送机转速，r/min；

　　　ρ——堆积密度，t/m³，见表 4-2；

　　　φ——填充系数，见表 4-2。

表 4-2　不同物料堆积密度、填充系数选取参考值

物料	煤粉	水泥	生料	碎石膏	石灰
堆积密度 ρ /(t/m³)	0.5~0.6	1.25	1.1	1.3	0.9
填充系数 φ	0.4	0.25~0.3	0.25~0.3	0.25~0.3	0.35~0.4

若螺旋使用中存在一定角度，则在式(4-1) 中还需乘一系数 C，即

$$I'_\mathrm{m} = I_\mathrm{m} C \tag{4-2}$$

式中，C 为螺旋倾斜系数，见表 4-3。

表 4-3　螺旋倾斜系数选取参考值

倾斜角	0°	≤5°	≤10°	≤15°	≤20°
倾斜系数 C	1	0.9	0.8	0.7	0.65

4.2.3.2　输送功率

螺旋输送机的输送功率可表示为

$$P = P_\mathrm{H} + P_\mathrm{N} + P_\mathrm{st} \tag{4-3}$$

式中　P_H——输送物料所需要的功率；

　　　P_N——螺旋输送机空载功率；

　　　P_st——螺旋输送机存在倾角时，对物料的提升功率。

P_H 可表示为

$$P_\mathrm{H} = \frac{I_\mathrm{m}}{3600} L \lambda g \tag{4-4}$$

式中　L——螺旋输送机输送长度，m；

　　　λ——粉体阻力系数，煤粉粒度细、流动性好，一般介于 0.5~0.7 之间。

P_N 可表示为

$$P_\mathrm{N} = \frac{DL}{20} \tag{4-5}$$

　　P_st 为

$$P_{st} = \frac{I_m}{3600} gH \qquad (4\text{-}6)$$

式中，H 为物料提升垂直高度，m，向上输送为正，向下输送为负。

4.2.4　螺旋输送机在煤粉中的应用

4.2.4.1　有轴管式螺旋

有轴管式螺旋具有密封好、占用空间小、精确给料、提升高度可调的优点，在煤粉的输送过程中应用最为广泛，主要使用于制粉系统的煤粉输送环节、吨包煤粉卸料转运过程及煤粉锅炉给粉过程等；在粉体计量方面，螺旋转子秤也可通过对螺旋调速实现定量给料。

4.2.4.2　有轴 U 形螺旋

U 形螺旋壳体底部与螺旋相贴合，顶部位置空间较大，因此输送量大且不易发生堵塞现象，负荷电机运行较为平稳。U 形螺旋主要应用于煤粉制备工艺中的水平输送，例如：收尘器底部灰斗粉料收集并输送、粉仓顶部的多点卸料输送等环节。U 形螺旋用于煤粉输送过程应注意避免螺旋两端残留的煤粉长时间堆积而导致煤粉自燃，因此在选型 U 形螺旋时注意尽量将出料口靠近端侧，或者使用密度较大的石灰粉进行填充，避免煤粉在此积聚，并在生产中加强温度巡检。

4.2.4.3　无轴螺旋

无轴螺旋主要应用于煤粉制备水煤浆的干法调浆工艺中，主要原因在于煤粉与水混合搅拌后容易黏附在轴上，造成输送搅拌效率低下或者堵塞情况，无轴螺旋则可以避免堵塞。

4.2.5　煤粉螺旋输送机使用注意事项

采用螺旋输送机输送煤粉时应注意下列事项：

① 螺旋输送机应无负载启动，即机壳内没有物料时启动，启动后方能向螺旋机给料，初始给料时，应逐步增加给料速度达到设定输送能力（尤其是水分较大的煤粉）。给料应均匀，否则容易造成物料的堵塞导致动力装置的过载，使整台机械损坏。

② 为了保证螺旋机无负载启动的要求，输送机在停车前应停止加料，等机壳内物料完全输送后方可停止运转。应注意水分较小的煤粉（尤其是有一定温度的煤粉）流动性特别好，选择物料控制阀板或阀门时应保证关闭到位，防止物料不断进入管螺旋造成堵塞。

③ 被输送物料内不得混入坚硬或者纤维状物体，避免螺旋卡死或者堵塞而造成螺旋机的损坏，尤其是纤维状物质，是煤粉中最可能存在的杂质，因此，对于杂质较多的煤粉物料可以在进入螺旋机之前加装一定目数的过滤网。

④ 在使用中经常检查螺旋输送机的各部位工作状态。注意各紧固件是否松动。如果发现紧固件松动，则应立即停机上紧螺丝等。

⑤ 应注意螺旋与连接轴间的紧固钉是否松动，如果发现此现象应立即停止重新紧固。

⑥ 应按时保养螺旋机两端轴的密封情况，由于煤粉粒度较小，随着轴的长时间转动运转容易操作煤粉进入轴承，进而发生漏粉现象，对此现场人员应及时更换盘

根等密封件。

⑦ 螺旋输送机各运动机件按时加注润滑油。

⑧ 驱动装置的减速器内应用汽油机润滑油 HQ-10 每隔 3～6 个月换油一次。

⑨ 螺旋两端轴承箱内用锂基润滑油，每半个月注一次，5g。

⑩ 螺旋机中吊轴承，选用 M1 类别，其中 8000 型轴承装配时已润湿了润滑油，平时可少加油，每隔 3～5 个月，将吊轴承体连同吊轴拆下，取下密封圈，将吊装及 8000 型轴承浸在熔化了的润滑油中，与润滑油一道冷却重新装好使用，如尼龙密封圈损坏应及时更换，使用一年，用以上方法再保养一次，可获得良好效果。

⑪ 螺旋机中吊轴承，选用 M2 类别，每班注润滑油，每个吊轴瓦注脂 5g，高温物料应使用 ZN2 钠基润滑油采用自润滑轴瓦，也应加入少量润滑油。

管螺旋常见故障及处理方法，见表 4-4。

表 4-4　管螺旋常见故障及处理方法

序号	故障	故障部位	故障原因	处理方法
1	漏油	减速箱	轴端密封破损	1. 电机端更换输入轴油封 2. 管端更换输出轴油封
2	漏粉	减速箱	轴端密封挚磨损	更换密封挚
3		观察窗	未销紧	将观察窗顶杆螺钉锁紧
4		万向节	万向节连接处	万向节连接处焊接或涂一层玻璃胶
5	噪声或异响	电机	电机轴承损坏	1. 更换电机 2. 更换同型号轴承
6				
7		减速箱	润滑油不净或不足	更换润滑油并补足到油镜的 2/3 处
8		螺旋管	螺旋芯轴(叶片)刮到管内壁	调整芯轴同心度
9			中吊轴断裂	更换中吊轴
10	输送量不足	粉仓	未安装破拱气垫或效果不佳	加装破拱气垫(接触面积大一些)
11			下料口或螺旋叶轮堵塞	清理杂物

4.3　煤粉气力输送

粉状物料、粒状物料除采用机械输送外，还常采用气力输送。粉体气力输送技术较为成熟，在各行业广泛应用，与机械输送相比具有以下优点：

① 输送管道结构简单，占据地面和空间小，走向灵活，管理简单，维修便捷。

② 物料在管道内密闭输送，不受环境、气候等条件影响，物料漏损、飞扬量很少，环境卫生较好。

③ 设备操作控制容易实现自动化。

④ 输送量和输送距离较大（可达 2km），可沿任意方向输送，适应各种地形输送，短距离避免了粉体的二次倒运。

⑤ 可将输送和有些工艺过程（干燥、冷却、混合、分选等）联合进行。

基于气力输送上述优点，煤粉在厂内中长距离输送、吨袋煤粉卸料至仓顶过程、制粉系统的边烘边磨过程、煤粉的分选过程都采用气力输送方式。

气力输送的主要缺点为：

① 动力消耗较大，气力输送的动力系数约为带式输送机的 15～40 倍，输送距离越近，动力系数越大。

② 管道和供料器磨损过快。

③ 输送的物料有限制，目前多用于输送粉状物料，不宜输送潮湿、易黏结和怕碎的物料。

因此，在设计粉体的输送过程时，应结合实际情况选用相应的输送方式。

4.3.1　气力输送工作原理和分类

气力输送的作用原理是利用空气的动压和静压，使物料颗粒悬浮于气流中或成集团沿管道输送。粉体气力输送根据输送方式不同可分为吸送式、压送式、混合式和流送式四种形式。根据输送浓度不同可分为稀相输送（固气比<8）和浓相输送（固气比>20）。吸送式属于稀相输送，压送式包括稀相输送和浓相输送。

4.3.1.1　吸送式

当输送管道内气体压力低于大气压力时，称为吸送式气力输送，其装置如图 4-4 所示。当风机 8 启动后，吸粉管道 7 内达到一定的真空度时，大气中的空气便携带着物料由吸嘴 6 进入吸粉管道 7，并沿管道被输送到布袋除尘器 1。在除尘器中，物料和空气分离，分离出的物料由分离器底部主卸料器 3 卸出，含有少量粉尘的气体经过二次旋风除尘器 2 再次被净化后经风机 8 排放到大气中。

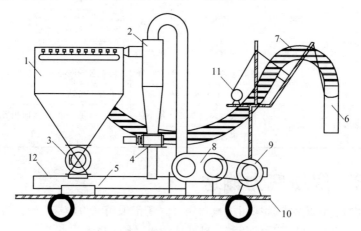

图 4-4　一种吸送式气力输送装置

1—布袋除尘器；2—二次旋风除尘器；3—主卸料器；4—辅助卸料器；5—集尘箱；
6—吸嘴；7—吸粉管道；8—风机；9—电机；10—移动车架；
11—吸嘴升降电机；12—出料口

吸送式气力输送装置的好处是不受吸料场地空间大小和位置限制，能同时从几处吸取物料；而且吸料过程系统为负压，吸料点和输送管道沿线不会发生粉尘跑冒；但是其主要缺点也很明显，如运行阻力大、固气比低、输送能耗高；管道内的真空度有限，故输送距离有限；装置的密封性要求很高；对吸嘴的设计要求较高，吸嘴的结构设计直接影响吸料效果；当通过风机的气体没有很好除尘时，将加速风机磨损。

在常用的煤粉立磨生产工艺中，吸送方式可实现煤粉的"边烘边磨"过程，如图 2-10 所示。但由于吸送过程固气比低，若在常规状况下用于大量煤粉的输送，不仅能耗高，输送效率也极其低下。因此负压式吸送方式主要用于除尘或少量散料的吸送。

4.3.1.2　压送式

当输送管路内气体压力高于大气压时，称为压送式气力输送，其装置如图 4-5 所示。风机 1 将压缩空气输入供料器 2 内，使物料与气体混合，混合的气料经输送管道 3 进入旋风分离器 4。在分离器内，物料和气体分离，物料由分离器底部卸出，气体经布袋除尘器 5 除尘后排放到大气中。

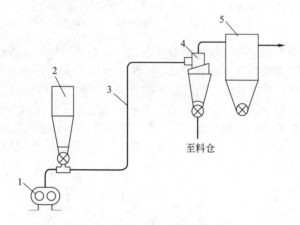

图 4-5　压送式气力输送工艺

1—风机；2—供料器（料仓）；3—输送管道；4—旋风分离器；

5—布袋除尘器（内滤式）

压送式气力输送装置的主要优点是输送距离较远，可实现高固气比压送，输送效率高，因此，压送式输料方式是煤粉气力输送过程中最常用到的一种方式，有稀相输送和浓相泵的浓相输送两种模式。

4.3.1.3　混合式

混合式气力输送是由吸送式和压送式联合组成的，如图 4-6 所示。在吸送部分，负压输料管 2 内为负压，物料由吸嘴 1 吸入，经管道 2 进入旋风分离器 3 分离，分离后的粗粉随供料器 6 卸入混合室再次经过分离后进入料仓，从分离器 7 排出的细粉在风机 4 提供的负压作用下，经过风机与粗粉并为一路最终输送至料仓 9。经分离器 7 分离后的少量细颗粒经过除尘（袋式除尘）净化后排入大气。

混合式气力输送装置的主要优点是可以从几处吸取物料，又可把物料同时输送到几处，且输送距离较远。其主要缺点是含料气体通过风机，使风机磨损加速；整个装置设备较复杂，因此在煤粉的输送过程应用受到限制。

4.3.1.4　流送式

流送式气力输送是物料悬浮输送的一种变形式。空气输送斜槽就是这种输送装

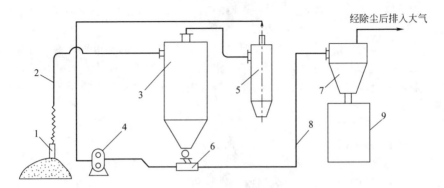

图 4-6　混合式气力输送工艺

1—吸嘴；2—负压输料管；3—旋风分离器；4—风机；5—旋风除尘器；6—供料器；

7—分离器；8—正压输料管；9—料仓

置：空气输送斜槽利用空气将固体颗粒流态化，流态化的粉体集团在重力作用下沿着斜槽向下流动，最终输送至受料装置。这种输送方式属于气-固密相输送，其结构原理图如 4-7 所示：槽体主要由上槽和下槽组成，中间用透气层隔开。粉体物料由下料口连续加入斜槽的透气层之上，空气由鼓风机送入下槽内，当空气通过透气层和物料时，使物料流态化，物料在自身重力分力作用下，在透气层上沿槽体向下流动，最终由卸料口卸出。逸出物料层的空气经过上槽顶部的过滤层排入大气，或由排气管进入除尘设备。

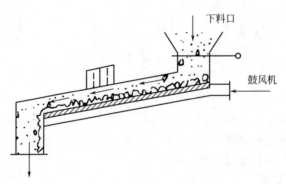

图 4-7　流送式气力输送装置

使用空气输送斜槽必须保证入料口和出料口存在一定的高度差。透气层表面应平整，具有一定抗湿性、耐热性和机械强度。常用的透气层有陶瓷多孔板、水泥多孔板和纤维织物等，目前多用化纤织物制作透气层。

空气输送斜槽的主要优点是构造简单、重量轻、无运转零件，磨损小、操作简便、工作可靠、空气压力小、动力消耗少。其主要缺点是只能输送流动性好、干燥的粉状物料，只能向下输送，输送距离一般不超过 100m。在煤粉加工行业，实际应用较少，原因在于空气斜槽输送的安装有一定的局限，且输送距离有限，有时应用于煤粉仓与散装罐车的对接。如果在实际工艺过程中满足安装条件时可以尝试，值得注意的是应用过程中应保证煤粉不会在该设备内集聚，且透气层需要耐高温，防止自燃现象发生。

使用维护：

① 安装时，槽体横向应保证水平，否则，物料将偏于低侧。透气层要张紧，槽体连接要严密，不得漏气。

② 使用前应进行通风测压试验。

③ 喂料量应均匀，物料中不能夹带杂物，否则，杂物沉积在透气层上，会影响通风，造成堵料，并加速透气层磨损。

④ 应经常清除下槽中的物料，定期检查透气层有无漏粉或损害现象并及时更换。

在煤粉的气力输送过程中，最常用到的是正压稀相气力输送方式及浓相输送泵，下面将对两种输送方式进行介绍。

4.3.2　正压稀相气力输送过程的参数计算

正压稀相气力输送是煤粉输送过程中最常用到的一种方式，常用于吨袋煤粉输送至粉仓的过程及一些生产环节。在输送量低于 20t/h 的条件下，采用稀相输送装置不仅成本低廉，而且结构简单、不占用空间、布局灵活。

正压稀相气力输送的核心部件是风机和供料器。风机主要为输送过程提供气源，需满足一定的风量和风压，一般采用罗茨风机。在压缩空气量充足的情况下也可使用压缩空气代替。供料器需保证料仓内的料均匀下落，并与风均匀混合，实现风送粉。

供料器如图 4-8 所示，物料从锁气器（星形卸料器）均匀、恒量地进入喷射输送泵腔室，经流化箱流态化。供料器风道为文丘里管的结构，来自风机的气流经过文丘里管的收缩段时，流速变大、压力变小，在下料口处形成负压区，

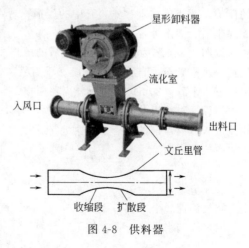

图 4-8　供料器

将流态化的物料卷入混合管内，再经扩散管段减速增压，使物料输送至目的地。

风机的选型是正压稀相气力输送装置设计过程最重要的内容，输送介质、输送量、输送距离直接决定风机的额定风量及风机功率参数。下面以输送煤粉为例，介绍风机选型的计算过程：

以图 4-5 工艺为例，假设煤粉堆积密度为 0.6t/m³，输送量要求 10t/h，输送高度为 30m，水平距离为 100m，由此确定风机风量及压损。

4.3.2.1　输送风量

根据固气比的定义式，风量计算按下式计算

$$Q = \frac{G_a}{\mu \rho_0} \tag{4-7}$$

式中　G_a——粉体的输送量，kg/h；

ρ_0——空气的密度，常压状态下 20℃空气的密度，取 $1.2kg/m^3$；

μ——固气混合比，稀相正压输送介于 3～10，这里取 8。

算得 $$Q=1667(m^3/h)$$

增加 10％裕量，则实际风量为

$$Q_{实}=1667\times1.1=1833.7(m^3/h)$$

4.3.2.2　输送管道管径

$$D=\sqrt{\frac{4Q}{3600\pi v}} \tag{4-8}$$

式中　D——输送管径，m；

v——气体流速，煤粉气力输送可选 20～30m/s，取 25m/s。

计算得 $$D=0.154m$$

管道内径取 150mm。

4.3.2.3　压力损失计算

物料被气体输送的过程中消耗的能量主要为气固两相流在输料管中的压力损失。压力损失可分为以下几部分：物料被气流加速引起的压损；两相流在水平输料管中的压损；两相流在垂直输料管中的压损；管道弯头处的压损；其他设备引起的压损，如除尘器、消声器等。

以图 4-5 工艺为例，两相流先后的压损主要体现在：加速压损→水平管（30m）压损→水平管至垂直管弯管压损→垂直管（25m）提升压损→垂直管至水平管弯管压损→水平管（20m）压损→分离器压损。

假设通过旋风分离器压损为 2kPa，为计算方便，计算从终点向初始点计算，两相流进入分离器前的状态参数为

空气压力为 $$p_1=101.3+2=103.3（kPa）$$

空气密度为 $$\rho_1=\rho_0\frac{p_1}{p_0}\approx1.2\times\frac{103.3}{101.3}\approx1.2（kg/m^3）$$

空气流速 $$v=25m/s$$

（1）终端水平管压损　按下式计算

$$\Delta p_1=\Delta p_{沿}(1+\mu K)$$

$$\Delta p_{沿}=\lambda\frac{L}{D}\times\frac{\rho_1 v_1^2}{2} \tag{4-9}$$

式中　K——两相流阻力系数，根据《粉粒体气力输送系统设计手册》（以下称"手册"）表 4-4，取 0.5；

λ——管道摩擦系数，根据"手册"中表 4-5、表 4-6 查得公称直径 150mm、无缝钢管粗糙度 0.20mm 的 λ 为 0.0211；

L——管道长度，20m。

$$\Delta p_1=0.0211\times\frac{20}{0.15}\times\frac{1.2\times25^2}{2}\times(1+8\times0.5)=5275（Pa）$$

（2）垂直管至水平管弯管压力损失　设水平管与弯管处连接点

其空气压力为 $$p_2=p_1+\Delta p_1=103.3+5.275\approx108.58（kPa）$$

空气密度为　　　　　$\rho_2 = \rho_1 \dfrac{p_2}{p_1} = 1.2 \times \dfrac{108.58}{103.3} = 1.26 (\text{kg/m}^3)$

空气流速为　　　　　$v_2 = v_1 \dfrac{\rho_1}{\rho_2} = 25 \times \dfrac{1.2}{1.26} = 23.81 (\text{m/s})$

$$\Delta p_2 = \xi_{\text{弯}} \frac{\rho_2 v_2^2}{2} (1 + \mu k_{\text{弯}}) \tag{4-10}$$

式中　$\xi_{\text{弯}}$——弯头纯空气阻力系数，查"手册"表 4-7 所得弯管中径曲率半径 6D、
　　　　　90°弯头值为 0.083；

　　　$k_{\text{弯}}$——两相流弯管阻力系数（一般通过实验确定），若无参考资料，可取 2～
　　　　　3，由水平进入垂直取大值，垂直进入水平取小值，这里取 2。

$$\Delta p_2 = 0.083 \times \frac{1.26 \times 23.81^2}{2} \times (1 + 8 \times 2) = 503.95 (\text{Pa})$$

（3）垂直管压力损失计算

空气压力为　　　　　$p_3 = p_2 + \Delta p_2 = 108.58 + 0.5 = 109.08 (\text{kPa})$

空气密度为　　　　　$\rho_3 = \rho_2 \dfrac{p_3}{p_2} = 1.26 \times \dfrac{109.08}{108.58} = 1.27 (\text{kg/m}^3)$

空气流速为　　　　　$v_3 = v_2 \dfrac{\rho_2}{\rho_3} = 23.81 \times \dfrac{1.26}{1.27} = 23.62 (\text{m/s})$

垂直管压力损失除了两相流与管壁的沿程压损外，还有气流将物料垂直提升的
提升压损

$$\Delta p_3 = \Delta p_{\text{沿}} (1 + \mu K) + g \rho_3 \mu H \frac{v_3}{v_s}$$

$$= \lambda \frac{L}{D} \times \frac{\rho_3 v_3^2}{2} (1 + \mu K) + g \rho_3 \mu H \frac{v_3}{v_s} \tag{4-11}$$

湍流区气固速度比为

$$\frac{v_3}{v_s} = 2 / [1 - (v_n / v_3)^2] \tag{4-12}$$

式中，v_n 为煤粉颗粒悬浮速度。

$$v_n = \varphi^{0.65} \times 1.741 \sqrt{\frac{(\rho_s - \rho_3) g d_v}{\rho_3}} \tag{4-13}$$

式中　φ——煤粉球形度，取 0.8；

　　　d_v——煤粉颗粒群中的最大粒度，取 $200 \mu\text{m}$；

　　　ρ_s——煤颗粒密度，取 1400kg/m^3。

$$v_n = 0.8^{0.65} \times 1.741 \times \sqrt{\frac{(1400 - 1.27) \times 9.8 \times 200 \times 10^{-6}}{1.27}} = 2.2 (\text{m/s})$$

$$\frac{v_3}{v_s} = 2 / [1 - (2.2 / 23.62)^2] = 2.02$$

根据式（4-11），得

$$\Delta p_3 = 0.0211 \times \frac{25}{0.154} \times \frac{1.27 \times 23.62^2}{2} \times (1 + 8 \times 0.5) + 9.8 \times 1.27 \times 8 \times 25 \times 2.02$$

$$= 6067.44 + 5028.18 = 11095.62 (\text{Pa})$$

（4）水平管至垂直管弯管压力损失

空气压力为　$p_4 = p_3 + \Delta p_3 = 109.08 + 11.1 = 120.18(\text{kPa})$

空气密度为　$\rho_4 = \rho_3 \dfrac{p_4}{p_3} = 1.27 \times \dfrac{120.18}{109.08} = 1.40(\text{kg/m}^3)$

空气流速为　$v_4 = v_3 \dfrac{\rho_3}{\rho_4} = 23.62 \times \dfrac{1.27}{1.4} = 21.43(\text{m/s})$

$$\Delta p_4 = \xi_弯 \frac{\rho_4 v_4^2}{2}(1 + \mu k_弯) \qquad (4\text{-}14)$$

$$\Delta p_4 = 0.083 \times \frac{1.4 \times 21.43^2}{2} \times (1 + 8 \times 3) = 667.05(\text{Pa})$$

（5）水平管段压损

空气压力为　$p_5 = p_4 + \Delta p_4 = 120.18 + 0.67 = 120.85(\text{kPa})$

空气密度为　$\rho_5 = \rho_4 \dfrac{p_5}{p_4} = 1.4 \times \dfrac{120.85}{120.18} = 1.41(\text{kg/m}^3)$

空气流速为　$v_5 = v_4 \dfrac{\rho_4}{\rho_5} = 21.43 \times \dfrac{1.4}{1.41} = 21.28(\text{m/s})$

根据式(4-9) 得

$$\Delta p_5 = 0.0211 \times \frac{30}{0.15} \times \frac{1.41 \times 21.28^2}{2} \times (1 + 8 \times 0.5) = 6736.2(\text{Pa})$$

（6）物料加速压力损失　气流和煤粉由初速零加速至两相流的输送速度，需要消耗一定的能量，这一过程产生压力损失为加速压损。由式(4-15) 确定

$$\Delta p_{加} = \left[1 + \mu \left(\frac{v_s}{v_6}\right)^2\right] \times \rho_6 \frac{v_6^2}{2} \qquad (4\text{-}15)$$

空气压力为　$p_6 = p_5 + \Delta p_5 = 120.85 + 6.74 = 127.59(\text{kPa})$

空气密度为　$\rho_6 = \rho_5 \dfrac{p_6}{p_5} = 1.41 \times \dfrac{127.59}{120.85} = 1.49(\text{kg/m}^3)$

空气流速为　$v_6 = v_5 \dfrac{\rho_5}{\rho_6} = 21.28 \times \dfrac{1.41}{1.49} = 20.14(\text{m/s})$

根据式(4-12) 和式(4-13) 得

$$v_n = 0.8^{0.65} \times 1.741 \times \sqrt{\frac{(1400 - 1.49) \times 9.8 \times 200 \times 10^{-6}}{1.49}} = 2.04(\text{m/s})$$

$$\frac{v_s}{v_6} = \frac{1}{2} \times [1 - (2.04/20.14)^2] = 0.5$$

根据式(4-15) 得

$$\Delta p_{加} = (1 + 8 \times 0.5^2) \times 1.49 \times \frac{20.14^2}{2} = 906.56(\text{Pa})$$

综合上述 7 项压损，总压损为

$$\Delta p_总 = \Delta p_分 + \Delta p_1 + \Delta p_2 + \Delta p_3 + \Delta p_4 + \Delta p_5 + \Delta p_{加}$$
$$= 2 + 5.28 + 0.5 + 11.1 + 0.67 + 6.74 + 0.91$$
$$= 27.2(\text{kPa})$$

设计时应增加 10% 的裕量：

$$\Delta p = 27.2 \times (1 + 10\%) = 30(\text{kPa})$$

因此应选型管径为 150mm 的管道，罗茨风机需满足风量不小于 1833.7m³/h，升压不低于 30kPa。

4.3.3　螺旋气力输送泵

螺旋气力输送泵也是正压稀相输送常用的一种装置，其气力输送原理与上述星形卸料输送泵一致，不过其供料方式采用螺旋输送的方式，动力来源同样以罗茨风机或空压机为主。螺旋气力输送泵由旋转螺旋、传动轴、基座、止回阀、混合室、射流器组成，如图 4-9 所示。

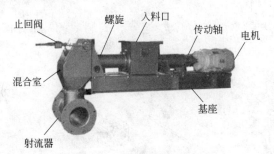

图 4-9　螺旋气力输送泵

螺旋气力输送泵具有输粉量均匀、锁风性能可靠、密封性能强等优点，已广泛应用于水泥、煤粉、石油焦粉、生料粉、矿粉等粉状物料。螺旋通过变频调速可实现定量输送，用于煤粉燃烧器的喷烧系统。

螺旋气力输送泵操作时，要严格遵守空载启动和空载停机的规定，避免启动负荷过大和管道堵塞等现象的发生。

开机时，首先开通罗茨风机/压缩空气，待混合室和管道内物料排空后，再启动电机，当螺旋空转正常后，再向入料口加料。

停机时，首先停止向入料口加料，待螺旋内的物料卸空后，再停止电机，当混合室和管道内物料排空后，再关闭罗茨风机/压缩空气。

4.3.4　仓式气力输送泵

仓式泵是高压远距离气力输送的供料设备，输送距离可达 2000m，压缩空气压力高达 0.7MPa，固气比＞20，输送量可达 250t/h 以上，是属于压送气力输送设备中的高压浓相输送设备，是粉体行业工业化生产和储运中最常用的气力输送装置。

仓泵输送基本工艺如图 4-10 所示。

4.3.4.1　仓式气力输送泵分类

① 仓泵本身属于间歇式的输送方式，因此很多企业会选择多仓泵进行交替输送，达到高效输送的目的。

② 仓式泵按输送管道从泵体上引出的位置不同，分为底部送料仓式泵（下引式）和顶部送料仓式泵（上引式）两种。对于上引式仓泵，底部设有流化透气层，气粉混合物在仓内混合悬浮后排出，因此，料气混合更为均匀，输送平稳。下引式仓泵的排出管由下部引出，灰可依靠重力自流排出，本体阻力较小，浓度较大，缺

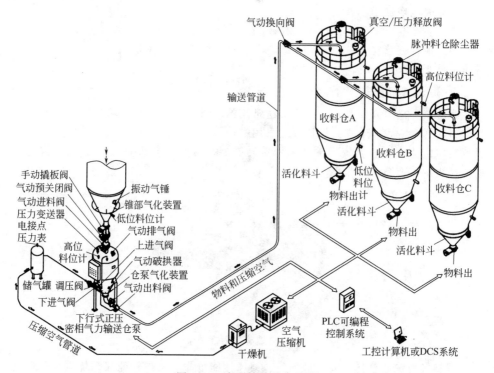

图 4-10　仓泵输送基本工艺

点是灰、气混合不太均匀，运行稳定性较差，远距离输送易堵灰管等。此外，考虑到上引式管路有利于空间布局，不占用地面空间，因此较为常用。

4.3.4.2　结构和输送原理

上引式仓泵结构如图 4-11 所示，一般由中间仓或者收尘器集灰斗直接连接泵体。中间仓或集灰斗既是泵体的供料装置，又是暂时储存物料的容器。在中间仓体 1 的下部开有卸料口与泵体上部的进料口相连通，仓泵底装有多孔板和充气槽，当压缩空气进入充气槽后，通过多孔板使仓泵内物料流态化。

工作时，仓泵的控制系统通过控制气控阀 10，首先打开排气阀 3，接着进料阀 2 打开，此时料斗 6 内的粉状物料由进料口加入。排气阀的作用是使物料顺利进入仓泵体内，并排出泵内余气。

当物料加到一定程度时（此过程在仓泵控制柜台上进行控制，在现有产品上有两种控制方式，一种是加料时间控制，另一种是料位计 7 控制），关闭进料阀及排气阀。通过控制气动阀门，压缩气源一路通过底阀 4 泵体加压，另一路通过环形吹松管 8 对物料充分流化，加压至 0.4~0.6MPa，开启输料阀，将流化状态的物料由排料管 5 吹送出去。当物料输送完毕，压力变送器 9 发出低压信号，控制台即自动关闭气动进气阀，从而进入第二个工作循环。仓泵的控制系统中一般均设置了自动及手动两套工作方式，便于在使用中选择。

仓泵用于输送煤粉时应注意，在完成输送后，还要对泵体进行 2~3 次空吹，保证仓泵内及管道不得有堆积煤粉，以免发生自燃。此外，还应采用红外成像仪做好

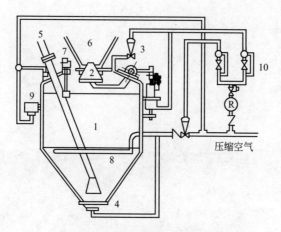

图 4-11　上引式仓泵结构图

1—仓体；2—进料阀；3—排气阀；4—底阀；5—排料管；6—料斗；7—料位计；

8—环形吹松管；9—压力变送器；10—气控阀

仓泵日常的温度巡检。在输送超细煤粉、挥发分较高的煤粉或长距离输送时，宜采用氮气气源，保证煤粉输送的安全性。

　　仓泵的应用已较为成熟，用户在选型时由厂家提供技术方案，这里不再详细讲述。

参 考 文 献

[1]　卢寿慈. 粉体加工技术. 北京：中国轻工业出版社，1998.

[2]　陶珍东，郑少华. 粉体工程与设备. 北京：化学工业出版社，2003.

[3]　张荣善. 散料输送与存储. 北京：化学工业出版社，2001.

[4]　胡建平，郑昌华，等. 螺旋输送机、斗式提升机和振动输送机. 北京：机械工业出版社，1991.

[5]　盖国胜. 超微粉体技术. 北京：化学工业出版社，2004.

[6]　张长森，程俊华. 粉体技术与设备. 上海：上海华东理工大学出版社，2007.

[7]　李诗久，周晓军. 气力输送理论与应用. 北京：机械工业出版社，1992.

[8]　周乃如，朱凤德. 气力输送原理与设计计算. 郑州：河南科学技术出版社，1981.

第5章

除尘设备

　　原煤经过磨机研磨后形成的煤粉采用布袋除尘器进行收集，因此该工序所采用的布袋除尘器可称作集粉器。在煤粉的制备过程中，除尘器除了用于收集煤粉之外，还用于煤粉仓的排气除尘、包装过程的除尘、煤粉卸料过程的除尘、煤粉分级过程或收集热风炉高温灰渣的旋风除尘等。因此除尘器的使用总结起来有两个目的：①在气力输送过程，需要把粉体产品从气体中分离或分级出来；②为保护环境，需要把排放到大气中的粉尘收集除去。除尘器工作的本质是将粉体颗粒采用物理方式收集，将净化的气体排出，实现固气分离。根据净化机理不同，可将除尘器分为：

　　（1）机械式除尘器　这种除尘器结构比较简单，主要利用颗粒本身的质量所产生的重力、离心力及惯性达到固气分离的效果，如重力沉降室、惯性除尘器、旋风除尘器等。机械式除尘器的优点是：结构简单，造价低，可承受高温气流；缺点是除尘效率较低，一般用于一级除尘。

　　（2）过滤式除尘器　利用多孔介质过滤的方式，将尘粒拦截，让气流通过，从而实现固气分离，比如布袋除尘器、滤筒式除尘器。此类除尘器除尘效率高，是目前应用最广的除尘器。

　　（3）湿式除尘器　湿式除尘器是利用液体（通常是水）洗涤含尘气流使粉尘与气流分离，主要用于高温废气、浸润性较好的颗粒除尘。

　　（4）电除尘器　利用高压电场对荷电粉尘的吸附作用，把粉尘从含尘气体中分离出来的除尘器。即在高压电场中，使悬浮于含尘气体中的粉尘受到气体电离的作用而带电，带电粉尘在电场力的作用下，向极性相反的电极运动，并吸附在电极上，通过振打、冲刷等使其从电极表面脱落，同时在重力的作用下落入灰斗。

　　（5）复合除尘器　将两种或两种以上除尘原理有机结合在一起组成的除尘器，

如电-旋风除尘器、干-湿一体除尘器、电-袋复合除尘器等。

显然，湿式除尘器不能应用于煤粉产品的收集，而电除尘器由于对收集粉尘的电阻率有一定要求（$10^4 \sim 10^{11} \Omega \cdot cm$）并且会产生电晕放电，因此不适用于易燃易爆的煤粉粉尘。煤粉的收集与除尘通常采用过滤式除尘器和机械式除尘器，或者两者的组合。

除尘的本质是将具有一定浓度的含尘气体采用上述方法实现固气分离，除尘设备在除尘过程中涉及颗粒与气流的相互作用，即气固两相流动力学，因此了解除尘设备之前，掌握相关两相流动力学的基础知识是必要的。

5.1　颗粒沉降过程

5.1.1　球形颗粒沉降过程

当一个体积很小的颗粒在空气中发生自由沉降，受到重力 F_g、与重力方向相反的浮力 F_b 和气流阻力 F_d 的作用。沉降初期，重力大于浮力和阻力，颗粒加速沉降，但随着沉降速度的增加，阻力增大，加速度减小，直到浮力与气流阻力的合力与重力相等，颗粒以一速度匀速下降，这个速度为颗粒悬浮速度 v_n。这一过程可用式（5-1）表示

$$m \frac{\mathrm{d}v}{\mathrm{d}t} = F_g - F_b - F_d \tag{5-1}$$

式中　F_g——重力，N；

F_b——浮力，N；

F_d——流动阻力，N；

m——颗粒质量，kg；

$\dfrac{\mathrm{d}v}{\mathrm{d}t}$——颗粒加速度，$m/s^2$。

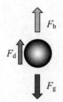

$$F_g = mg = \rho_s V g \tag{5-2}$$

$$F_b = \rho_a V g \tag{5-3}$$

$$F_d = \zeta S \rho_a \frac{v^2}{2} \tag{5-4}$$

式中　ρ_s——颗粒密度，kg/m^3；

ρ_a——气流密度，kg/m^3；

V——颗粒体积，m^3；

ζ——阻力系数；

S——颗粒垂直于运动方向上的投影面积，m^2。

随着流体阻力 F_d 增大到使颗粒达到力学平衡的状态时，颗粒达到最大悬浮速度

v_n，有

$$F_d = F_g - F_b \tag{5-5}$$

$$\zeta S \rho_a \frac{v^2}{2} = (\rho_s - \rho_a) V g \tag{5-6}$$

$$v_n = \sqrt{\frac{2V(\rho_s - \rho_a)g}{\zeta S \rho_a}} \tag{5-7}$$

假设颗粒为均匀球体，则上式可写为

$$v_n = \sqrt{\frac{4d(\rho_s - \rho_a)g}{3\zeta \rho_a}} \tag{5-8}$$

式中，d 为球形颗粒直径。

通过实验研究，影响流体阻力 F_d 的物理量有颗粒直径 d，沉降速度 v_n，流体密度 ρ_a 及流体黏度 μ。根据量纲分析，可得出

$$F_d = \frac{\alpha}{Re^m} \times \frac{\rho_a v_n^2 S}{2} \tag{5-9}$$

雷诺数

$$Re = \frac{\rho_a d v_n}{\mu} \tag{5-10}$$

$$\zeta = \frac{\alpha}{Re^m} \tag{5-11}$$

式中　α——无量纲系数；

　　m——指数。

α 与 m 需通过实验或解析法确定。

对于球形颗粒的斯托克斯阻力公式

$$F_d = 3\pi \mu d v_n \tag{5-12}$$

$$F_d = \frac{24\mu}{\rho_a d v_n} \times \frac{\pi d^2}{4} \times \frac{\rho_a v_n^2}{2} \tag{5-13}$$

$$F_d = \frac{24}{Re} \times S \rho_a \frac{v_n^2}{2} \tag{5-14}$$

可得

$$\zeta = \frac{24}{Re} \tag{5-15}$$

则 $\alpha = 24$，$m = 1$，通过实验测定也可得到相同结果。

将式(5-8)、式(5-10)、式(5-15) 联立可得

$$v_{n,1} = \frac{d^2(\rho_s - \rho_a)g}{18\mu} \tag{5-16}$$

式(5-16) 即为斯托克斯定律。

雷诺数 Re 反映了流体运动的流型，斯托克斯定律仅适用于气流层流状态 $Re < 1$，当雷诺数 $1 < Re < 500$ 时

$$\zeta = \frac{10}{Re^{0.5}} \tag{5-17}$$

将式(5-8)、式(5-10)、式(5-17) 联立可得，过渡区（阿连公式）

$$v_{n,tr} = 0.26\left[\frac{g^2(\rho_s - \rho_a)^2}{\rho_a\mu}\right]^{1/3}d \tag{5-18}$$

雷诺数 $Re > 500$ 时

$$\zeta = 0.44$$

代入式(5-8)，可得湍流区（牛顿公式）

$$v_{n,tu} = 1.74\sqrt{\frac{d(\rho_s - \rho_a)g}{\rho_a}} \tag{5-19}$$

5.1.2　非球形颗粒沉降速度

同等体积情况下，球形具有最小的表面积。因此，非球形颗粒所受到的流体阻力要大于同体积球形颗粒所受到的阻力，定义斯托克斯形状系数 K_v 为

$$K_v = \left(\frac{v_n}{v_{n,s}}\right)_V \tag{5-20}$$

式中，$v_{n,s}$ 为球形颗粒的自由沉降速度；v_n 为任意形状颗粒的自由沉降速度。

球形度的概念最早由 Wadell 提出，定义为：与颗粒相同体积的球体的表面积和颗粒的表面积的比。

通过试验表明，层流区斯托克斯形状系数 K_v 可与球形度关联

$$K_v = \varphi^{0.83} \tag{5-21}$$

因此，层流区非球形颗粒的沉降速度为

$$v_{n,l} = K_v\frac{(\rho_s - \rho_a)gd_v^2}{18\mu} \tag{5-22}$$

常见部分粉体颗粒的球形度见表 5-1。

表 5-1　常见部分粉体颗粒的球形度

粉体	球形度	粉体	球形度
煤粉	0.61～0.8	钾盐	0.7
水泥	0.57	钨粉	0.85
云母粉	0.28	小麦粒	0.84
沙子	0.75～0.98	大米	0.9
食用盐	0.84	软木颗粒	0.51
烟尘(圆形)	0.82	可可粉	0.61

湍流区的非球形颗粒的 Stokes 形状系数 K_{tu} 不仅与颗粒球形度有关，还与颗粒形状有关，对于柱状颗粒有

$$K_{tu} = \varphi^{0.65} \tag{5-23}$$

对于片状颗粒有

$$K_{tu} = \frac{1}{5 - 4\varphi} \tag{5-24}$$

湍流区非球形颗粒的沉降速度为

$$v_{n,tu} = K_{tu} \times 1.74\sqrt{\frac{(\rho_s - \rho_a)gd_v}{\rho_a}} \tag{5-25}$$

根据 Ergun 理论，过渡区的阻力可设为

$$F_{d,tr} = F_{d,l} + F_{d,tu} \tag{5-26}$$

可导出

$$\zeta'_{tr} = \frac{24}{K_v Re} + \frac{0.44}{K_{tu}^2} \tag{5-27}$$

$$v_{tr} = 27.3 \times \frac{\mu}{\rho_a d_v} \times \frac{K_{tu}^2}{K_v} \left(\sqrt{1 + 0.004 \frac{K_v^2}{K_{tu}^2} Ar} - 1 \right) \tag{5-28}$$

阿基米德数 $\qquad\qquad Ar = \dfrac{(\rho_s - \rho_a)\rho_a g d_v^3}{\mu^2} \tag{5-29}$

式(5-28) 即为非球形颗粒过渡区的自由沉降速度，也是颗粒自由沉降速度的一般解，适用于球形和非球形在层流区、过渡区、湍流区的自由沉降速度。球形颗粒在层流区、过渡区、湍流区的颗粒沉降速度表达式［式(5-16)、式(5-18)、式(5-19)、式(5-22)、式(5-25)］可看作是式(5-27) 的特殊情况。

5.1.3 沉降速度的适用性

前两节关于球形与非球形颗粒在层流区、过渡区、湍流区的自由沉降过程对粉体的气力输送、分级、除尘工程提供了很好的理论指导，也是流态化数值模拟（如 Fluent）的理论基础，对工程设计和实践具有很大的指导意义，当然也存在一定的局限性和适用性，还有待进一步完善和修正。

5.1.3.1 粒径影响

对于煤粉颗粒而言，当粒径 $<3\mu m$ 时，经过计算，其在空气中的悬浮速度在 $10^{-4} m/s$ 的数量级范围内，颗粒沉降速度并不完全遵从 Stokes 定律，将会受到分子热运动即布朗运动的影响，加之空气中气流的热扰动，煤粉颗粒在空气中处于悬浮状态，几乎不会发生沉降。

5.1.3.2 其他颗粒的影响

若沉降过程中悬浮颗粒浓度较大，颗粒彼此间会发生碰撞、凝聚等作用，相互影响，称为干扰沉降。干扰沉降与颗粒的孔隙率 ε 有关，可将悬浮速度改写为

$$v = 27.3 \times \frac{\mu}{\rho_a d_v} \times \frac{K_{tu}^2}{K_v} \left(\sqrt{1 + 0.004 \frac{K_v^2}{K_{tu}^2} Ar \varepsilon^{n-1}} - 1 \right) \tag{5-30}$$

5.1.3.3 颗粒形状的影响

实际的非球形颗粒在沉降过程中可能存在翻转、旋转的情况，导致颗粒的迎风面积随时发生变化，从而导致阻力系数的变化，使得分析颗粒的动力学过程变得复杂，从而导致计算结果的偏差。

在上述因素的影响下，颗粒的沉降过程将变得复杂，在不同的情况下沉降速度需要更多的实验数据加以修正，针对工况条件下更为精确的颗粒流态化动力学过程尚需进一步完善。

5.2   除尘器的特性参数

5.2.1 处理风量

处理风量是指除尘设备在单位时间内所能净化气体的体积量。通常单位为每小

时立方米（m³/h）。

$$Q = \frac{Q_1 + Q_2}{2} \tag{5-31}$$

式中　Q——除尘器处理风量，m³/h；

　　　Q_1——除尘器入口风量，m³/h；

　　　Q_2——除尘器出口风量，m³/h。

实际的除尘器总存在一个漏风率：它是标况下除尘器出口风量与进口风量之差占进气口气体流量的百分比。除尘器的漏风率用下式表示

$$\varphi = \frac{Q_2 - Q_1}{Q_1} \times 100\% \tag{5-32}$$

除尘器的漏风率直接影响到除尘器的除尘效率，对于旋风除尘器，漏风率超过5%，除尘效率将降低50%；对于布袋除尘器，若漏风率较高（一般不应超过5%），将影响到除尘器前端的粉尘气力输送过程。

5.2.2　压力损失

压力损失也称除尘器阻力、压降。它是除尘器进口断面与出口断面的气流平均全压之差。除尘器压力损失反映了能耗，能耗的大小不仅取决于除尘器本身的类型与结构，还取决于气流的大小。

根据伯努利原理，流体能量由动能、静压能、势能三部分组成。全压为动能与静压能之和。由于除尘器结构复杂，入口热烟气为气固两相流且成分复杂，理论计算除尘器的压损存在困难，一般采用测量方式测定出入口的全压差来反映除尘器的压损。

$$\Delta p = p_1 - p_2 \tag{5-33}$$

式中　Δp——烟气通过除尘器的阻力，Pa；

　　　p_1——除尘器入口全压，Pa；

　　　p_2——除尘器出口全压，Pa。

除尘器压差反映了除尘器对气流的阻力，实质是气流通过除尘器损失的机械能，直接影响到通风机的功率选型。除尘器压损一般在2000Pa以下，根据除尘器的压力损失，可将除尘器分为低阻除尘器（$\Delta p < 500$Pa），中阻除尘器（$\Delta p = 500 \sim 2000$Pa）和高阻除尘器（$\Delta p = 2000 \sim 20000$Pa）。

5.2.3　除尘效率及分级效率

5.2.3.1　除尘效率

除尘器的除尘效率是指：在同一时间内，除尘器捕集到的粉尘质量占进入除尘器的粉尘质量的百分比。根据定义，除尘效率可表示为

$$\eta = \frac{C_1 - C_2}{C_1} \times 100\% \tag{5-34}$$

式中　η——除尘效率；

　　　C_1——除尘器入口粉尘浓度，mg/m³；

　　　C_2——除尘器出口粉尘浓度，mg/m³。

考虑到漏风率 φ，式（5-34）可变为

$$\eta = \frac{Q_1 C_1 - Q_1(1+\varphi)C_2}{Q_1 C_1} \times 100\%$$

$$\eta = \left[1 - \frac{C_2}{C_1}(1+\varphi)\right] \times 100\% \qquad (5\text{-}35)$$

采用两级或多级除尘器可进一步提高除尘器机组的除尘效率，从而降低出口粉尘浓度。采用两级除尘器，其除尘效率为

$$\eta_总 = \eta_1 + (1-\eta_1)\eta_2$$

上式可改写为
$$\eta_总 = 1 - (1-\eta_1)(1-\eta_2) \qquad (5\text{-}36)$$

式中　η_1——一级除尘器除尘效率；

　　　η_2——二级除尘器除尘效率。

采用 n 级除尘器，其除尘效率可表示为

$$\eta_总 = 1 - \prod_{i=1}^{n}(1-\eta_i) \qquad (5\text{-}37)$$

5.2.3.2　分级效率

上述除尘效率并未考虑到粉体粒径的影响，也叫总除尘效率。实际同一除尘器对不同粒径的粉体除尘效率差别很大。本节所讲到的分级效率是指除尘器对某一粒径或粒径范围粉尘的除尘效率。实际的粉体呈粒度分布状态，不同粒径的粉体占据一定的百分比，通过总除尘效率和粉体的粒度分布可得出除尘器的分级效率。

分级效率可用下式表示

$$\eta = 1 - \frac{Q_2 C_2 f_2(\Delta d)}{Q_1 C_1 f_1(\Delta d)} \qquad (5\text{-}38)$$

式中　$f_1(\Delta d)$——除尘器入口粉尘中粒径在 Δd 区间范围内的粉尘质量百分比；

　　　$f_1(\Delta d)$——除尘器出口粉尘中粒径在 Δd 区间范围内的粉尘质量百分比。

考虑到系统漏风率，与式(5-35)结合，式(5-38)可写为

$$\eta = 1 - \frac{(1+\varphi)C_2 f_2(\Delta d)}{C_1 f_1(\Delta d)} \qquad (5\text{-}39)$$

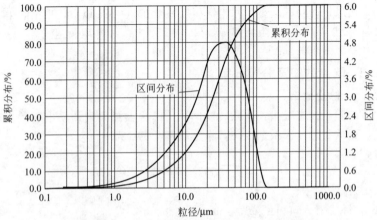

图 5-1　$D_{50}=25\mu\text{m}$ 的煤粉颗粒累积（积分）分布
及区间（微分）分布曲线

$f(\Delta d)$ 可通过粒度分布仪测定。

图 5-1 为 $D_{50}=25\mu m$ 的煤粉颗粒累积（积分）分布及区间（微分）分布曲线。表 5-2 为百特激光粒度分布测试仪测定的陕煤化集团新型能源公司中位径 $D_{50}=25\mu m$ 的煤粉颗粒区间粒度分布数据（部分），其中一定粒径范围内的煤粉颗粒对应的区间含量为式(5-39)中的 $f(\Delta d)$ 提供了依据。

表 5-2　$D_{50}=25\mu m$ 的煤粉颗粒区间粒度分布数据

粒径/μm	区间/%	累积/%	粒径/μm	区间/%	累积/%
1.000~1.200	0.38	1.82	10.00~12.00	4.11	24.79
1.200~1.400	0.38	2.2	12.00~14.00	4.07	28.86
1.400~1.600	0.39	2.59	14.00~16.00	4.05	32.91
1.600~1.800	0.38	2.97	16.00~18.00	3.98	36.89
1.800~2.000	0.41	3.38	18.00~20.00	3.87	40.76
2.000~2.500	1.07	4.45	20.00~25.00	9.05	49.81
2.500~3.000	1.11	5.56	25.00~30.00	8.07	57.88
3.000~3.500	1.14	6.7	30.00~35.00	6.88	64.76
3.500~4.000	1.15	7.85	35.00~40.00	5.93	70.69
4.000~4.500	1.14	8.99	40.00~45.00	5.1	75.79
4.500~5.000	1.13	10.12	45.00~50.00	4.37	80.16
5.000~6.000	2.19	12.31	50.00~60.00	6.9	87.06
6.000~7.000	2.14	14.45	60.00~70.00	5.03	92.09
7.000~8.000	2.1	16.55	70.00~80.00	3.41	95.5
8.000~10.00	4.13	20.68	80.00~100.0	3.53	99.03

5.3　重力除尘器

重力除尘器（见图 5-2）是粉尘在重力作用下沉降而被分离的一种机械除尘器。重力除尘器是结构最为简单的一种除尘器，主要利用本章第一节所讲到的 Stokes 沉降原理。

含尘气流进入重力除尘器后，流动截面积突然扩大，流速降低，颗粒随重力作用向灰斗实现 Stokes 沉降。

根据式(5-22)非球形颗粒层流区自由沉降速度

$$v_{n,l}=K_v\frac{(\rho_s-\rho_a)gd_v^2}{18\mu}$$

可知对于一定的粉体颗粒在特定的工况条件下，自由沉降速度是一定值。要使颗粒能够实现充分沉降至灰斗，颗粒需要具有足够的沉降时间。假设除尘器长度为 L，气室高度为 H，宽度为 W。粉体颗粒在水平方向分速度为 v_0，垂直方向的分速度近似为颗粒沉降速度 $v_{n,l}$。

颗粒在水平方向的速度为

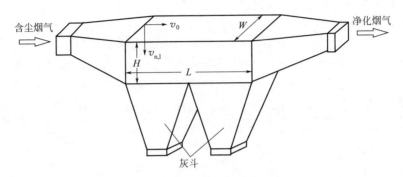

图 5-2　重力除尘器示意图

$$v_0 = \frac{Q}{WH} \tag{5-40}$$

式中　Q——除尘器入口风量，$\mathrm{m^3/h}$；

　　　W——除尘器宽度，m；

　　　H——除尘器高度，m。

这里忽略了气固两相流的气固速度比，假设颗粒的运动速度与气流速度一致。

粉尘颗粒在除尘器的停留时间为

$$t = L/v_0 = \frac{LWH}{Q} \tag{5-41}$$

式中，L 为除尘器的长度，m。

粉尘颗粒在除尘器内的自由沉降高度为

$$H' = v_{n,l}t \tag{5-42}$$

将式(5-22) 和式(5-41) 代入，得

$$H' = v_{n,l}t = \frac{K_v(\rho_s - \rho_a)gd_v^2}{18\mu} \times \frac{LWH}{Q} \tag{5-43}$$

当除尘器高度 $H < H'$，对应粒径为 d_v 的颗粒能够沉降至灰斗，除尘效率

$$\eta = 100\% \tag{5-44}$$

当除尘器高度 $H > H'$，对应粒径为 d_v 的颗粒除尘效率为

$$\eta = H'/H$$

将式(5-43) 代入上式，得

$$\eta = \frac{K_v(\rho_s - \rho_a)gd_v^2}{18\mu} \times \frac{LW}{Q} \tag{5-45}$$

由式(5-40)，式(5-44) 和式(5-45) 可知，提高重力除尘器的除尘效率主要途径有：

① 增加沉降室宽度，以增大沉降室横截面积，降低颗粒水平速度；

② 降低沉降室高度，保证颗粒在沉降室有限的时间内沉降至灰斗；

③ 增加沉降室长度，增加颗粒在沉降室的沉降时间。

为了降低气流中粉尘在沉降室的水平速度，可采取直接在沉降室加装垂直挡板的方式，如图 5-3 所示，这种除尘器称为挡板式重力除尘器或惯性除尘器。粉尘颗

粒随气流由于惯性作用与挡板发生碰撞，落入灰斗；另一方面，交叉布置的挡板增大了含尘烟气在沉降室的流动路径，延长了粉尘的滞留时间，促进了粉尘的沉降。挡板虽然在一定程度上增加了除尘效率，但是也增大了除尘器的气流阻力。挡板的结构和布置可有多种形式，如百叶窗式挡板、"人"字形挡板、迷宫式挡板等。

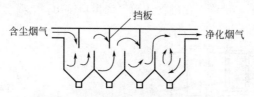

图 5-3　挡板式重力沉降室结构示意图

密度和粒度较大的粉体具有更高的沉降速度，对于重力除尘器而言，则具有更高的除尘效率。对煤粉而言，其真密度在 $1.4 \times 10^3 \, \text{kg/m}^3$ 左右，小于一般矿物密度（$> 2.0 \times 10^3 \, \text{kg/m}^3$），假设重力除尘器对中位径 $10 \mu \text{m}$ 煤粉的收集效率需达到 98%，相关参数见表 5-3，由式(5-45) 可得

$$LW = \frac{18\mu\eta Q}{K_v(\rho_s - \rho_a)gd_v^2} = \frac{18 \times 17.2 \times 10^{-6} \times 0.98 \times 33.3}{0.75^{0.83} \times (1400 - 1.293) \times 9.8 \times (10 \times 10^{-6})^2} (\text{m}^2)$$
$$= 9359 (\text{m}^2)$$

表 5-3　煤粉物性及相关参数

产品粒度 d_v/m	10×10^{-6}
煤粉的球形度 φ	0.75
煤粉的密度 ρ_s/(kg/m³)	1400
空气的密度 ρ_a/(kg/m³)	1.293
空气的黏度 μ/(mPa·s)	17.2×10^{-6}
除尘效率 η	0.98
风量 Q/(m³/h)	120000(33.3m³/s)

由计算可知，若采用重力除尘器使 $10\mu\text{m}$ 煤粉达到 98% 的除尘效率，水平方向横截面积需达到 9359m^2，长度将超过 100m，不仅占地面积过大，而且制造成本也过高。可见，重力除尘器由于其除尘效率的限制宜用作一级除尘。

5.4　旋风除尘器

旋风除尘器是利用含尘气体高速旋转产生的离心力使粉尘和气体分离的一种除尘设备，原理上属于惯性除尘器。旋风除尘器具有低成本、结构简单、占地面积小、安装维修方便、适用于高温环境、压力损失适中等诸多优点，因此是迄今为止使用最为广泛的除尘器，但是由于其除尘效率有限，主要用于预除尘或在粉体分离过程用于一级分离。

5.4.1　旋风除尘器的结构及其工作过程

旋风除尘器的结构如图 5-4 所示，主要由筒体、锥体、内筒、排风管、进风管和卸料口构成。如图 5-5 所示，当含尘烟气进入旋风除尘器后，沿着上部圆柱体内壁向下做螺旋运动，气流中的粉体在离心力的作用下与内壁碰撞后随重力落入储灰斗，"紧贴"筒体内壁旋转气流随着锥体下方空间"缩小"而受到来自锥体壁面向上合力，此外筒体中上部旋转的气流会在其中心形成负压，因此锥体下部的气流会形成内旋气流反转而上，最终净化的气体随气流出口排出。

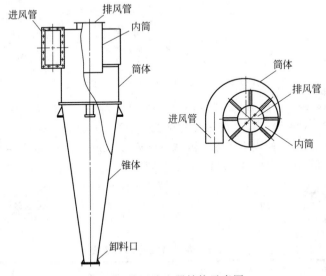

图 5-4　旋风除尘器结构示意图

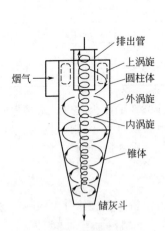

图 5-5　旋风除尘器
结构示意图

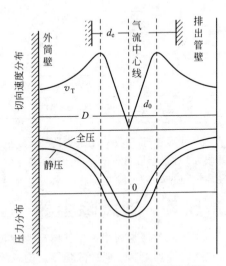

图 5-6　旋风除尘器内部切向速度及
沿径向的压力分布图

旋风除尘器内部的气流速度分布、压力分布是分析旋风除尘器工作原理的基础。气流在旋风除尘的速度矢量可分解为气流旋转方向的切向速度、以及径向速度和轴向速度。图 5-6 为旋风除尘器的内部切向速度及沿径向的压力分布示意图。靠近气流中心方向合速度沿轴向，切向速度最小，沿径向向外切向速度逐渐增大，直到在某半径处切向速度达到一最大值，靠近管壁处由于受到管壁的摩擦阻力，切向速度逐渐减小。

旋风除尘器内部压力由中心沿径向向外压力逐渐升高，靠近中心区域形成负压区，最终形成稳定的压力场分布，因此，旋风除尘器必须保证良好的气密性，若局部漏风严重，将破坏内部的整体流场，从而降低除尘器的除尘效率。除尘器与储灰斗一般采用分格轮连接，或者采用水封的方式保证除尘器卸料口的气密性。

5.4.2　旋风除尘器理论模型发展

旋风除尘器内的气流及颗粒运动十分复杂，各国学者先后提出各种不同的分离机理模型。

5.4.2.1　转圈理论

罗辛（Rosin）等人最早于 1932 年提出转圈理论，转圈理论主要考虑离心力的作用，假设气体以初始速度进入除尘器进行等速（方向沿切向，大小恒定）螺旋运动，颗粒随气体以恒定的切向速度由内向外克服气流阻力，穿过气流最后到达器壁被分离。转圈理论仅仅从层流层的沉降理论出发，假设的环境过于理想，因此该理论与实际偏差还是很大的。

5.4.2.2　筛分理论

Barth 等人于 1956 年提出了筛分理论，该理论认为外旋流产生的离心力对颗粒产生径向向外的作用，而内部汇流产生的阻力对颗粒产生径向向内的作用，离心力随颗粒粒径的增大而增大，因此存在一临界粒径 d_c，所受到离心力与径向阻力相等。对于大于粒径 d_c 的颗粒，被推送至除尘器外壁而被分离出来；对于小于粒径 d_c 的颗粒，无法被分离，随内漩涡由除尘器出口排出。因此临界粒径为 d_c 的颗粒所处位置构成的"柱面"可看做是外漩涡和内漩涡的分界面，处于分界面处粒径为 d_c 的颗粒被分离和随内漩涡排出除尘器的概率各占 50%，也就是说旋风除尘对于粒径为 d_c 的颗粒除尘效率为 50%，满足这种条件的颗粒粒径 d_c 为切割粒径。

粒径为 d_c 的球形颗粒在除尘器内所受到的离心力 F_c 为

$$F_c = m \frac{v_t^2}{r_0} = \frac{4}{3}\pi \left(\frac{d_c}{2}\right)^3 \rho \frac{v_t^2}{r_0} = \frac{\pi}{6}d_c^3 \rho \frac{v_t^2}{r_0} \tag{5-46}$$

式中　d_c——旋风除尘器的切割粒径，m；

　　　ρ——粉尘颗粒密度，kg/m³；

　　　v_t——粉尘在旋风除尘器内的切向速度，m/s；

　　　r_0——分界面半径，m。

球形颗粒所受的径向流体阻力为

$$F_r = 3\pi\mu d_c v_{r_0} \tag{5-47}$$

式中　μ——旋风除尘器内气流黏度，Pa·s；

　　　v_{r_0}——粉尘颗粒径向速度，m/s。

分界面上的颗粒满足 $F_c = F_r$，有

$$\frac{\pi}{6}d_c^3 \rho \frac{v_t^2}{r_0} = 3\pi\mu d_c v_{r_0}$$

得分割粒径为

$$d_c = \sqrt{\frac{18\mu r_0 v_{r_0}}{\rho v_t^2}} \qquad (5\text{-}48)$$

分割粒径也是除尘器的重要性能指标之一，反映了除尘器的除尘效率，分割粒径越小，说明除尘效率越高。由式(5-48)可知，切向速度越大，径向速度越小，则旋风除尘器除尘效率越高；颗粒密度越大，气流黏度越小，除尘器除尘效率越高。

5.4.2.3　边界层分离理论

20世纪70年代，美国学者 Leith 与 Licht 提出边界层分离理论：流体在大雷诺数下做绕流流动时，在离固体壁面较远处，黏性力比惯性力小得多，可以忽略；但在固体壁面附近的薄层中，黏性力的影响则不能忽略，沿壁面法线方向存在相当大的速度梯度，这一薄层叫做边界层。流体的雷诺数越大，边界层越薄。该理论认为在旋风除尘器任意径向截面上固相颗粒的浓度分布是均匀的，但流体在近壁面处的边界层内是层流流动，只要颗粒进入边界层内，颗粒的运动由旋转运动变为自由沉降扩散运动，即视为被捕集分离。该理论得出旋风除尘器的分级效率计算式

$$\eta = 1 - \exp\left(-0.639 \frac{d}{d_c} \times \frac{1}{n+1}\right) \qquad (5\text{-}49)$$

式中　d——当量直径，m；

　　　n——外旋流速度指数，由实验确定，若无实验数据，可用下式近似估算

$$n = 1 - (1 - 0.67 D^{0.14})\left(\frac{T}{283}\right)^{0.3} \qquad (5\text{-}50)$$

式中　D——除尘器直径，m；

　　　T——气体热力学温度，K。

5.4.3　旋风除尘器内部流场的数值模拟

如今随着计算机技术和性能的提高，数值模拟成为系统分析流体、两相流甚至多相流流场参数的有效工具，计算流体力学 CFD（computational fuild dynamics）亦逐渐发展成一门独立学科。计算流体力学在20世纪后半叶迅速发展，主要体现在两个方面：一是计算有旋涡和分离的复杂流场；二是模拟流体过渡区与湍流区状态。以计算流体力学为基础的 CFD 技术具有强大的模拟能力，不仅有助于进一步研究流体动力学机理，而且对工程设计具有重要指导意义。

CFD 的基本思想可以表述为：把相关物理量参数作为场处理，即把物理量作为时间域及空间域上连续分布的场，把场作为有限离散点上的变量值的集合，通过一定的函数建立起关于这些离散点上场变量之间的关系代数方程组，然后求解代数方程组获得场变量的近似值。因此 CFD 可以看成是基于物理原理/模型对流体的数值模拟。通过这种数值模拟，可以得到极其复杂的流场内各个位置上基本物理量的分布，以及这些物理量随时间的变化情况。

CFD 技术自20世纪60年代起在国外率先得到发展，我国在20世纪90年代后也逐渐得到发展。随着 CFD 软件的通用化和升级，CFD 计算也变得更为方便、简单。CFD 软件一般包括三个主要部分：前处理器（建模，网格生成等），解算器（具体的数值运算）和后处理器（运算结果的具体演示）。常见的 CFD 软件有：

FLUENT、PHOENICS、CFX、STAR-CD、FIDAP 等。其中 FLUENT 软件是由美国 FLUENT 公司于 1983 年推出的 CFD 软件。目前，FLUENT 软件是功能最全面、适用性最广、国内使用最广泛的 CFD 软件。FLUENT 提供了非常灵活的网格特性，并以 GAMBIT 作为前处理软件，可直接读入 CAD 模式的几何模型，大大减少了前处理的复杂性，计算过程和后处理通过交互式用户界面完成。

目前，我国在旋风除尘器的 CFD 模拟也有不少的研究报道。图 5-7 为采用 Fluent 软件模拟的旋风除尘器内部气流切向速度分布图，直观地反映了切向速度在除尘器内部的空间分布，从切向速度流场的横视图和俯视图可以看到外漩涡与内漩涡的分界面。图 5-8 为旋风除尘器内部流场压力分布图，在除尘器粉尘气流入口，气流的全压最大，在除尘器的中心形成负压，全压最小。图 5-9 反映了不同粒度煤粉颗粒在旋风除尘器内的运动轨迹，可看到不同粒度的煤粉在随旋风除尘器向下做螺旋运动，随着靠近下部锥体，螺距逐渐增大。其中 $100\mu m$ 和 $30\mu m$ 较粗煤粉随气流向下运动到除尘器，随排灰口排出，而 $10\mu m$ 和 $0.1\mu m$ 超细煤粉在向下运动到除尘器底部后，部分颗粒会随内漩涡向上运动最后随排气口排出，表明除尘器除尘效率会随颗粒粒径的减小而降低。可见，对于旋风除尘器内两相流切向速度、压力分布及煤粉颗粒运动轨迹数值模拟结果与实际相符。

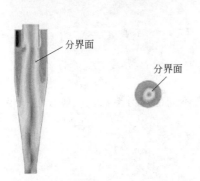

图 5-7　采用 Fluent 软件模拟的
旋风除尘器内部气流切向
速度分布图（左为横视图，
右为俯视图）

图 5-8　采用 Fluent 软件模拟的
旋风除尘器内部流场压力
分布图（左为横视图，
右为俯视图）

借助 Fluent 软件有助于在旋风除尘器设计过程中对流场状态及气流运动规律有更清楚的认识，从而为提高除尘器除尘效率提供理论依据。此外，在设计前期阶段，采用 Fluent 软件对除尘器分离性能进行预测，可代替大量繁杂的实际实验，从而节省开发成本，缩短研发周期。

5.4.4　旋风除尘器的压力损失

旋风除尘产生的压力损失主要由进口阻力、内部流场阻力和排气管阻力三部分组成，用下式表示

$$\Delta p = \xi \frac{\rho_a v^2}{2} \tag{5-51}$$

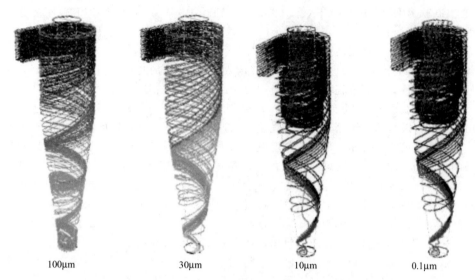

|100μm|30μm|10μm|0.1μm|

图 5-9　采用 Fluent 软件模拟的旋风除尘器内
煤粉颗粒运动轨迹图

式中　Δp——设备阻力，Pa；

　　　ξ——流体阻力系数；

　　　ρ_a——烟气密度，kg/m^3；

　　　v——烟气流速，m/s。

阻力系数 ξ 由实验测定，不同结构除尘器具有不同的阻力系数，一般介于6～9之间，也可采用下式进行估算

$$\xi = \frac{30A\sqrt{D_0}}{D_e^2 H}$$

(5-52)

式中　A——除尘器入口横截面积，m^2；

　　　D_0——除尘器外筒内径，m；

　　　D_e——除尘器排气管内径，m；

　　　H——除尘器高度（含圆筒及锥体），m。

由式(5-52) 可知，除尘器入口横截面积和外筒内径越大，除尘器的阻力越大；除尘器排气管内径和高度越大，除尘器的阻力越小；除尘器阻力与外筒内径的平方根成正比，而与排气管内径的平方成反比，因此除尘器压降随排气管内径的变化更为敏感。国家机械行业标准 JB/T 8129—2002《工业锅炉旋风除尘器技术条件》要求旋风除尘器的阻力应在 1200Pa 以下。

5.4.5　旋风除尘器结构对其性能的影响

旋风除尘器的气固分离特性完全由旋风除尘器的结构决定，旋风除尘器各个部件每一个比例关系的变动，都能影响旋风除尘器的效率和压力损失，其中除尘器筒体直径、进气口尺寸、排气管直径为主要影响因素。

5.4.5.1　旋风除尘器筒体直径

旋风除尘器筒体的大小（直径）直接影响到除尘器的除尘效率，除尘器的直径

越小，粉尘所受到的离心力越大，则除尘效率越高，式(5-49) 和式(5-50) 也反映了除尘效率随除尘器外筒内径的减小而增大的规律。若内径过小，则会导致旋风除尘器容易堵塞，且不利于内漩涡的形成，反而降低除尘效率。

　　旋风除尘器流量根据定义可表示为

$$Q = 3600\pi \left(\frac{D_0}{2}\right)^2 \times v_p \tag{5-53}$$

　　则旋风除尘器内径可表示为

$$D_0 = \sqrt{\frac{Q}{2826 v_p}} \tag{5-54}$$

式中　Q——除尘器处理风量，m^3/h；

　　　D_0——除尘器外筒内径，m；

　　　v_p——除尘器筒内截面轴向平均速度，m/s，一般取 $v_p = 2.5 \sim 4.0 m/s$。

　　以圆筒内径为基准，一般旋风除尘器各部分尺寸设计比例如表 5-4 所示。旋风除尘器各部分标注符号如图 5-10 所示。

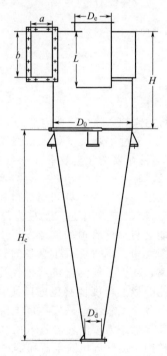

图 5-10　旋风除尘器各部分标注符号

表 5-4　旋风除尘器各部分尺寸比例

项目	旋风除尘器比例
直筒长 H	$(0.5 \sim 2)D_0$
锥体长 H_c	$(2 \sim 2.5)D_0$
出口直径 D_e	$(0.3 \sim 0.5)D_0$

项目	旋风除尘器比例
入口高 b	$(0.4\sim0.5)D_0$
入口宽 a	$(0.2\sim0.25)D_0$
排灰口直径 D_d	$(0.15\sim0.4)D_0$
内筒长 L	$(0.3\sim0.75)D_0$

5.4.5.2　旋风除尘器的高度

旋风除尘器的高度决定了尘粒在旋风除尘器内的停留时间，有利于气固的分离，且内漩涡中的粉尘在未到达排气管的过程中有更大的概率被分离，从而提高旋风除尘器的除尘效率。过长的旋风除尘器还会占据较大空间，在有限的空间内会受到限制，而且会影响与其他设备的工艺衔接。除尘器的高度设计比例可参照表5-4。旋风除尘器的自然长度 l，定义为排气管位于旋风除尘器筒体内部的长度，由下式确定

$$l=2.3D_e\left(\frac{D_0^2}{ab}\right)^{1/3} \tag{5-55}$$

式中　l——除尘器自然长度，m；

　　　D_e——排气管内径，m；

　　　D_0——除尘器外筒内径，m；

　　　a——除尘器入口宽度，m；

　　　b——除尘器入口长度，m。

自然长度 l 相当于排气管插入旋风除尘筒体内部的深度，l 越大，旋风除尘的阻力越大，相应除尘效率也越高；l 过小则会导致入口气流随排气管直接排出，即发生气流"短路"，从而影响旋风除尘器的除尘效率。

5.4.5.3　旋风除尘器的进口

旋风除尘器的进口型式（图5-11）主要有切向进口和轴向进口两种方式，切向进口包括直切型进口和蜗壳型进口。直切型进口是最为普通的一种型式，制造简单，直接切向进入的含尘气流可能会与出口管道的气流发生干扰而降低除尘效率；蜗壳型进口使得进入气流横向逐渐变窄，不仅促进了颗粒向管壁的移动，而且蜗壳型结构加大了气流与排气管的距离，减少了气流直接从排气管排出的"短路"现象，从而提高除尘效率；轴向进口能够最大程度地避免进口气流与出口气流的混扰，但是因进口气体进入除尘器内轴向分速度较大，一定程度上降低了颗粒向管壁移动的径向速度，从而影响到气固分离效果。为了使轴向进入的气流产生旋转，需在进口处设置合适的叶片。轴向进口常用于多管旋风除尘器和卧式旋风除尘器。

5.4.6　旋风除尘器的串、并联

多管旋风除尘器是将若干规格相同的旋风子并联组合为一体的旋风除尘器，使用共同的进、出风管道和灰斗。多管旋风除尘器因多个小型旋风除尘器并联使用，在一定的除尘效率下，对烟气的处理量更大。多管旋风除尘器的处理烟气量按下式计算

$$Q=3600\times\frac{\pi}{4}D_0^2v_p n \tag{5-56}$$

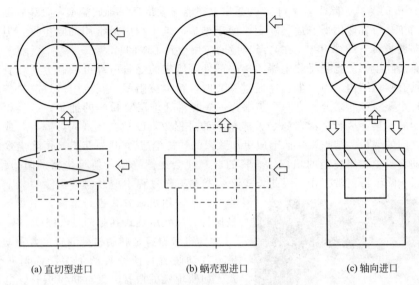

(a) 直切型进口　　　　　(b) 蜗壳型进口　　　　　(c) 轴向进口

图 5-11　旋风除尘器进口型式

式中　Q——多管旋风除尘器处理烟气量，m^3/h；

　　　D_0——旋风子内径，m；

　　　v_p——除尘器筒内截面轴向平均速度，m/s；一般取 $v_p=3.5\sim5.5m/s$；

　　　n——旋风子个数。

　　为了更进一步提高除尘效率或者是以得到粒径更加细小的粉体为目的的粉体分离，可将旋风除尘串联使用。旋风除尘器的串联可使一级除尘尚未捕获的颗粒在第二级除尘器内被分离，从而提高系统的除尘效率。各级除尘器规格相同的情况下，串联后旋风除尘器的总效率与级数呈幂指数关系

$$\eta_i=1-e^{-ki^m} \tag{5-57}$$

式中　η_i——多级旋风除尘器总除尘效率；

　　　i——旋风除尘器级数；

　　$k、m$——与入口风速有关的参数。

　　经过旋风除尘器处理的烟气含尘量已无法满足大气排放指标，工程上常常采用旋风除尘器与其他的旋风除尘器串联的方式进行预除尘，若含尘烟气中含有较多的粗颗粒，采用旋风除尘器作为预除尘，与布袋除尘器进行串联，不仅减小布袋除尘器的负荷量，而且能够达到环保排放指标；采用滤筒除尘器与旋风除尘器串联，用于超细粉的分离，可得到中位径低于 $10\mu m$ 的超细粉体；旋风除尘还用于对高温烟气中高温颗粒的预除尘；煤粉制备过程中由热风炉产生的高温烟气温度高达 600℃以上，采用旋风除尘可将高温烟气中的高温飞灰甚至未燃尽的燃料"火花"进行分离，从而保证热烟气干燥的安全性。

5.5　脉冲喷吹袋式除尘器

　　袋式除尘器是利用过滤介质制成的袋状或筒状过滤元件来捕集含尘气体中粉尘的除尘器。袋式除尘器属于过滤式除尘器，相比机械除尘器具有更高的除尘效率，

对于 $5\mu m$ 的颗粒，除尘效率可达 99% 以上，能够满足环保排放需求，且袋式除尘器结构简单、投资费用低、运行稳定、便于维护，是工程中最常用的除尘器。但布袋除尘器滤袋属于纤维织物，在高温环境的应用受到了限制。

布袋除尘器的滤袋是除尘器的核心部件，滤袋的滤料由纤维或高分子化合物制成，具有多孔结构。当含尘气体通过滤袋时，粉尘被阻留，气流则通过滤料空隙排走。粉尘颗粒被滤袋分离有两个步骤：一是滤料纤维层对粉尘的捕集；二是粉尘层对粉尘的捕集。后者是指在滤袋过滤粉尘的过程中，颗粒会"嵌入"滤料，或发生颗粒之间的架桥、结拱，从而形成更加致密的"粉尘层"，进一步提高了除尘效率。

随着粉尘在滤袋上的积累，滤料的透气性会逐渐降低，使除尘器的阻力增大，从而影响除尘器正常工作。因此袋式除尘器在工作过程中应及时地清除滤袋上的粉尘，一般采用机械方式进行清除，主要包括机械振打、反吹风袋式和脉冲空气喷吹。

图 5-12　内滤式袋除尘器

① 机械振打是利用机械装置（含手动、电磁或气动装置）使滤袋产生振动而清灰的方式，如凹轮机械振打、气缸机械振打、电动偏心轮振打、振动器振打等。机械清灰方式的特点是构造简单、运转可靠，但清灰强度较弱，而振动过大会对滤袋造成一定损伤，增加维修工作量，因此这种清灰方式在袋式除尘器的使用中逐渐被其他清灰方式所代替。

② 反吹风袋式除尘器是在反吹气流作用下迫使滤袋变形发生抖动来实现清灰的袋式除尘器，通常用高压风机反吹布袋进行清灰，属于内滤式（图 5-12），即含尘气流由袋内流向袋外，粉尘捕集在滤袋内侧，这种清灰方式不及脉冲空气喷吹。

③ 脉冲空气喷吹以压缩气体为清灰动力，利用脉冲喷吹机构在瞬间释放压缩气体（压力 $0.3\sim0.6MPa$），高速喷射，进入滤袋，使滤袋急剧鼓胀，依靠冲击振动和反向气流进行清灰。

煤粉相比其他矿物密度小（煤真密度 $1.4g/cm^3$，一般无机矿物密度 $>2g/cm^3$），更加易于附着在滤袋上，因此需要更为有效的清灰方式。脉冲空气喷吹具有喷吹气压大、清灰效率高、结构简单、对滤袋损伤小等特点，是收集煤粉粉尘的理想方式。

5.5.1　脉冲喷吹袋式除尘器的分类

脉冲喷吹袋式除尘器按照喷吹方式的不同可分为管式脉冲喷吹除尘器（图 5-13）和箱式脉冲喷吹除尘器（图 5-14）。

① 管式脉冲喷吹除尘器是指在脉冲清灰时，压缩空气由滤袋轴心上方的喷吹管直接喷射进入滤袋内，有的还设有导流装置——文氏管。这种喷吹方式能够实现每个布袋的均匀喷吹，滤袋清灰效果好。

② 箱式脉冲喷吹除尘器分为若干滤袋室，每个滤袋室对应一个气室，气室的压缩空气由一个脉冲阀控制。在进行清灰作业时，提升阀板关闭，隔断与出口的连接，

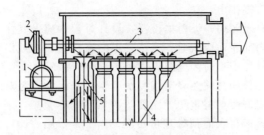

图 5-13　管式脉冲喷吹除尘器示意图

1—气包；2—脉冲电磁阀；3—脉冲喷吹管；4—滤袋；5—文氏管

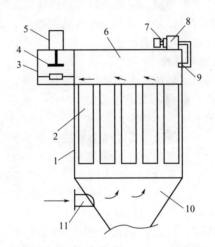

图 5-14　箱式脉冲喷吹除尘器示意图

1—箱体；2—滤袋；3—出风口；4—提升阀板；5—执行机构；6—气箱（气室）；
7—电磁脉冲阀；8—气包；9—压缩空气喷口；10—灰斗；11—含尘气体进风口

脉冲阀开启，进行一次脉冲喷吹，喷吹结束后，提升阀板开启，将烟气排出。箱式脉冲喷吹除尘器最大的优点是对布袋的检修和更换非常便捷，这一点对于煤粉收尘器的检修尤为关键：在检修过程中能够更加直观地观察滤袋内部是否因为滤袋破损而发生煤粉"灌袋"现象，从而排除煤粉堆积造成的自燃隐患。对于煤粉生产系统，从安全检修的角度讲，箱式脉冲喷吹除尘器应该是煤粉集粉器/收尘器的首选。

5.5.2　箱式脉冲袋式除尘器的组成

箱式脉冲袋式除尘器由箱体、滤袋、袋笼、清灰系统、监控系统组成。

5.5.2.1　箱体

箱式脉冲袋式除尘器的箱体按照结构可分为滤袋室、洁净室（气室）、灰斗、风道四部分。滤袋室与灰斗相通，每个灰斗上方对应滤袋室若干滤袋，滤袋收集的粉尘通过振打后落入灰斗，灰斗底部装有分格轮，将收集的煤粉/粉尘输送至下一工序。气室间相互分隔独立，气包内的压缩空气通过喷吹管与气室相连。每个气室内对应一个提升阀板（也可布置两个，采用一用一备），烟气经过滤袋进入气室，通过提升阀进入风道，最终排出。

由于煤粉具有自燃倾向，煤粉集粉器在设计过程中应尤其注意避免内部积粉的形成。煤粉集粉器内部表面应平整、光滑，不能有任何沉积或滞留煤粉的区域。有关煤粉除尘器设计过程中积粉区域的防范会在本章节后文做详细介绍。

除尘器箱体内部长期与酸性湿空气接触，钢材表面的涂装对除尘器箱体的防腐蚀、延长除尘器使用寿命至关重要。涂装防护体系内容包括：钢材表面预处理、涂层体系和色彩工程。钢材表面预处理可参照 GB/T 8923.1—2011《涂覆涂料前钢材表面处理　表面清洁度的目视评定　第 1 部分：未涂覆过的钢材表面和全面清除原有涂层后的钢材表面的锈蚀等级和处理等级》。钢材的涂装包含底漆、中漆、面漆：底漆直接涂在经过处理的钢材表面，应具有较好的防锈性能和与钢材较强的附着力；中漆较厚，能够充分使钢材与外界相隔离，加强防腐效果；面漆直接与腐蚀环境接触，应具有较强的防腐蚀能力和抗老化性能。

5.5.2.2　滤袋的材质和性能

滤袋是袋式除尘器的核心部件，直接决定除尘器的除尘效率、阻力及运行安全。滤袋也是除尘器的易损件，必须定期进行检修、维护、更换，因此正确掌握和使用滤袋是使用袋式除尘器的关键。

（1）分类　GB/T 6719—2009《袋式除尘器技术要求》界定了滤袋的种类，按照加工方法可分为三类：织造滤料、非织造滤料、覆膜滤料；按材质分为四类：合成纤维滤料、玻璃纤维滤料、复合滤料、其他材质滤料（陶瓷纤维、金属纤维、碳纤维等）。

煤粉制备过程，有来自烘干煤粉的水汽，还有来自热风炉烟气中的 SO_2、NO_x 等酸性气体；在除尘器内部，由于高浓度粉尘之间的摩擦、粉尘与滤布的摩擦等，都可能产生静电，静电的积累会导致火花的产生造成安全隐患，因此滤袋的消静电性能也非常必要。此外，煤粉还具有自燃特性，滤料的阻燃功能也是选用煤粉除尘器滤料需要考虑的因素。除尘器滤袋的消静电、疏水、阻燃、耐酸功能都是煤粉制备过程中所应该具备的，但是在大多数煤粉厂并未按照上述规格对除尘器进行配置，且市场上除尘器滤袋供应商和滤袋产品鱼龙混杂，因此煤粉制备企业在除尘器滤料选型过程中应考虑到上述功能。

GB/T 6719—2009《袋式除尘器技术要求》除了界定滤袋的材料及命名规则外，还对滤料的技术要求、检测方法等做了详细的要求，这里就不再介绍。

（2）常用滤袋的性能　天然纤维滤料（棉、毛、麻等）由于其耐温性、除尘效率等性能的限制，已基本被价格低廉、性能优异的合成纤维所代替。与天然纤维相比，合成纤维的原料由人工合成方法制得，生产方法不受自然条件的限制，除了具有天然纤维的一般优越性能外，还具有强度高、耐高温、不怕霉蛀等优点。不同品种的合成纤维具有各自独特性能，根据其性能差异可用于不同工况。

① 无纺针刺毡　无纺针刺毡滤料采用针刺工艺使纤维交错排列，并经过热轧、烧毛、高温定型或涂层等工序制成，属于非织造法。

a. 涤纶针刺毡。涤纶针刺过滤毡具有透气性好、阻力小、耐温等级适中、耐酸耐碱适中、成本低等特点，是使用最为普遍的一种常温滤料。

b. 丙纶针刺毡。丙纶具有比涤纶纤维更加优异的耐酸、碱性，故丙纶针刺毡一般应用于烟气温度 100℃ 以下及酸、碱度较高的场合。

c. 美塔斯针刺毡。美塔斯是美国杜邦公司生产的诺美克斯（NOMEX）和日本帝人公司生产的康耐克斯（CONEX）的统称。美塔斯具有耐高温、耐磨、耐折特性，不耐水及硫化物，产品广泛应用于各种高温烟气过滤场合，是目前高温工况下袋式除尘器的首选滤料。

d. P84 针刺毡。P84（聚酰亚胺）是一种阻燃、耐温、抗腐蚀、稳定的纤维滤料，疏水性强，最高耐温可达 260℃。

e. PPS 针刺毡。PPS（聚苯硫醚）纤维具有耐高温、阻燃性、不会水解等诸多特性，PPS 运行温度为 160～200℃。

f. 亚克力针刺毡。亚克力（共聚丙烯腈）针刺毡具有透气性能好、耐酸碱、耐水解、化学稳定性好等优点，适用于中温气体（150℃）和酸碱腐蚀性气体工况。

② 玻璃纤维滤料　玻璃纤维属于无机纤维中应用较广的一种，因其耐高温（可在 250℃ 高温条件下长期使用）、成本低廉而广泛应用于高温烟气（如锅炉、窑炉尾气）除尘。但玻璃纤维具有耐磨性差、性脆的缺点，需经过一定的表面处理。

③ 覆膜滤料　覆膜滤料是将聚四氟乙烯（PTFE）薄膜经高温热压复合机热熔覆合到普通过滤材料的表层。聚四氟乙烯材料具有抗酸抗碱、耐高温（＞250℃）、化学性能稳定等特性，制成的聚四氟乙烯膜具有立体网格状结构，其孔径在 0.01～10μm，相当于在滤料表层就实现了粉尘过滤，覆膜（PTFE）的滤袋具有以下优点：

a. 表面过滤效率高。一般滤袋的过滤效率依赖于滤料表层和内部的"粉尘层"，因此新滤袋需要经过一段时间粉尘层的附着才能达到更高除尘效率，这也是为什么新滤袋在使用前期会在袋笼或滤袋底部形成积粉。覆膜（PTFE）的滤袋在滤袋表面就实现了粉尘的过滤，因此具有更高的除尘效率。

b. 压损小。对于一般滤料，粉尘层形成的同时会使滤袋透气性变差，导致除尘器阻力上升。覆膜滤料在表面就实现粉体隔离，由于 PTFE 摩擦系数极低，与粉尘的附着力低，容易实现清灰，压损小。

c. 寿命长。覆膜滤料能够进一步增强滤袋的机械强度，加之其优越的清灰性能，在较低的压损下工作，从而延长了滤料的使用寿命。

为使读者对各种常用滤袋的性能有一个直观的了解，表 5-5～表 5-7 列举了市场上常用滤袋的性能参数。

表 5-5　不同材质针刺过滤毡性能对比

滤料名称	涤纶针刺过滤毡	亚克力针刺过滤毡	美塔斯针刺过滤毡	P84针刺过滤毡	PPS针刺过滤毡	无碱玻纤
材质	涤纶纤维	亚克力纤维	芳纶纤维	P84纤维	PPS纤维	无碱玻璃纤维
克重/(g/m²)	550	550	550	550	550	510±15
厚度/mm	1.9±0.1	2.2±0.1	2.1±0.1	2.4±0.1	1.9±0.1	0.5±0.2
透气性(200Pa)/[m³/(m²·min)]	18～25	14～20	18～25	16～20	12～20	5～10(127Pa)

续表

滤料名称		涤纶针刺过滤毡	亚克力针刺过滤毡	美塔斯针刺过滤毡	P84针刺过滤毡	PPS针刺过滤毡	无碱玻纤
断裂强力/N	经向	≥1000	≥700	≥800	≥1000	≥800	≥2100
	纬向	≥1250	≥800	≥1200	≥1000	≥1200	≥1300
伸长率50N/%	经向	≤35	≤25	≤25	≤10	≤25	260℃最大收缩率<1%
	纬向	≤55	≤50	≤40	≤50	≤40	
使用温度/℃	连续	≤130	≤125	≤200	≤240	≤160	≤240
	瞬间	150	140	240	260	190	260
耐酸		良	优	良	优	优	良
耐碱		中	优	优	中	优	良
水解稳定性		中	优	良	良	优	优

表 5-6　不同复合材质滤料性能对比

复合滤料		P84/玻纤复合滤料	PPS/玻纤复合滤料	芳纶/玻纤复合滤料	Kermel/玻纤复合滤料	PPS/PTFE复合滤料
材质	面层	P84纤维/超细玻纤	PPS纤维/超细玻纤	芳纶纤维/超细玻纤	Kermel纤维/超细玻纤	PPS纤维/PTFE纤维
	基布	玻璃纤维	PPS	玻璃纤维	玻璃纤维	PTFE
克重/(g/m²)		850±20	550±20	850±20	850±20	550±20
厚度/mm		3.1±0.2	2±0.2	3.1±0.2	3.1±0.2	2±0.2
透气性(200Pa)/[m³/(m²·min)]		20～35	18～28	15～40	15～40	15～25
断裂强力/N	经向	≥2500	≥1000	≥2600	≥2500	≥1100
	纬向	≥2800	≥1100	≥2700	≥2800	≥1200
伸长率50N/%	经向	≤10	≤30	≤10	≤10	≤30
	纬向	≤10	≤50	≤10	≤10	≤45
使用温度/℃	连续	≤260	≤190	≤230	≤240	≤190
	瞬间	280	210	260	280	210

　　对于煤粉制备系统而言，表 5-7 所列举的涤纶三防针刺毡滤袋和涤纶防静电针刺毡滤袋都是较为理想的集粉器滤袋。

5.5.2.3　滤袋框架

　　滤袋框架（骨架）又称袋笼，用于支撑外滤式滤袋，使之在过滤状态下保持袋内气体流动空间。袋笼由顶盖、支撑环、纵筋和底盖组成，如图 5-15 所示。顶盖用于袋笼与滤袋、花板的连接，支撑环、纵筋决定袋笼的强度和刚度。机械行业标准 JB/T 5917—2013《袋式除尘器用滤袋框架》对袋笼提出了相关技术要求：

表 5-7　不同功能性滤料性能对比

功能性滤料		涤纶三防过滤毡（防水、防油、防静电）	涤纶拒水、防油过滤毡	涤纶防静电过滤毡		亚克力拒水拒油过滤毡	氟美斯(FMS)耐高温针刺滤料
材质	面层	100%涤纶	100%涤纶纤维	涤纶	涤纶＋导电纤维	亚克力短纤/PTFE复合滤料	NOMEX/玻璃纤维
	基布	涤纶防静电基布	涤纶长丝	防静电基布	普通基布	亚克力短纤基布	玻璃纤维
克重/(g/m²)		550	550	500		500±15	800
厚度/mm		1.9±0.1	1.9±0.1	1.8		1.9±0.2	1.8
透气性(200Pa)/[m³/(m²·min)]		18~25	18~25	15		10±2.5	3~9
断裂强力/N	经向	≥900	≥1000	≥800		≥800	≥1600
	纬向	≥1200	≥1250	≥1200		≥1300	≥1400
断裂伸长率/%	经向	≤35	≤35	≤35		≤25	—
	纬向	≤50	≤50	≤55		≤25	—
使用温度/℃	连续	≤130	≤130	≤130		≤120	≤230
	瞬间	150	150	150		—	260
耐酸		优	良	优		优	优
耐碱		中	良	中		优	中
水解稳定性		中	良	中		优	良
其他指标		表面电阻：3.2×10⁹Ω 体积电阻：10⁶Ω 拒水拒油等级：5级	拒水拒油等级：5级	表面电阻：4.8×10⁹Ω 体积电阻：8.7×10⁸Ω		拒水拒油等级：4级	无

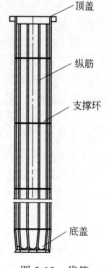

图 5-15　袋笼示意图

① 支撑环之间的距离宜在150～200mm范围，可在框架长度内均匀分布，也可在框架两端安排分布后的余数，支撑环线材的直径应不小于纵筋线材的直径；用于化纤针刺毡滤袋的框架，纵筋中心距应不大于40mm，若用于玻纤机织布滤袋的，纵筋中心距应不大于20mm。

② 滤袋框架的表面应平滑光洁，不应有焊疤、凹凸不平和毛刺，在可接触到滤袋的表面应处理光滑，防止因机械摩擦，袋笼对布袋造成划伤或刺伤。

③ 对于碳钢焊接而成的滤袋框架表面必须经过防腐蚀处理，根据不同需要进行电镀、喷塑或涂漆，如镀锌、有机硅涂层等；不锈钢线材焊接而成的滤袋框架，焊接后应进行清洗处理。

镀锌材质的袋笼没有防酸、防锈的功能，在煤粉制备系统中高湿、酸性的环境下往往使用几个月表面就会出现腐朽，甚至会与滤袋发生粘连，降低袋笼和布袋的使用寿命；有机硅涂层的袋笼在长期空气喷吹和与滤袋摩擦的工况环境下，袋笼钢材表面的有机硅涂层很容易脱落，从而发生内部的腐蚀；不锈钢材质的袋笼虽然成本较高（一般是镀锌袋笼的两倍），但是集粉器作为煤粉制备系统的关键设备，还是煤粉生产系统安全管控的"重中之重"（煤粉系统燃爆大部分源于集粉器的设计问题和疏于对集粉器的日常管理），且不锈钢袋笼具有强度高、耐腐蚀、使用周期长等特点，笔者建议制粉系统的集粉器宜首选性能较好的不锈钢袋笼。

袋笼的安装是直接插入安装在花板的滤袋中，安装和取出要求顺利容易，配合不能过紧，间隙也不能太大。一般要求安装后，袋笼底盖距离滤袋底部2～3cm。

5.5.2.4　清灰系统

箱式脉冲袋式除尘器清灰系统主要由气源处理器、电磁脉冲阀、提升阀板、执行机构、气箱（气室）、气包、压缩空气喷口等（如图5-14所示）组成。气包内的压缩空气由电磁脉冲阀控制，通过压缩空气喷口向气室内实现脉冲喷吹。提升阀与出口风道相连，提升阀开启，过滤烟气随风道排出；提升阀关闭，气室中滤袋进入清灰状态。

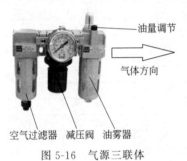

图5-16　气源三联体

（1）气源处理器（气源三联体）　气源三联体（图5-16）是指空气过滤器、减压阀和油雾器。三大件的安装顺序依进气方向分别为空气过滤器、减压阀和油雾器。空气过滤器用于对气源的清洁，可过滤压缩空气中的水分，避免水分随气体进入装置；减压阀对气源进行稳压，使气源处于恒定状态，可减小因气源气压突变时对阀门或执行器等硬件的损伤；油雾器的作用是对机体运动部件进行润滑，可以对不方便加润滑油的部件进行润滑，大大延长机体的使用寿命。

（2）脉冲阀　电磁阀内膜片把电磁脉冲阀（图5-17）分成前、后两个气室，当接通压缩空气时，压缩空气通过节流孔进入后气室，此时后气室压力将膜片紧贴阀的输出口，电磁脉冲阀在弹簧的张力下处于关闭状态。接通电信号后，衔铁在电磁力的作用下克服弹簧阻尼将阀门开启，同时后气室放气孔打开，后气室迅速失压，膜片后移，压缩空气从喷口瞬间喷出，形成喷吹气流。当电信号消失，脉冲阀在弹簧作用下复位，后气室放气孔也随之关闭，后气室随着压缩空气从节流孔进入，压力升高，使得膜片紧贴阀出口，使得阀处于关闭状态。

脉冲喷吹控制仪电信号消失，电磁脉冲阀衔铁复位，后气室放气孔关闭，后气室压力升高使膜片紧贴阀出口，电磁脉冲阀又处于"关闭"状态。

电磁脉冲阀的橡胶膜片随着前后气室压差的变化频繁发生形变，属易损件，应当定期检修，电磁脉冲阀大部分故障都源于膜片的损坏。

（3）气动提升阀　箱式脉冲除尘器的提升阀以气缸内的压缩空气为动力实现开启和关闭，主要由气缸、电磁换向阀、阀板、提升杆、限位装置组成。

箱式脉冲除尘器的气动提升阀是除尘器气室与风道出口的"开关"，除尘器正常过滤除尘时，阀门处于打开状态；清灰状态时，阀门关闭，切断气室烟气出口的通路，形成气室暂时的"封闭"，保证脉冲喷吹空气的压力。

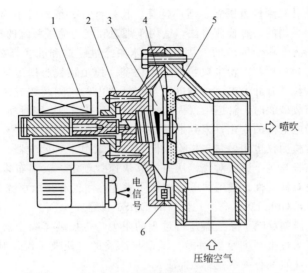

图 5-17 电磁脉冲阀结构示意图
1—衔铁；2—放气孔；3—后气室；4—膜片；5—前气室；6—节流孔

不同气室内的提升阀板根据信号指令依次开启和关闭，循环往复，实现除尘器每个分室的清灰。

5.5.2.5 监控系统

除尘器监控系统是除尘器安全稳定运行的保障。检测的主要参数为温度、CO值、料位、出口粉尘浓度、压差等。

(1) 温度 温度探头布置于除尘器的进、出口风道及各个灰斗：除尘器进、出风口温度探头主要用于监测烟气温度，保证除尘器在正常温度范围内工作；各个灰斗温度探头主要用于测试各个灰斗内煤粉物料温度，实时监控煤粉温度变化防止自燃发生。

(2) CO值 CO监测置于除尘器出口，用于监测除尘器内部CO值。CO值是判定煤粉自燃最便捷有效的方法，CO监测仪是保证除尘器安全运行最重要的监测仪器。鉴于CO监测的重要性，建议对该监测仪在系统安装时采用一用一备模式，以保证系统CO监测实时有效。这里应注意的是，对于非自动取样的CO监测仪，在除尘器出口的负压环境无法取样，须安装在除尘器风机之后的正压气体管道内。

(3) 料位 射频导纳料位计克服了电容式料位计在粉体挂壁时产生的测量失真的问题，相对阻旋式料位计是一种连续式测量方式，因此是煤粉料位测定的首选。导纳为阻抗的倒数，射频导纳料位计工作时，振荡器产生射频无线电波谱，仪表的传感器与灌壁及被测介质形成导纳值，物位变化时，导纳值相应变化，电路单元将测量导纳值转换成物位信号输出，实现物位测量。在生产过程中，温度探头所测量的温度也可作为料位的参考。

(4) 粉尘浓度 除尘器布袋破损将导致出口粉尘浓度瞬间增大，在线式粉尘浓度检测仪可快速有效地做出检测，从而对破损布袋进行更换，防止发生煤粉"灌袋"。常用的在线式粉尘浓度检测方法有电容法、光散射法、光吸收法和电荷感应法。电荷感应法具有测量范围宽、适应性强、稳定性好、维护量小等优点，近年来成为国内外普遍采用的一种检测方法，适用于烟道和气力输送系统的粉尘浓度检测。其测量原理是：含有粉尘颗粒的气固两相流体在经过管道和除尘器的输送过程中，由于粉尘颗粒与粉尘颗粒、粉尘颗粒与管道内壁、粉尘颗粒与烟道气体的碰撞和摩擦，将使粉尘颗粒带有静电电荷。其电荷量与管道内的气固两相流体中粉尘含量有直接关系：当布袋破裂时，管道中气固两相流粉尘含量增加，同时静电场强度增大。通过测量粉尘静电电荷的变化，来判断布袋除尘系统的运行是否正常。因此用于除尘器的粉尘浓度检测仪也叫做"布袋检漏仪"，对于箱式脉冲除尘器，可将粉尘浓度检测仪的检测信号与各个气室对应，从而能够快速"锁定"破损布袋的气室，使得检修更换布袋更有针对性。常用的电荷法在线浓度检测仪有德国福德世公司的 PFM 92C 型和澳大利亚 GOYEN（高原）公司的 EMS6 型等。

（5）压差　压差反映了除尘器运行过程的阻力，也反映了除尘器运行过程的稳定性，是除尘器运行过程的重要指标。压差与滤袋的材质及工况、脉冲喷吹周期、喷吹压力、粉尘性质都有关系：

① 透气性。透气性能越好的滤袋，对气流的阻力越小，压损越小，但随着滤袋长期使用，布袋老化加之煤粉在滤料内部形成粉尘层，布袋通透性变差，压损会逐渐增大。

② 粉尘性质。粉尘密度越小，越难以与布袋脱离，产生的阻力越大；粉尘水分越大越容易与布袋发生黏附，导致除尘器阻力增大。

③ 清灰参数。脉冲喷吹周期越短、喷吹压力越大，附着在滤袋的粉尘越容易脱落，除尘器压损越小。喷吹周期过长，还会导致布袋压差波动大，不利于布袋除尘器的稳定运行。正常运行状态下除尘器压差波动范围应在 $\pm 200Pa$ 以内。

除尘器压差的测量需在除尘器进出口安装压力变送器，分别测得进出口气流全压，通过压力差值得出除尘器的压差。

5.5.3　袋式除尘器的主要特性参数

5.5.3.1　处理风量和过滤风速

处理气体风量表示除尘器在单位时间内所能处理的含尘气体的流量，一般采用体积流量 Q（单位为 m^3/h）表示，是除尘布袋设计中较重要的因素之一。除尘器在超过设计风量的情况下运行，会造成滤袋堵塞，压力损失升高，除尘效率也要降低；选用除尘器设计风量过大，会增加设备投资和占地面积。

决定除尘器处理风量最主要的因素是布袋的过滤面积。除尘器的气布比是单位时间处理含尘气体的体积与滤布面积之比，在数值和量纲上等同于气流通过滤袋的过滤速度。

$$v_F = \frac{Q}{60S} \tag{5-58}$$

式中　v_F——滤袋过滤风速，m/min；

　　　Q——除尘器处理风量，m^3/h；

　　　S——除尘器滤袋总过滤面积，m^2。

过滤风速不仅是除尘器的性能指标，也是经济指标：过滤风速低可以提高除尘效率，增强滤袋吸附能力，延长清灰周期，从而延长滤袋使用寿命，但是也增大了除尘器的制造成本；过滤风速高则会增加除尘器的风阻，降低除尘效率。

过滤风速的选取与确定是一个极为复杂的问题，它与滤袋材质、粉尘性质、粉尘浓度、甚至温度都有关系。粉尘粒径越小，其穿透滤袋的能力也越强，对应的过滤风速也应越小；粉尘浓度也是影响过滤风速的重要因素；滤袋的除尘过程其实是粉尘颗粒在滤袋上吸附、脱附的过程，在布袋除尘器稳定运行的情况下，单位时间内粉尘颗粒在滤袋的吸附量处于动态平衡。烟气中粉尘浓度越高，单位时间滤袋的吸附量也越大，因此需要更高的清灰频率以增加滤袋上粉尘的脱附量，此时过滤风速就应小一些，从而保证滤袋的过滤效率。如果粉尘浓度较高，吸附量大于脱附量，则滤袋表面吸附粉尘会增厚，不仅增加除尘器运行阻力，也会增加粉尘穿透滤袋的概率，降低除尘效率；若烟气温度高，则粒子布朗扩散越强，过滤风速应较小。

工程上布袋除尘器过滤风速一般都在 2m/min 以下，为了保证除尘效率，较为普遍在 1.0m/min 以下。笔者测算不同煤粉厂集粉器的过滤速度都在 0.6m/min 以下。有文献提出气箱式脉冲除尘器过滤风速计算的经验公式，可供参考

$$v_F = 0.35ABCDEF \tag{5-59}$$

式中　v_F——滤袋过滤风速，m/min；

　　　A——物料系数，当物料为煤时，取 $A=8$；

　　　B——尘源，当磨机气力输送时，取 $B=0.9$；

　　　C——粉尘分散系数（见表 5-8）；

　　　D——粉尘浓度系数（见图 5-18），超过 $230g/cm^3$，取 0.8；

　　　E——温度系数（见图 5-19）；

　　　F——磨损系数，一般取 0.7。

表 5-8　粉尘分散系数

平均粒径/μm	>100	50~100	10~50	3~10	<3
系数 C	1.2	1.1	1	0.9	0.8

5.5.3.2　运行阻力

袋式除尘器的设备运行阻力不仅反映了能耗，而且反映了除尘器运行的稳定性。除尘器的阻力主要包括两部分：

① 除尘器结构产生的阻力：进出风口尺寸、风道结构、箱体尺寸、进出风口高度差都是影响除尘器阻力的因素，此部分压损在 50~500Pa 之间。

② 滤袋产生的阻力：含尘气体通过滤袋时，含尘气体需要从滤袋表面附着的粉尘层和滤袋结构微孔通过，由此产生的压损是袋式除尘器压差的主要部分。

粉尘经过滤袋被过滤分离所受到的力十分复杂，因此也导致袋式除尘器的压差难以定量计算。在生产中，需在除尘器出入口分别安装压力变送器，通过计算压力差值来在线实时监测除尘器的压差。袋式除尘器压差一般在 1500Pa 以下，对于煤粉制备系统，在未投量状态下，压差在 300~600Pa 之间，投量状态下一般在 600~1300Pa 之间。

5.5.3.3　脉冲喷吹参数

(1) 脉冲喷吹压力　脉冲清灰时喷吹压力大，所形成的喷吹风速越大，粉尘脱

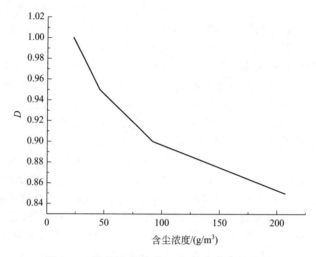

图 5-18　粉尘浓度系数 D 与粉尘浓度的关系

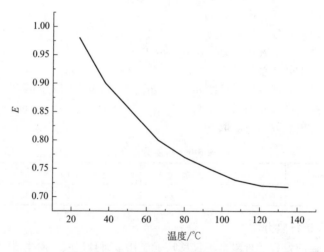

图 5-19　温度系数 E 与温度的关系图

附布袋效果越好，滤袋的阻力下降越多，但是过大的喷吹压力不仅增加耗能，而且会降低滤袋的使用寿命。脉冲喷吹压力对于箱式脉冲除尘器，通常喷吹压力为 0.3～0.4MPa，管式喷吹压力略低于 0.1MPa。

（2）脉冲周期　喷吹周期的长短直接影响除尘器的阻力及除尘器的压差波动：脉冲周期越短，清灰频率越高，有利于粉尘对滤袋的脱离，但也增加了能耗和电磁阀的磨损；清灰频率偏低，不仅降低了清灰效果，而且会导致除尘器压差波动较大，不利于除尘器的稳定运行。脉冲周期可调，取决于生产物料的性质、投料量及除尘器工况。

陕煤新型能源公司煤粉生产系统在研磨水分为 12% 的神府烟煤过程中，除尘器脉冲周期设置 20s 就可保证除尘器压差在（1000±200）Pa；在研磨水分高于 15% 以上的原煤时，脉冲周期需设置至 12s；生产黏附性较强的兰炭粉时，脉冲周期缩短至

8s，压差可达（1300±200）Pa。此外，随着除尘器使用周期增长，滤袋通透性变差，需进一步缩小脉冲周期保证除尘器压差稳定。

（3）喷吹时间　也就是脉冲的宽度，喷吹的时间越长，吹入滤袋内的空气量也就越多，一般在喷吹后 0.1s，喷吹压力降至最低水平，因此脉冲喷吹时间不宜超过 0.2s，否则不仅达不到喷吹效果，也造成了气源浪费。但达到一定的数值之后（0.1～0.2s），压缩空气的耗量成倍地增加，阻力下降很少或不变，所以，对长度不大于 3m 的滤袋，脉吹时间取 0.1～0.2s 即可，对于更长的滤袋则另行设置，滤袋长都为 6～8m 时，喷吹时间为 0.4～0.5s，可得到最佳效果。

5.5.4　煤粉用袋式除尘器的防燃防爆

粉尘爆炸的三要素包括粉尘浓度、氧含量及点火能。袋式除尘器内部粉尘浓度介于爆炸范围（20～2000g/m³），独立的煤粉制备系统氧含量也超过爆炸极限（>12%）。由此可见，对于袋式除尘器，爆炸三要素已具备两项。此外袋式除尘器壳体不具备抗爆能力，需设计防爆门在爆炸发生时产生泄爆。煤粉制备系统发生燃爆大多数都是体现在除尘器上，因此袋式除尘器的防燃防爆是煤粉安全制备过程的重中之重。

5.5.4.1　煤粉专用除尘器的设计

煤粉具有自燃倾向，长时间堆积的煤粉会因氧化放热最终可能导致自燃而引发燃爆。因此应避免除尘器内部产生堆积煤粉。

（1）在除尘器壳体设计时应注意：

① 灰斗斜面与水平面的夹角不应小于 65°倾角（见图 5-20）。

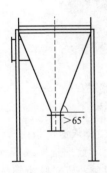

图 5-20　灰斗斜面与水平面的夹角大于 65°

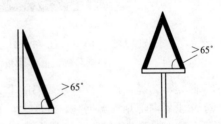

图 5-21　死角和平台部位需加焊大于 65°的坡板

② 灰斗之间坡面相交处不得出现平台。

③ 若除尘器内部有拉筋，则应在拉筋垂直上方采用焊接角钢等措施避免拉筋成为煤粉积粉点。除尘器内部死角和平台部位为常见的积粉点，如图 5-21 所示。

④ 含尘烟气入风口、防爆门底面凸出部分、灰斗检修门凸出部分也是煤粉沉积点，在设计时应尤其注意。如图 5-22 所示，其中图（a）和图（b）中防爆门底部平台可形成积粉，图（c）防爆门设计合理，底部倾角大于 65°不会形成积粉；若检修口凸出除尘器箱体，应采用凸出结构检修门与之匹配，保证检修口底部不会形成积粉，如图 5-23 所示。总之，在除尘器内部应杜绝一切可能产生积粉的结构。

图 5-22　图中（a）和（b）防爆门底部存在积粉平台；
（c）图防爆门底部倾角大于 65°不会形成积粉

⑤ 除尘器防爆门的设计可遵照 GB/T 15605—2008《粉尘爆炸泄压指南》。

⑥ 除尘器内部烟气温度高、湿度大，外界温度过低，会导致烟气中水蒸气在箱体表面结露，造成煤粉黏附、搭桥形成积粉。为避免这一现象，应对除尘箱体做保温处理，在严寒地区还要考虑增加伴热管。

（2）除尘器布袋的选型　在煤粉除尘器内部，煤粉与气流之间、煤粉颗粒之间、煤粉与滤袋之间存在着复杂的摩擦与碰撞，都可能产生静电，静电累积到一定条件可引发放电产生火花，成为除尘器安全运行的隐患。因此，煤粉除尘器应选用防静电滤袋，该滤袋滤料内部添加了导电金属纤维或采用防静电基布，滤袋通过袋笼与除尘器箱体相连，箱体接地良好。表 5-7 所列举的涤纶防静电针刺毡滤袋，用户在布袋选型时应注意。此外，滤袋长度不宜过长，最好不要超过 3m，以便在除尘器检修过程中采用强光手电观察滤袋内部积粉情况（详见后文）。

5.5.4.2　安全监控设施

（1）CO 监测　煤粉氧化过程会释放 CO，CO 值是判定煤粉自燃最敏感和有效的

图 5-23　检修门设计示例（凸出检修口＋凸出检修门）

指标，是煤粉除尘器必不可少的在线监测指标。CO 监测仪安装于除尘器出口的洁净烟道中。对于具有抽气泵的柜式 CO 监测仪可安装在风机之前，气泵抽力应克服管道内负压阻力实现取样；对于没有抽气泵的 CO 监测仪应安装在风机之后，气流入口应与管道内风向相对，以实现烟气取样监测。

煤粉生产过程中 CO 值正常在 200mL/kL 范围以内，若超过 CO 正常值持续上升则说明煤粉氧化加剧，需要采取应急措施（本书后面章节会讲到）。需要注意的是，热风炉因燃烧工况较差时，会造成燃料的不充分燃烧，此种情况也会导致系统烟气 CO 值的升高，但是这种升高没有持续性，且发生在启炉、停炉或热风炉给氧不充分时，操作者应予以区别。为了便于监测系统各环节 CO 值，可在热风炉后、磨机后分别安装 CO 监测仪。CO 数值应在现场和中控室联动声光报警装置，以便能够在超过限值后第一时间通知操作人员。

（2）温度监测　温度是检测煤粉自燃最直观的参数，但是温度的检测属于区域点检测，检测范围有限，无法对制粉系统内部煤粉各个区域实现普遍检测。一般在每个灰斗内部安装温度探头检测局部温度，在判定煤粉发生自燃时可作为判据之一。

（3）粉尘浓度监测　除尘器滤袋破损后，煤粉会进入滤袋底部无法排出，随着煤粉的积累，可能发生自燃导致安全事故。滤袋破损会导致出口粉尘浓度变大，采用在线式粉尘浓度监测仪进行在线检测可快速发现滤袋漏粉现象。将粉尘浓度监测仪与气室脉冲周期对应，还可精确定位滤袋破损区域，从而对破损滤袋有针对性的更换。

（4）氧含量监测　采用氧敏传感器监测除尘器内部氧含量，控制氧含量水平，降低煤粉自燃概率。此外，在除尘器注氮保护过程需以氧含量作为参考数据。

5.5.4.3　氮气保护

氮气作为一种惰性气体，相对其他惰性气体制造成本低，可作为预防和治理煤粉自燃的保护气体。分子筛法制氮是以碳分子筛作为吸附剂，运用变压吸附原理，利用碳分子筛对氧分子和氮分子吸附速率的不同而使氮气和氧气分离的方法，统称

PSA（pressure swing adsorption）制氮，该方法具有工艺简单、能耗低、制造成本低等特点，制氮量一般在 $3000m^3/h$ 以内，可满足中、小型氮气用户的使用。制氮机可通过氮气管道与除尘器底部连通，在煤粉除尘器中有以下两种用途：

① 停机后作为保护气体注入除尘器内部，降低除尘器内部氧含量，抑制煤粉氧化；

② 当除尘器内部出现自燃时，将氮气持续注入，控制氧含量＜12％，抑制或消除煤粉自燃。

若采用 CO_2 灭火，应设置减压装置，以不引起二次扬尘为原则。

5.5.4.4　煤粉除尘器的检修维护

为保证除尘器安全稳定运行，必须对除尘器进行定期检查。

（1）滤袋和袋笼　滤袋和袋笼是除尘器的核心部件，在粉体制备系统中，集粉器内部滤袋达上千条，而且滤袋作为易耗品具有一定的使用周期（一般在两年左右），因此更换破损滤袋就成为除尘器检修的常态化工作，可对除尘器每条滤袋及袋笼进行建档管理。具体方法可采用 Excel 将滤袋编号和相关信息录入，便于滤袋、袋笼信息的管理和数据的调取。

编号可采用：滤袋/袋笼所对应盖板序号＋滤袋/袋笼横向顺序号＋滤袋/袋笼纵向顺序号。

举例：如图 5-24 所示除尘器顶部盖板序号，共计 $2×6×2$ 个盖板，若是 5 盖板下所对应的第二横排第三纵排的布袋/袋笼（图 5-25），其编号就是 5-2-3。

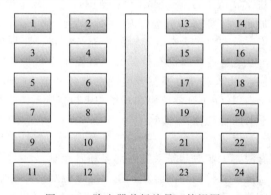

图 5-24　除尘器盖板编号（俯视图）

利用 Excel 软件将各个编号的滤袋信息按照表 5-9 格式录入，每次更换滤袋或维修后做好信息记录，利用 Excel 的筛选功能就能轻松实现对任意编号布袋/袋笼信息的调取，方便滤袋/袋笼的日常管理。

表 5-9　滤袋/袋笼信息统计格式（Excel）

编号	型号	规格	厂家	使用时间	更换时间	维修情况	检查次数	备注

检查方法：打开盖板用强光手电对所有布袋逐一检查，若发现滤袋口或者滤袋底部有煤粉堆积，需抽出滤袋仔细检查有无破损。如果没有破损，做好检查记录，

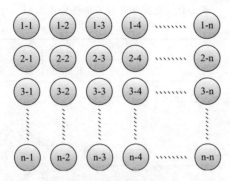

图 5-25　滤袋编号（俯视图）

后续进行跟踪检查；如果发现有破损，则需更换布袋并做好记录；如发现布袋即将有破损迹象，使用标记笔，在袋笼和布袋上相对应的地方分别做标记，进行跟踪检查。

检查过程发现严重变形的袋笼应予以更换，若轻微变形，需抽出袋笼进行矫正。

在检查滤袋的过程还应对花板底部的积粉进行抽检，若积粉严重需进行清理。

检查周期：应急检查以粉尘浓度仪检测数据突然上升为依据；常规检查根据工厂系统自身工况拟定（一般在 1 个月内）。

（2）灰斗及除尘器箱体内部　灰斗及除尘器内部是形成积粉的主要区域，也是除尘器日常检查的重点。对于除尘器，需要检修工进入除尘器内部进行检查：

① 进入除尘器内部检查应实行作业票制度，办理密闭空间作业票（见表5-10），必须在设备断电，内部温度、含氧量、CO 值均处于正常水平方可进入，检查过程应随身佩带氧含量及 CO 监测仪。进入除尘器内部属于登高作业，应做好高空防护措施。

② 检查的重点包括灰斗壁面、横梁顶部、除尘器入口部位、防爆门底部、灰斗连接中间区域等，若发现积粉部位，应及时清理，并对积粉部位采取焊接坡面、填充耐火水泥或增加喷吹装置等方式进行处理，杜绝煤粉的堆积。处理完毕后需在下一次检查过程进行确认。

③ 若灰斗内部安有耐磨板，还需检查耐磨板有无翘起、脱落；除尘器箱体有无开焊、裂缝；防爆门膜片是否损坏。

（3）气动元件　气动元件属于高速、高频的动作器件，如果维护不当，就会减少设备的寿命，严重的话可能造成安全隐患，因此必须对气动元件建立定期保养维护制度。

日常需检查气动元件的动作情况，保证动作顺畅，无漏气现象；气源三联体应定期检查油雾器油位并及时排放油水分离器中杂物；电磁阀需定期检查膜片是否损坏，损坏应及时更换；换向阀应定期清洗先导阀及活动铁芯上的油泥和杂质，保证排气孔通畅；提升阀板需定期检验气缸活塞缸磨损情况等。

（4）监控系统　CO 监测仪属于安全监控核心器件，需按照说明定期校验、维护。此外，温度传感器、粉尘浓度检测仪、氧敏传感器也应定期校准维护，若发现数据反馈异常，应尽快修复或更换，保证监测实时数据的准确性。

表 5-10　除尘器密闭空间作业票模板

编号：

作业单元名称				设备名称		除尘器	
原有介质				主要危险因素			
作业部门				监护人			
作业内容							
作业人员							
作业时间			年　月　日　时　分至　年　月　日　时　分					

采样分析数据	采样时间	氧含量 >18%	CO含量 <24×10⁻⁶	分析人员	采样时间	氧含量 >18%	CO含量 <24×10⁻⁶	分析人员

序号	主要安全措施	选项	确认人
1	进入除尘器前将所有设备电源断开,并悬挂"禁止送电"的标志		
2	采用气体监测仪器监测,气体(CO、O₂)指标符合要求方可进入		
3	打开检修门进行自然通风,温度 $T<25℃$ 接近室温适宜人员作业,必要时采取强制通风		
4	受限空间作业期间,严禁同时进行各类与该设备有关的其他工作(注氮、检修)。在同一受限空间内不应进行交叉作业,如必要时,必须采取避免相互影响、伤害安全措施		
5	检查受限空间进出口通道,不得有阻碍人员进出的障碍物		
6	金属容器和潮湿、工作场地狭窄的受限空间作业照明电压不大于12V;在潮湿容器中,作业人员应站在绝缘板上,保证金属容器接地可靠		
7	作业监护措施:CO及O₂监测仪(　　),手电(　　),安全带(　　),通风设备(　　),对讲机(　　)		
8	发生有人中毒、窒息的紧急情况,抢救人员必须佩戴隔离式防护面具进行设备抢救,并至少有监护人(　　)在外部做好联络、监护工作		

危害识别: 机械伤害□　物体打击□　触电□ 高处坠落□　火灾爆炸□　灼烫□ 冻　　伤□　中毒窒息□	其他补充安全措施:	

作业部门意见	安全生产技术部审批

完工验收	验收时间	年　月　日　时　分	验收部门		验收人员	

5.6　滤筒除尘器

滤筒除尘器是在袋式除尘器基础上发展而来的，与袋式除尘器的主要区别在于使用的过滤装置是滤筒而非滤袋。滤筒除尘器最早出现于 20 世纪 70 年代，因其具有除尘效率更高、阻力小、过滤面积大等优点，已被粉体行业广泛使用。滤筒除尘器与滤袋除尘器的对比见表 5-11。

表 5-11　滤筒除尘器和滤袋除尘器对比

项目	滤筒除尘器	滤袋除尘器
滤料结构	硬质滤料呈折叠状＋孔状滤筒框架	滤袋＋袋笼
滤料材质	涤纶、芳纶、P84、PPS 等单一滤料和复合滤料	合成纤维滤料、纸质滤料、聚四氟乙烯覆膜滤料
过滤原理	表面过滤	粉尘层过滤
除尘效率	可达 99.9%	大于 99%，略低于滤筒
运行阻力	阻力＜1000Pa	一般在＜1500Pa 范围
外形尺寸	褶皱装滤料增大了过滤面积，因此体积和占地面积小	体积较大，占地面积大
滤料成本	滤筒除尘器价格较高，更换成本较高	滤袋相对便宜，更换成本较低
使用寿命	滤筒材质较脆，使用寿命不及滤袋	根据工况不同，一般＜2 年，某些复合滤料使用寿命在两年以上

我国为规范滤筒除尘器的生产和使用，也颁布了滤筒除尘器机械标准 JB/T 10341—2002《滤筒式除尘器》，对滤筒式除尘器的技术要求及检验方法做了详细介绍，这里不再赘述。

滤筒除尘器材质透气性要优于袋式除尘器，这也是滤筒除尘器压损较低的原因。滤筒除尘器因其较高的除尘效率用于超细煤粉的收集或除尘。但是滤筒除尘器由于其寿命、更换成本和耐温性的限制，应用普及范围不及滤袋除尘器。

5.7　超细煤粉的分离提取

5.7.1　粉体分级方式

超细煤粉是指中位径＜$10\mu m$ 的煤粉。超细煤粉在水煤浆提浓和橡塑填料方面具有巨大应用价值：经过超细粉级配的煤粉颗粒堆积效率大大提升，对于极难成浆的神府煤可从 58% 的成浆浓度提升至 67%；超细煤粉作为煤基高分子橡塑填料，部分替代炭黑，可以显著降低填料成本，还可以减轻橡塑制品重量并改进某些使用性能。超细煤粉的这些主要用途后面章节会做详细介绍，本节主要介绍超细煤粉的制备方法。

根据粉碎功耗理论，破碎能随粒度的降低成幂指数上涨，磨矿成本将大幅度上涨，常规的挤压粉碎方式对制备超细煤粉已无能为力。气流粉碎机是制备超细粉的常用设备之一，但因设备产量低、能耗大（电耗在 300MJ/t），而一直无法在生产型企业推广。采用超细粉分离技术为制备超细粉提供了有效途径，不仅能够有效降低制备超细煤粉的电耗成本，而且能够提高超细煤粉的产量。

粉体的分级概括可分为筛选和流体力学分级两大类，如图 5-26 所示。筛选无法满足超细粉的分级，超细粉的提取主要采取气力分级方式，分级的原理是根据不同粒径颗粒所受到重力和离心力作用不同而使粗细颗粒之间形成速度差，从而实现粗颗粒与细颗粒的分级。由于颗粒较容易获得比重力大得多的离心力，因此离心分级是超细粉分离使用最为普遍的技术。

图 5-26　粉体分级方式

分级 ┬ 筛选
　　　└ 流体力学分级 ┬ 重力式分级
　　　　　　　　　　　├ 惯性力分级
　　　　　　　　　　　└ 离心力分级

5.7.2　气力分级装置

气力分级机有多种结构，但大部分工作原理都是结合了离心分级和惯性分级的分级方式。下面简要介绍一种煤粉分级装置。

如图 5-27 所示：煤粉仓前段可连接煤粉制备系统，煤粉仓下方安装有星形卸料器，通过调频控制卸料量，整个系统的风送负压由系统袋收尘尾部离心式通风机提供。

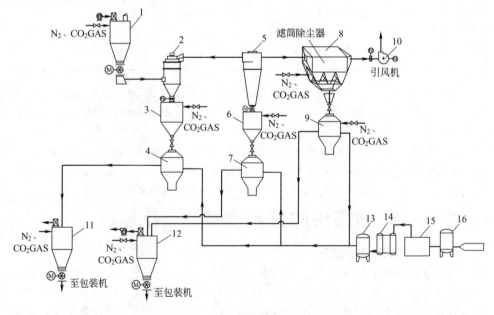

图 5-27　煤粉分级装置

1—煤粉缓冲仓；2—分级机；3—粗粉缓冲仓；4—浓相发送器；5—旋风收集器；
6—超细粉缓冲仓；7—超细粉浓相泵；8—滤筒除尘器；9—超细粉浓相泵；
10—引风机；11—粗粉产品仓；12—超细粉产品仓；13—浓相泵前缓冲气包；
14—制氮机；15—空气净化器；16—空压机后缓冲气包

　　系统工作时，煤粉仓中煤粉在通风机提供的负压下，由分级机下部进入，上升至分级区，由于分级叶轮转子的高速旋转，粒子受到分级叶轮旋转产生的离心力，粗粒子被甩到筒体内壁失速沿壁向下滑，二次风通过均匀分布在锥体上的进风口进入，对粗粒子产生风筛作用将混杂在粗料中的细粉进一步分离，分离后的粗粉由卸料装置收集进入粗粉缓冲仓，经过气力仓泵输送至粗粉仓。细粉经过分级机出口进入旋风收集器大部分被收集，粒度更细的少量颗粒随气流排出被后端的滤筒除尘器收集下来，净化后的气体由引风机排出。经旋风除尘器和滤筒除尘器收集的超细粉可经过气力泵输送至超细粉仓，至此完成粉体的粗细分级。

　　由于超细煤粉具有更大的比表面积，更容易氧化自燃，而且其较低的悬浮速度更容易形成粉尘云，因此超细粉气力输送过程采用氮气作为气源。

5.7.3　分级效率

　　粉体分级设备的分离效率采用牛顿分离效率描述，牛顿分离效率由下式表示

$$\eta = \frac{(x_{a,F} - x_{a,B})(x_{a,A} - x_{a,F})}{x_{a,F}(1 - x_{a,F})(x_{a,A} - x_{a,B})} \tag{5-60}$$

式中　$x_{a,F}$——入料粉体中分选目标颗粒 a 的质量分数；

　　　$x_{a,A}$——分选细粉中目标颗粒 a 的质量分数；

　　　$x_{a,B}$——分选粗粉中目标颗粒 a 的质量分数。

　　将中位径 $D_{50} = 31.37\mu m$［图 5-28(a)］的煤粉在图 5-27 所示气力分级设备进行超细粉提取，经过气力分级后粗粉和超细粉的粒度分布如图 5-28(b)，(c) 所示。跨度表示对样品粒径分布宽度的一种度量，一般用下式表示

$$Span = (D_v 0.9 - D_v 0.1)/D_v 0.5 \tag{5-61}$$

　　式中，$D_v(x)$ 为粒度累积含量为 x 时所对应的粒径。

　　分选前煤粉 $D_{50} = 31.37\mu m$，分选后的粗粉 $D_{50} = 34.14\mu m$ 和超细粉 $D_{50} = 5.57\mu m$。分选前煤粉跨度为 $2.5\mu m$，分选后的粗粉和细粉分别降低至 $2.2\mu m$ 和 $2.3\mu m$，可见分选后的煤粉粒度均一性得到提升。

　　根据分离效率公式，该系统对 $10\mu m$ 以下煤粉颗粒的分级效率为

　　由图 5-28 查表可知，$x_{<10,F} = 16.9\%$；$x_{<10,A} = 77.1\%$；$x_{<10,B} = 11.22\%$，

$$\eta_{10} = \frac{(16.9\% - 11.22\%) \times (77.1\% - 16.9\%)}{16.9\% \times (1 - 16.9\%) \times (77.1\% - 11.22\%)} = 37\%$$

　　由图 5-28(c) 可知，若分选细粉 $D_v(1) = 35\mu m$，则该粒度分布的超细粉的理论产率与 $35\mu m$ 的分级效率相等，其中 $x_{<35,F} = 54.46\%$；$x_{<10,A} = 100\%$；$x_{<10,B} = 51.1\%$（根据所测得粒度分布数据查得），即

$$Y = \eta_{32} = \frac{(54.46\% - 51.1\%) \times (1 - 54.46\%)}{54.46\% \times (1 - 54.46\%) \times (1 - 51.1\%)} \approx 13\%$$

　　经过大量实际产率数据测算，与此结果基本吻合。

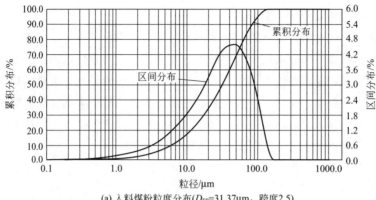

粒径/μm	含量/%
0.100	0.00
0.500	0.41
1.000	0.99
5.000	8.08
10.00	16.90
25.00	41.28
45.00	65.09
75.00	85.88
88.00	91.35
97.00	94.04

(a) 入料煤粉粒度分布(D_{50}=31.37μm，跨度2.5)

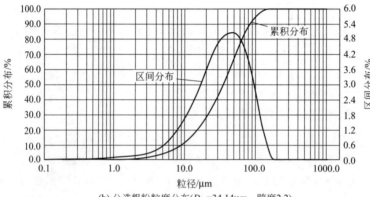

粒径/μm	含量/%
0.100	0.00
0.500	0.19
1.000	0.59
5.000	4.55
10.00	11.22
25.00	36.44
45.00	62.93
75.00	85.48
88.00	91.20
97.00	93.97

(b) 分选粗粉粒度分布(D_{50}=34.14μm，跨度2.2)

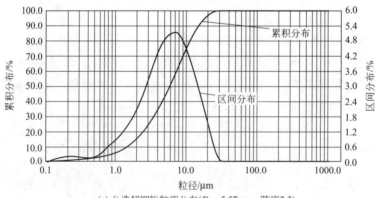

粒径/μm	含量/%
0.100	0.00
0.500	2.49
1.000	5.84
5.000	44.99
10.00	77.10
25.00	99.51
45.00	100.00
75.00	100.00
88.00	100.00
97.00	100.00

(c) 分选超细粉粒度分布(D_{50}=5.57μm，跨度2.3)

图 5-28   煤粉分级粒度分布

（由 BT-2001 型激光粒度分布仪测定）

参 考 文 献

[1] 张殿印，王纯．除尘器手册．北京：化学工业出版社，2005.

[2] 姜凤有．工业除尘设备——设计、制作、安装与管理．北京：冶金工业出版社，2007.

[3]　张殿印，王纯．脉冲袋式除尘器手册．北京：化学工业出版社，2011.

[4]　王黎黎．旋风除尘器内部流场实验和数值模拟研究．阜新：辽宁工程技术大学，2009.

[5]　阮飞，朱建华．旋风除尘器气固相分离特性的数值仿真研究．内蒙古科技大学学报，2017，36（1）：51-54.

[6]　谢洪勇，高桂兰，宋正启，等．颗粒 Wadell 球形度的测量方法标准的编制．中国粉体技术，2016（1）：74-77.

[7]　郑凯，汪金刚，刘静，等．基于电荷感应的粉尘浓度检测技术与试验研究．传感器与微系统，2014，33（2）：29-31.

[8]　王文勇，陈楠．脉冲袋式除尘器过滤风速的确定．四川环境，2010，29（2）：32-34.

[9]　王琦，胡建鹏，毛志伟，等．高浓度煤粉袋式收尘中的防燃、防爆方法研究．安全与环境学报，2000（3）：3-7.

[10]　梁洪灿，李铭．煤磨袋除尘器的防燃防爆浅析．水泥，2000（12）：33-34.

[11]　周强，胡克强．高浓度煤粉袋式收尘中的防燃、防爆方法研究．水泥科技，2003（3）：25-28.

[12]　田立忠，徐平安，李青．脉冲喷吹型煤磨防爆袋收尘器的研制与应用．中国硅酸盐学会 2004 环保学术年会论文集，98-102.

[13]　金国森．除尘设备．北京：化学工业出版社，2002.

[14]　焦永道．水泥工业大气污染治理．北京：化学工业出版社，2007.

[15]　胡传鼎．通风除尘设备设计手册．北京：化学工业出版社，2003.

[16]　薛勇．滤筒除尘器．北京：科学出版社，2014.

[17]　方刚，等．一种超细煤粉的制备系统及方法．CN1701139.2015-06-17.

第6章

煤粉的安全制备

安全生产始终是贯穿煤粉生产制备过程的主题。粉尘爆炸是粉体生产过程中最严重、危害最大的事故类型。煤粉由于其本身具有可燃性和自燃性，因此煤粉制备过程的安全防爆显得尤为重要。煤粉爆炸具有极强的破坏性，爆炸产生的冲击波往往导致严重的人员伤亡和设备、厂房的损坏。因此，建立煤粉制备过程的安全保障体系是煤粉安全生产的前提，也是有效推动煤粉行业发展的基本保障。

6.1 粉尘爆炸简介

爆炸本质上属于燃烧过程。一般把生成氧化物但不产生强光的过程称为氧化过程；产生强光和大量热的剧烈氧化过程称为燃烧；将产生高温、高压的剧烈燃烧反应称为爆炸。对于煤粉，上述三种现象都会发生，且相互联系。由于煤粉粒度细且本身具有孔隙结构和很大的比表面积，通过对中位径 $20\sim30\mu m$ 的煤粉进行氮吸附比表面积测试，比表面积可达 $5\sim15m^2/g$，使得空气中的煤粉能够与氧气充分接触。随着时间的推移，煤粉除了表面发生氧化反应外，还具有自发着火倾向。煤粉自燃不仅导致财产损失和人员伤亡，而且往往引发更为恶劣的次生灾害，即煤粉爆炸。因此，煤粉的自燃属性要求对于煤粉爆炸的防控相比其他粉体具有其自身的特殊性。

6.1.1 粉尘爆炸的要素

粉尘爆炸是在爆炸极限范围内悬浮于空间中的粉尘颗粒与氧气充分接触，在遇到热源或明火特定条件下发生的瞬时燃烧反应，放出大量热，产生高温、高压的现象。粉尘爆炸必须具备三个要素：①一定的粉尘浓度，使得粉体与氧气能够充分接触；②气氛中有足够的氧含量；③着火源，有足够的点火能。

煤粉及煤尘爆炸必须以上三个条件同时满足才能发生，因此爆炸三要素也是煤粉防爆事先控制的依据。

6.1.1.1　煤粉浓度

煤粉浓度处于爆炸下限和爆炸上限之间才能发生爆炸：煤粉浓度过低，可燃物较少，粉尘颗粒与颗粒之间距离过大，颗粒表面上的热量和火焰不能传递至相邻的颗粒，使得燃烧不能持续；煤粉浓度过高，煤粉颗粒之间不能保持充足的氧气，燃烧也无法进行。不同种类的煤由于其特性不同，其爆炸上下限浓度也不同，一般来说，煤粉爆炸下限浓度为 $20 \sim 50 g/m^3$，上限浓度为 $1000 \sim 2000 \ g/m^3$，爆炸力最强的浓度范围为 $300 \sim 500 g/m^3$，对于制粉系统而言，其内部煤粉浓度正好介于此区间内，因此，煤粉浓度在制粉系统内已构成爆炸的必然因素之一。有关煤粉爆炸下限的测定方法可参照 GB/T 16425《粉尘云爆炸下限浓度测定方法》。

6.1.1.2　氧含量

氧含量是煤粉制备过程的重要监控参数之一。若氧气浓度低至 12%，则煤粉不会发生爆炸。控制氧含量的方法一般采用惰性气体注入，对于高炉炼铁过程煤粉的制备采用高炉尾气进行烟气再循环，可将氧含量降至 8% 以下，从根本上杜绝了煤粉的爆炸。而大部分单纯的制粉工艺无法使氧含量降低至安全范围之内。天津津能集团华苑供热项目，独创性地首次采用煤粉锅炉-制粉一体化的制粉工艺，可将制粉过程的氧含量降低至 10% 以下，为煤粉制备系统的安全设计提供了有效的借鉴。

煤炭行业标准《煤尘爆炸极限氧含量测定方法》（MT/T 837—1999）规定了煤尘爆炸极限氧含量，即能使煤尘云着火的混合物中氧气的最低含量的测定方法。

6.1.1.3　点火能

煤粉爆炸必须有一个达到或超过最低能量的热源，即最小点火能。引爆热源的温度越高，能量越大，越容易点燃煤粉云，越容易引发爆炸；反之，温度越低，能量越小，越难以点燃煤粉云。不同的粉体所具有的最小点火能不同，但基本都在毫焦（mJ）级别，煤粉的点火能在 40mJ，相当于 $1.38 \times 10^{-3} mg$ 质量标煤的发热量，可以说是微乎其微，因此对于明火存在于粉尘浓度的环境是绝对禁止的。原煤的燃点一般介于 $250 \sim 500$℃之间，制粉过程中温度的控制是安全制粉的核心环节之一。GB/T 16428—1996《粉尘云最小着火能量测定方法》提供了两种测试粉尘云最小点火能的方法，分别可采用哈特曼管和 20L 球形爆炸试验装置。

对于煤粉而言，除了上述常规粉体的爆炸三要素外，其本身的性质对煤粉爆炸过程也有重要影响：①煤粉粒度。颗粒粒径较大，颗粒内部因缺氧而不能完全燃烧，从而减慢了燃烧热的释放和传递；随着粒度的减小，颗粒比表面积随之增大，氧气向颗粒表面扩散的时间将缩短，颗粒因缺氧而不能完全燃烧的现象随之减弱，燃烧热释放加快。在其他条件相同的情况下，一般煤粉越细，爆炸强度越强。当煤粉足够细的时候，粒径大小不再是爆炸猛烈程度的制约因素，燃烧已经能充分发展，压力变化趋势不太明显。此外，对于粒度越小的煤粉，其悬浮速度越低，经过计算，对于粒径为 $10 \mu m$ 的煤粉，其层流区悬浮速度仅有 $0.003 m/s$，在空气中滞留时间长，极易形成"粉尘云"，为爆炸提供了粉尘浓度的条件。②挥发分。原煤挥发分中含有 CO 和甲烷等有机可燃气体，为煤粉的燃烧提供了有利条件，变质程度低的煤，挥发分越高，煤粉的爆炸性也就越强。③灰分和水分。煤粉中的水分和灰分都属于不可燃成分，对煤粉的燃烧具有抑制作用，因此煤粉水分和灰分的增加有助于降低煤的爆炸性。

关于煤粉爆炸性的描述，国家能源局于 2012 年发布的电力行业推荐标准 DL/T 5145—2012《火力发电厂制粉系统设计计算技术规定》中描述了煤粉爆炸指数的计算公式

$$K_d = \frac{V_d}{V_{\text{vol. que}}} \tag{6-1}$$

$$V_{\text{vol. que}} = \frac{V_{\text{vol}}\left(1 + \dfrac{100 - V_d}{V_d}\right)}{100 + V_{\text{vol}}\dfrac{100 - V_d}{V_d}}$$

$$V_{\text{vol}} = 1260 \times 4.187 / Q_{\text{vol}}$$

$$Q_{\text{vol}} = (Q_{\text{net, v, daf}} - 7850 \times 4.187 FC_{\text{daf}}) / V_{\text{daf}}$$

$$FC_{\text{daf}} = 1 - V_{\text{daf}}$$

式中，K_d 为煤粉爆炸性指数；V_d 为煤的干燥基挥发分；$V_{\text{vol. que}}$ 为考虑灰和固定碳时燃烧所需可燃挥发分的下限；V_{vol} 为不考虑灰和固定碳时燃烧所需可燃挥发分的下限；Q_{vol} 为挥发分的热值；$Q_{\text{net, v, daf}}$ 为干燥无灰基低位发热量；FC_{daf} 为干燥无灰基固定碳含量；V_{daf} 为干燥无灰基挥发分。

此外将爆炸性指数 K_d 小于 1 的煤粉列为极难爆炸煤粉；K_d 大于 17 的煤粉属于极易爆炸煤粉。

6.1.2　粉尘爆炸过程

6.1.2.1　爆炸机理

爆炸的本质是可燃物在有限空间快速地燃烧。燃烧从颗粒的表面开始，然后向颗粒内部扩展，燃烧产生的热量向周围扩散并使得附近的颗粒燃烧和气化，其产生的热能又进一步使得其他粉体气化、扩散燃烧。这一过程传播速度极快，燃烧产生的火焰速度可达每秒几百米，假设粉尘云在 20m 范围内扩散，点火源位于中心，粉体发生爆炸能量以 100m/s 的速度传播，则点燃全部粉体仅需要 0.2s，以致在极短的时间内产生高温高压。粉尘爆炸属于非常复杂的气固反应动力学过程，无论是理论分析还是数值模拟都存在一定的困难，国内外学者提出不同的爆炸模型，但是都存在一定的局限性，不能准确地描述粉尘爆炸过程。对于煤粉来说，煤粉的粒径分布、煤粉的工业指标（挥发分，灰分，水分）、粉尘云浓度、点火能大小、气体氧含量，甚至粉体周围气体的紊流度等都会对爆炸的过程产生不同程度的影响，甚至具有不同的爆炸机理。

6.1.2.2　粉尘爆炸的特性参数及测定

表征粉尘爆炸程度的参数主要有最大爆炸压力、最大压力上升速率和最大爆炸指数。

最大爆炸压力：在多种反应物浓度下，通过试验确定的爆炸压力的最大值；

最大压力上升速率：在多种反应物浓度下，通过试验确定的压力上升速率（dp/dt）的最大值；

爆炸指数：由容器的容积和爆炸时压力上升速率按下列公式所确定的常数；

$$K_\text{m} = (\mathrm{d}p/\mathrm{d}t) \times V^{1/3} \qquad\qquad (6\text{-}2)$$

最大爆炸指数即在多种浓度范围内试验测得的上述 K_m 的最大值。

GB/T 16426—1996《粉尘云最大爆炸压力和最大压力上升速率测定方法》阐述了相关参数的测定方法。

6.1.2.3　二次爆炸

粉体工厂、车间是粉尘聚集的场所。粉尘初始爆炸形成的冲击波的火焰向四周扩散时，会扬起临近的堆积粉尘形成符合爆炸浓度的粉尘云，从而引起二次爆炸。由于一次爆炸形成的点火源能量极强，且二次扬起的粉尘云范围更大，二次爆炸造成的灾害往往比第一次爆炸严重得多。

6.2　煤粉爆炸的防控

煤粉爆炸的防控即包含爆炸的预防和控制。预防是从粉尘爆炸的三要素出发，避免三个条件同时出现，将爆炸防患于未然；控制是在爆炸发生之后防止进一步扩大灾害而采取的措施，诸如抑爆、泄爆、隔爆以及应急预案、应急救援等。如同"扁鹊三兄弟看病"的典故：扁鹊长兄治病，是治病于病情发作之前；其中兄治病，是治病于病情初起之时；而扁鹊治病，是治病于病情严重之时。作为生产过程最为严重的事故类型，粉尘爆炸直接威胁到工作人员的生命安全，在国家"安全第一、预防为主、综合治理"的安全生产管理基本方针下，粉尘爆炸事故永远都是以"预防为主"为原则的，如何"治病于病情发作之前"将爆炸防患于未然是建立安全生产体系的基本宗旨。此外，在技术处理难度上，粉尘爆炸的预防措施比爆炸过程的控制更加具有可行性和有效性。

6.2.1　爆炸的预防

爆炸预防的原则是避免爆炸三要素（图 6-1）的"碰面"。对于制粉系统而言，其内部稀相输送过程的固气比一般介于 0.2～0.4，粉尘浓度大致介于 300～500g/m³，属于爆炸浓度最强的范围，且固气比属于制粉过程的工艺要求，这一因素无法避免，可以说制粉系统内部的粉尘云浓度已经构成了煤粉爆炸的因素之一。

图 6-1　爆炸三要素示意图

对于煤粉制备系统而言，粉尘浓度已经成为爆炸因素之一，那么如何控制系统氧含量及点火能就成为煤粉安全制备的关键。

6.2.1.1　氧含量的控制

独立的煤粉生产系统（区别于高炉喷吹、电厂等煤粉制备系统）在煤粉生产过程中，系统内作为输送煤粉的气流全部来源于外界大气，外界空气的氧含量为21%，系统内部消耗氧气的部分仅在热风炉。以陕煤化集团新型能源有限公司的煤粉制粉系统为例（如图 2-10 所示），对氧含量的控制水平做一个分析：

系统氧含量的公式可近似用下式表示（忽略了燃料燃烧后烟气对空气量产生的影响）

$$\text{系统}_{\mathrm{O}_2} = \frac{(Q_{\text{通风机}} - Q_{\text{水煤浆}})}{Q_{\text{通风机}}} \times 0.21 \times 100\% \qquad\qquad (6\text{-}3)$$

式中　$Q_{通风机}$——通风机排风量，m^3/h；

　　　$Q_{水煤浆}$——水煤浆燃烧消耗的空气量，m^3/h。

系统的风路图可用图 6-2 表示。

图 6-2　系统风路图

以系统监测的一组数据为例计算。

通风机入口温度：81.1℃；通风机入口风速：19.3m/s；管道截面积：1.13m^2；1t 浓度为 54.5% 的水煤浆完全燃烧所需要的理论空气量为 3900m^3。则有

$$Q_{通风机}=1.13×19.3×3600=78512.4m^3/h$$

转换成标况下的风量

$$Q_{通风机标}=78512.4×273/(273+81.1)=60530.6m^3/h$$

$$系统_{O_2}=\frac{(60530.6-3900)}{60530.6}×0.21×100\%=19.65\%$$

按照如上计算方法，则有表 6-1。

表 6-1　系统氧含量理论值与实测值对比

序号	温度/℃	通风机风速/(m/s)	通风机风量/(m³/h)	标况下风量/(m³/h)	系统氧含量理论值/%	系统氧含量实测值/%
1	81.1	19.3	78512.4	60530.6	19.65	17.5
2	80.2	19.66	79976.9	61816.8	19.68	17.5
3	78.5	15.31	62281.1	48371.9	19.31	17.4

为进一步降低系统氧含量，可采取以下措施：

(1) 减小助燃风机风量　在生产系统稳定时，原助燃风机频率为 12Hz，降至 5Hz，检测系统氧含量，观察其变化情况。最后停止使用助燃风机，检测系统氧含量，观察其变化情况。检测数据如表 6-2 所示。

表 6-2　不同助燃风机频率下各管道氧含量测量值

氧含量　　　　频率管道名称	12Hz	5Hz	0Hz
热风主管道	15.2%	14.2%	13.7%
立磨入口	17.2%	17%	16.5%
循环风主管道	18.2%	17.9%	17.8%

从表 6-2 数据可以看出降低助燃风机频率或者停止使用（靠系统负压产生自吸），对降低系统氧含量有明显的效果，但是效果有限。

（2）减少收尘器漏风　对袋收尘（布袋收尘器）的漏风进行了处理。处理前后系统氧含量数据如表 6-3 所示。

表 6-3　处理漏风前后系统氧含量变化情况

氧含量	处理前	处理后
热风主管道	14.9%	14.5%
立磨入口	17.8%	17.2%
循环风管道	18.4%	17.9%
氧含量	处理前	处理后
热风主管道	14.2%	14%
立磨入口	17.2%	17.1%
循环风管道	17.7%	17.5%

从表 6-3 数据得出，袋收尘密封后，相应地降低了系统的氧含量，但是降低量有限。

（3）增加系统循环风量　在生产系统稳定时，调整风机后阀门，增加循环风量来降低系统氧含量。调整前后氧含量数据如表 6-4 所示，可以看出，调整循环风量可以降低系统氧含量，但随着循环风量的增加，热风炉的负压逐渐减小，立磨至袋收尘压差逐渐上升，系统总风量逐渐减小，将导致系统风阻的增加、粉体风送能力下降。因此此方法控制系统氧含量有限。

表 6-4　系统循环风量对氧含量的影响

风机后阀门开度/%	立磨入口氧含量	烟囱出口氧含量	系统总风量/(m³/h)	热风炉负压/Pa	立磨入口负压/Pa	袋收尘出口压力/Pa	立磨至袋收尘压差/Pa
54.5	16.8%	17.7%	120290	−147	−1313	−5337	4024
50.2	16.6%	17.6%	116751	−118	−965	−5044	4079
48.5	16.5%	17.5%	111261	−96	−914	−5038	4124

以上三种方法都可以降低系统氧含量，但是降低量有限。总体来说，对于负压气力输送系统，0.2~0.4 的固气比例决定了系统中的风量值范围，而热风炉燃料所消耗的氧气有限，因此无法使系统氧含量降低至小于 12% 的安全范围。此外，若采用惰性气体，分子筛型制氮系统的制氮量最多在每小时千立方级别，对于每小时 10万立方级的输送风量级来说，对氧含量的影响微乎其微，且增加了生产成本。

采用锅炉烟气作为煤粉制备系统气源是一种降低系统氧含量的设计思路，适用于煤粉自供的供热站或使用工业煤粉锅炉的企业。天津津能集团华苑供热所便独创性地首次采用锅炉-制粉一体化设计，可将制粉系统氧含量最低控制在 8%，为本安型制粉系统的设计提供了新的思路。该项目有 5 台 58MW 的煤粉锅炉，锅炉产生的低氧含量烟气为制粉系统提供了充足的输送风源，如图 6-3 所示。该系统自 2016 年运行以来，运行平稳，氧含量水平为 8%~12%，煤粉产品指标稳定，空气污染物控制达标，是新型市政集中供热的示范。

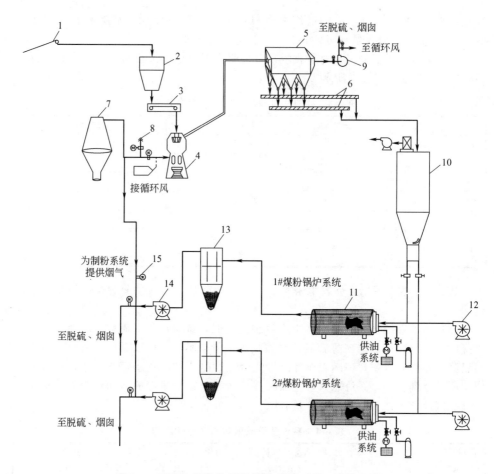

图 6-3　天津华苑供热项目制粉-锅炉系统工艺流程图

1—输煤皮带；2—原煤缓冲仓；3—称重给煤机；4—磨机；5—布袋收尘器；
6—螺旋输送机；7—热风炉；8—冷风门；9—通风机；10—煤粉仓；
11—煤粉锅炉；12—罗茨风机；13—除尘器；14—风机；15—风门

6.2.1.2　生产系统点火能的控制

对于煤粉生产系统而言，系统内部点火能产生的因素可归纳为煤粉的自燃、热风炉带入磨机的未燃尽燃料形成的火星、电弧及电火花、摩擦所产生的火花。这四类形成煤粉爆炸点火能的因素中，第一类即煤粉的自燃是煤粉区别于其他粉体的属性，也是煤粉厂爆炸事故的主要原因。防止煤粉自燃是一件系统性的工作，包含了煤粉系统的设计、相关参数的监控、生产的管理等环节。虽然防止煤粉自燃涉及较多的环节，却是可以完全预防的，本节将着重从这些相关环节来介绍煤粉自燃的预防。

6.3 煤的自燃

6.3.1 煤的自燃机理

煤的自燃倾向性是煤的内在属性，为众多学者证实并认同的是煤氧复合作用学说，即煤的自燃是因为空气中的氧在常温下与煤相互作用产生热量聚集而引起的。这种与氧的相互作用主要是因为煤中的碳化合物氧化造成的。其包括煤氧物理吸附、煤氧化学吸附、煤氧化学反应。

基于煤自燃的氧化理论，国家标准 GB/T 20104—2006《煤自燃倾向性色谱吸氧鉴定法》以煤的吸氧量为标准将煤的自燃倾向性划分为三个等级。

以每克干煤在常温（30℃）、常压（$1.013×10^5$ Pa）下吸氧量作为分类的主要指标，煤的自燃倾向性等级分类指标如表 6-5、表 6-6 所示。

表 6-5　煤样干燥无灰基挥发分 V_{daf}＞18％时自燃倾向性分类

自燃倾向性等级	自燃倾向性	煤的吸氧量 V_d/(cm³/g)
Ⅰ类	容易自燃	V_d＞0.70
Ⅱ类	自燃	0.40＜V_d≤0.70
Ⅲ类	不易自燃	V_d≤0.40

表 6-6　煤样干燥无灰基挥发分 V_{daf}≤18％时自燃倾向性分类

自燃倾向性等级	自燃倾向性	煤的吸氧量 V_d/(cm³/g)	全硫 S_Q/%
Ⅰ类	容易自燃	V_d≥1.00	≥2.00
Ⅱ类	自燃	V_d＜1.00	
Ⅲ类	不易自燃		＜2.00

具有自燃倾向的原煤发生自燃还需要具备 3 个条件：煤（或煤粉）需呈堆积状态；连续通风供氧以维持氧化过程；热量积聚无法及时消散导致温度持续上升，最终达到煤的燃点而自燃。

6.3.2 煤自燃的过程

当煤炭具备自燃条件时，煤的自燃才开始发生，如图 6-4 所示，其过程一般分为三个时期：准备期（又称潜伏期），自热期，燃烧期。

煤自燃的准备期即煤的低温氧化过程，又称潜伏期。准备时间的长短取决于煤的变质程度和外部条件，如褐煤几乎没有准备阶段，而烟煤则需要一个相当长的准备过程。潜伏期的特征是：具有自燃倾向性的煤炭与空气接触后，吸附氧而形成不稳定的氧化物，或称含氧的游离羟基（—OH）、羧基（—COOH）等，氧化放出的热量很少，能及时散出，初期即检测不到煤体温度的变化。

经过潜伏期后煤氧化速度增加，不稳定的氧化物先后分解成水、二氧化碳和一氧化碳。氧化产生的热量使煤温上升，当温度超过临界温度 60～80℃时，煤温急剧增加，氧化加剧，煤开始出现干馏，生成碳氢化合物（C_mH_n）、H_2、CO、CO_2 等气体，煤呈炽热状态，当达到燃点以上时便会燃烧。这一阶段称为煤的自热阶段，又

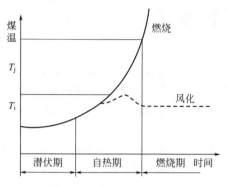

图 6-4　煤的自燃发火期

称自热期。该阶段煤的热反应比较明显，使用常规的检测仪表就能检测到自燃产生的各种化学反应物质，甚至能被人的感官感觉到。该阶段对于煤自燃的火灾防治是极为重要的，因而可以针对性地采取各种措施使煤在自热期产生的热量能够充分地释放出来，就可以有效地遏制煤由自热期向燃烧期的过渡。

　　煤进入自热期后有两种可能：一种是煤温持续上升到燃点而导致自燃；另一种是由于外界条件的变化导致热量不可能聚积，使煤体温度降下来，或者空气中氧含量降低，氧化过程逐渐终止，煤将不可能发展到自燃阶段，而进入风化阶段。自热期的发展很有可能使煤温上升到燃点导致自燃。煤的燃点因煤种不同而异，含氧量为 21% 时，无烟煤着火温度为 400℃，烟煤着火温度为 320～380℃，褐煤着火温度为 210～350℃。煤着火温度的测量可参考 GB/T 18511—2001《煤的着火温度测定方法》。

6.3.3　煤自燃发火中试平台

　　国内外对煤自燃已有较多研究，但煤自燃发火过程影响因素复杂，周期较长，受实验条件的限制，一直以来缺乏较全面、有效的实验手段。利用大型实验装置模拟煤自燃过程和测试煤自燃发火时间，可以有效地预测煤炭自燃火灾事故。

　　西安科技大学徐精彩首次提出煤氧复合多级反应模型及每级反应的热效应，建立了煤自燃的微观反应与宏观放热强度的关联性，解决了煤低温自燃的氧化性和放热性定量计算方法，建立了煤自然发火的力学、数学模型，创建了煤自燃危险区域判定理论。为了模拟煤自燃的全过程，结合现场实际情况，徐精彩教授于 20 世纪 80 年代末创建了国内第一台煤低温自然发火实验台，装煤量 0.85t。这个实验台采用环境相似模拟、依靠煤自身氧化放热、引起煤体升温最后导致自然的方法，首次解决了煤层自然发火期测定的世界性难题。可以对煤低温阶段的自燃过程进行模拟，并取得了大量的研究成果。这个实验台已为国内 70 多个煤层进行了自然发火期测试和现场预测，其结果全部被采用。20 世纪 90 年代，在此基础上又建设了一系列的煤自然发火实验台，装煤量分别为 0.4t 和 1.5t。该项实验的关键技术已在国内主要煤炭科研单位、大专院校和大型煤矿企业应用，并建立了多个实验台，于 2002 年在兖州矿区建造了装煤量 15t 的特大型自然发火实验台（ZRM-15 型）。

　　实验装置由炉体、气路及控制测试三部分组成。

（1）炉体结构　炉体呈圆柱形，最大装煤高度 150cm，内径 120cm；顶、底部分别留有 10~20cm 自由空间，以保证进、出气均匀，顶盖上留有排气口；由保温层和外层煤温的控温水层使炉内煤体处于良好的蓄热环境下，该水层中装有电热管及进气预热紫铜管，在炉体中心轴处同时设有取气管。炉体顶、底部均有气流缓冲层，使气流由下向上均匀通过实验煤体，空气经控温水层预热，使之与所创造的煤自燃环境温度相同，然后从炉体底部送入。炉内布置了 176 个测温探头和 40 个气体采样点。实验台炉体外形如图 6-5 所示，结构示意图如图 6-6 所示。温度测点分布如表 6-7 所示。

图 6-5　煤自燃发火实验台炉体外形图

表 6-7　实验台各测点布置表

r/cm	0	15	30	45	备　注
Z/cm	测点号	测点号	测点号	测点号	
150	41	42	43	44	
135	37	38	39	40	
120	33	34	35	36	
105	29	30	31	32	
90	25	26	27	28	$r=0$cm 是炉体中心轴，$r=60$cm 处是炉边，中心轴的底部 0 为坐标原点
75	21	22	23	24	
60	17	18	19	20	
45	13	14	15	16	
30	9	10	11	12	
15	5	6	7	8	
0	1	2	3	4	

（2）气路系统　气体由空气压缩机提供，通过流量控制阀、浮子流量计进入湿度控制箱，使风流湿度与箱内水层的湿度相同，同时气流中含有与湿度调节箱温度

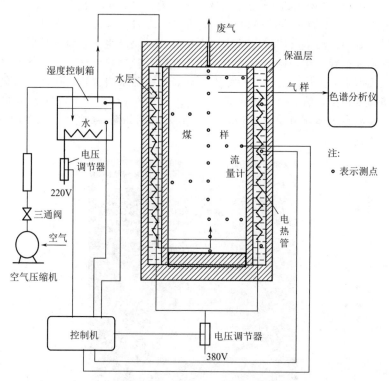

图 6-6　煤自燃发火实验台结构示意图

相同的水蒸气，湿度调节箱出口的风流流经水层中紫铜管预热，使风流温度与煤体环境温度相同，这样，进入煤体的风流湿度及温度均得以控制。之后气流由炉体底部通过碎煤，从顶盖出口排出。在取样测点抽取气样，进行气相色谱分析。实验炉内温度巡检、环境温度控制和湿度控制均由工业控制机自动完成。气路系统流程如图 6-7 所示。

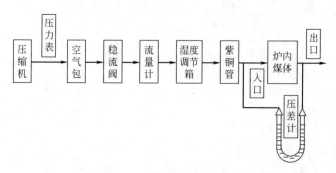

图 6-7　气路系统流程图

（3）测试系统　采用人工采集气体法得气样数据。炉内用 $\phi 2mm$ 不锈钢管，炉外部接 $\phi 3mm \times 2mm$ 的耐高温聚四氟管。采集时，实验人员通过取气袋或者针管缓慢而平稳地抽取炉内的气样，送至气相色谱仪分析气体成分和浓度，并保存分析结果。气样分析系统选用 SP3430 气相色谱仪。

该自动气相色谱仪采用组合式整体结构，主要由双柱箱专用气相色谱仪、自动取样器、色谱数据处理工作站组成。取气→分析→检测→报告打印全过程由微机控制，自动监测实验台中各测点的气体变化情况。

每天检测各取气测点的气体变化情况，主要监测的参数有：O_2、CO、CO_2、CH_4、C_2H_6、C_2H_4、CH_2、N_2 等八种气体的浓度。并通过微量气体浓缩吸附装置，使气相色谱仪对乙烯等指标气体的最小检知浓度扩大 10～20 倍。图 6-8 为某神府煤发火期升温曲线与拟合曲线。

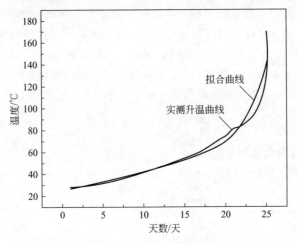

图 6-8　某神府煤发火期升温曲线与拟合曲线

6.4　煤粉防自燃的研究

6.4.1　煤粉自燃临界厚度

原煤研磨成为煤粉的过程中，比表面积增大了上万倍，使得煤表面与空气中的氧气接触更加充分；新生的煤粉表面活性进一步增大，更易发生氧化放热；此外，烘干后的煤粉水分进一步降低，促进了煤粉的温度蓄积。因此，煤粉相比原煤，自燃倾向性进一步增强。据笔者经验，通过立磨系统研磨后的堆积煤粉暴露于新鲜空气中最快在数小时内便可发生自燃。

对煤粉自燃特性的研究是预防煤粉自燃措施的基础。煤粉与原煤的自燃条件一样：①煤粉需呈堆积状态；②连续通风供氧以维持氧化过程；③热量积聚无法及时消散导致温度持续上升最终达到煤的燃点而自燃。在一定温度下，煤粉堆积的厚度将成为煤粉氧化放热与自然散热相互"博弈"的决定性因素：煤粉堆积厚度较小，煤粉散热大于氧化放热，煤粉将不会自燃；煤粉堆积厚度较大，煤粉氧化放热大于自身散热，煤粉热量将积蓄，温度超过煤粉燃点而导致自燃。因此，在一定温度下，理论上存在一个自燃临界厚度，大于这个厚度，煤粉自燃；小于这个厚度，煤粉不会自燃。

Bowes 和 Cameron 于 1985 年提出金属网篮法测试煤的自燃临界厚度：将煤样装

入一定形状的金属网篮，将金属网篮置于可维持一定环境温度的加热炉中，实时监测样品内部温度。通过多次测试，确定具有特定尺寸的样品自燃所需的最低环境温度。用同一形状但尺寸不同的篮子对煤样进行一系列测试，可确定样品自燃的临界尺寸。并且根据 Frank-Kamenetskii 模型，还可以确定固体自燃过程中放热反应表观化学动力学参数的基础。

Chen X-D 等人将实验样品放在金属网篮中，置于可提供恒温环境的加热炉中进行实验，采用两个温度传感器检测样品温度，一个置于样品中心，另一个放在离中心几毫米处。改变条件，当样品中心附近温度梯度为 0 时，样品放热量全部用于温度升高。建立该过程的热平衡方程，可以根据实验数据测算实验样品氧化放热反应的动力学参数。该方法比金属网篮法测试工作量减少，已被广泛应用。

煤粉自燃本质上是煤粉氧化放热（Q_1）与煤粉散热（Q_2）的平衡过程。当 $Q_1 > Q_2$ 时，热量在煤粉中不断累积，直至温度达到煤粉自燃临界温度为止。假设存在某一临界厚度，使得煤粉氧化放热与散热刚好处于平衡。计算基于氧化动力学方程

$$\rho c \frac{\partial T}{\partial t} = k \nabla^2 T + Q \rho A e^{-E/(RT)} \tag{6-4}$$

式中　ρ——煤样堆积密度，kg/m^3；

c——煤样比热容，$J/(kg \cdot K)$；

T——温度，K；

t——时间，s；

k——热导率，$W/(m \cdot K)$；

Q——反应热，J/mol；

A——反应频率因子，s^{-1}；

E——表观活化能，J/mol；

R——通用气体常数，取 $8.314 J/(mol \cdot K)$。

以 Frank-Kamenetskii 理论模型为基础，通过稳态时式(6-4)中左边项为零，推导出煤粉自燃临界厚度公式

$$\Delta = \sqrt{\frac{\delta_c R T_a^2 k}{EQA\rho \exp[-e/(RT_{a,c})]}} \tag{6-5}$$

式中　Δ——无限大平板的半厚度，m；

δ_c——F-K 参数；

T_a——环境温度，K；

$T_{a,c}$——临界环境温度，K。

实验以图 6-9 装置为平台，调整恒温鼓风干燥箱温度至预定值，将煤样置于恒温箱，每隔 10min 记录煤样中心温度（T_c）和距离煤样中心 1cm（径向）处的温度值（T_1）。当 $T_c = T_1$ 时，导热项为 0，式(6-4)变为

$$\rho c \frac{\partial T}{\partial t} = Q \rho A e^{-E/(RT)} \tag{6-6}$$

对等式两遍取对数，得

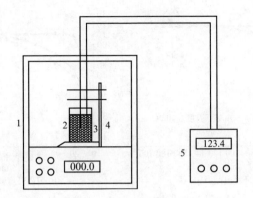

图 6-9 实验装置图

1—恒温鼓风干燥箱；2—多孔容器；3—Pt1000 温度探头；

4—温度探头固定架；5—温控仪

$$\ln\left(\frac{\partial T}{\partial t}\right)_{T=T_p} = \ln\frac{QA}{c} - \frac{E}{RT_p} \tag{6-7}$$

式中，T_p 为交叉点温度，K。通过计算 T_c 和 T_1 交点处升温速率，进一步拟合煤粉的 $-1000/RT_p$（能量单位转化为 kJ）与 $\ln\left(\frac{\mathrm{d}T}{\mathrm{d}t}\right)_{T=T_p}$ 线性关系，求出 E 和 QA，代入式(6-5)，计算出煤粉不同积储形式的自燃临界厚度。

实验煤粉选用陕煤新型能源有限公司煤粉产品，分析指标如表 6-8 所示。

表 6-8 煤粉工业分析指标

煤粉样品	煤粉工业指标				
陕煤新型能源煤粉产品指标	全水	内水	灰分	挥发分	发热量
	4.6%	1.5%	7.5%	31.0%	6600kcal/kg

按照上述实验方法对恒温环境温度 100～140℃共计 5 组数据处理如图 6-10(a)～(e)所示，计算 T_c 和 T_1 交点温度以及该处升温速率，绘制出图 6-10(f)。通过斜率和截距分别计算表观活化能 E 和 QA 值，经计算，E 值为 91.9775kJ/mol，QA 值为 9.27×10^{11} J/(kg·K·s)。

将上述 E、QA、δ_c（不同形状 δ_c 不同，无限大平面取 0.88、等高圆柱取 2.78）以及其他参数代入式(6-5)可算得半厚度值。

从图 6-10 分析可知：恒温环境为 110℃时，煤粉的氧化放热速率较慢；当恒温环境为 120℃时，持续 100min 后，煤粉的中心温度 T_c 在 118℃时超过 T_2 并迅速上升。这是因为煤粉中心温度在 100℃以上时，氧化放热速率呈指数形式增加，同时因煤粉的散热效果差，热量集聚在煤粉中心而导致自燃。

针对成品煤粉仓储形式和生产过程中管道输送和收尘器布袋积粉形式，大致可以归结为无限大平面和圆柱体两种形状，通过计算分别得到不同温度下煤粉的最大安全堆积厚度，见表 6-9 和表 6-10。

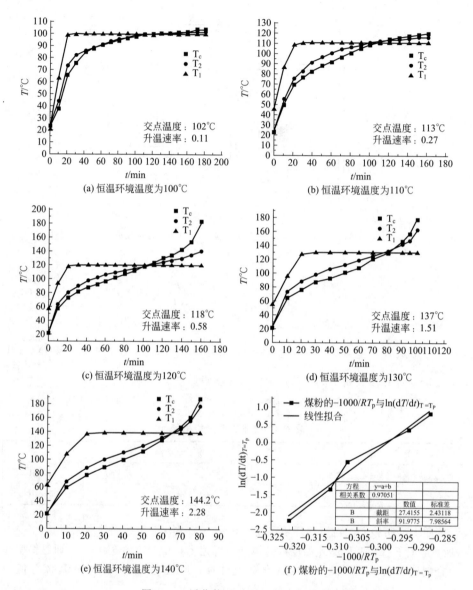

图 6-10　活化能 E 和 QA 的求解过程

表 6-9　圆柱体仓储形状在不同温度下的煤粉自燃堆积厚度

温度/℃	−20	−15	−10	−5	0	5	10
煤粉自燃堆积厚度/m	57.21	38.21	25.92	17.85	12.46	8.82	6.32
温度/℃	15	20	25	30	35	40	45
煤粉自燃堆积厚度/m	4.58	3.36	2.49	1.86	1.41	1.08	0.83
温度/℃	50	55	60	65	70	75	80
煤粉自燃堆积厚度/m	0.64	0.5	0.4	0.31	0.25	0.2	0.16

　　注：1. 收尘器温度在 75℃ 时，煤粉在布袋中堆积厚度超过 20cm 后容易发生自燃；2. 煤粉产品在室温超过 35℃ 时，不宜选择双层（假设煤粉装入吨袋后高度为 1.5m）叠放。

表 6-10　无限大平面形状在不同温度下的煤粉自燃堆积厚度

温度/℃	−20	−15	−10	−5	0	5	10
煤粉自燃堆积厚度/m	83.60	55.83	37.88	26.08	18.21	12.88	9.23
温度/℃	15	20	25	30	35	40	45
煤粉自燃堆积厚度/m	6.69	4.90	3.64	2.72	2.06	1.57	1.21
温度/℃	50	55	60	65	70	75	80
煤粉自燃堆积厚度/m	0.93	0.73	0.58	0.46	0.36	0.29	0.24

注：不同温度条件下设备或厂房内煤粉自燃堆积厚度可见本表。

由煤粉积粉自燃导致的生产事故近年已发生多起：

2015 年，沈阳某热力公司存储的 1000 多吨煤粉发生自燃，自燃原因为吨袋煤粉多层堆积导致内部煤粉氧化热量积聚，最终引发火灾。

2015 年，湖南某煤粉转运仓库发生煤粉自燃，导致厂房全部烧毁。

2015 年，神木某煤粉厂发生燃爆，致 2 人死亡。

2016 年，山东某制粉厂除尘器发生燃爆，鉴定原因为除尘器设计不合理，由内部堆积煤粉自燃引发。

2016 年，神木某制粉厂除尘器发生自燃，原因为除尘器内部积粉。

2016 年，河北邯郸某筑路公司煤粉仓发生自燃，原因为煤粉仓内长期积粉自燃。

2017 年，甘肃某煤粉厂除尘器发生自燃，原因为除尘器内部积粉。

以上是近几年煤粉自燃导致的安全事故的不完全统计，因煤粉堆积自燃甚至引发的燃爆都严重威胁着制粉企业的人员和财产安全。因此，从煤粉管理角度讲，建立一套针对制粉企业行之有效的积粉排查管理制度是保证煤粉安全生产的必然环节。

对于煤粉厂积粉的排查治理，基本思路首先要确定生产系统内部可能存在积粉的位置，进而根据具体情况对积粉进行周期性的清理，在相邻周期之间还要有监测手段。具体的管理措施在本章节后面会讲到。

6.4.2　煤自燃阻化剂的研究

阻化剂又称阻燃剂，是抑制煤氧结合、降低煤氧化活性以阻止氧化和防止煤炭自燃的化学药剂。

6.4.2.1　阻燃机理

阻燃剂是通过若干机理发挥其阻燃作用的，如吸热作用、覆盖作用、抑制链反应、不燃气体的窒息作用等。多数阻燃剂一般都是通过若干机理共同作用达到阻燃的目的。

（1）吸热作用　任何燃烧在较短的时间所放出的热量都是有限的，如果能在较短的时间吸收火源所放出的一部分热量，那么火焰温度就会降低，燃烧反应就会得到一定程度的抑制。在高温条件下，阻燃剂发生了强烈的吸热反应，吸收燃烧放出的部分热量，降低了可燃物表面的温度，同时有效地抑制可燃性气体的生成，阻止了燃烧的蔓延。

（2）覆盖作用　在可燃材料中加入阻燃剂后，阻燃剂在高温下能形成玻璃状或稳定泡沫覆盖层，隔绝氧气，起到隔热、隔氧、阻止可燃气体向外逸出的作用，从而达到阻燃的目的。

（3）抑制链反应　根据燃烧的链反应理论，维持燃烧所需的是自由基。阻燃剂可作用于气相燃烧区，捕捉燃烧反应中的自由基，从而阻止火焰的传播，使燃烧区的火焰密度下降，最终使燃烧反应速度下降直至终止。

（4）不燃气体的窒息作用　阻燃剂受热时分解出不燃气体，将可燃物分解出来的可燃气体的浓度冲淡到燃烧下限以下。同时也对燃烧区内的氧浓度具有稀释的作用，阻止燃烧的继续进行，从而达到阻燃的作用。

6.4.2.2　阻化剂种类

阻化剂一般分为以下几类：

（1）卤盐阻化剂　卤盐阻化剂主要有 $MgCl_2$、$CaCl_2$ 和 $NaCl$ 等。卤盐具有很强的吸水性，能使煤处于潮湿的状态，或形成水膜层隔绝了氧气，抑制煤的低温氧化。即使煤体发生了低温氧化，阻化剂所含的大量水分汽化吸热降温，减小了煤体的升温速率，抑制煤的自燃。

彭本信等使用 $MgCl_2$、$CaCl_2$、$ZnCl_2$ 等阻化剂对煤进行了阻化剂防火实验室试验，以活化能、活化中心等理论分析了阻化剂对各煤阶煤的阻化机理。刘吉波研究了 $MgCl_2$、$CaCl_2$ 等吸水盐类氯化物汽雾阻化剂的应用，得出经济高效的阻化剂浓度以 15％为宜。单亚飞等以 $MgCl_2$、KCl、$NaCl$ 为阻化剂进行了试验，得出煤的自燃过程阻化剂分别起到催化-阻化-催化作用。郑兰芳研究表明浓度高于 20％的 $MgCl_2$ 阻化剂阻化效果好，阻化率可达80％。

卤盐阻化剂由于其成本低，来源广泛，在煤矿防止煤层自燃的过程中被大量使用。

（2）铵盐阻化剂　铵盐阻化剂种类较多，主要有碳酸氢铵、磷酸二氢铵等。这些阻化剂热解过程是吸热反应，能够吸收煤自燃产生的热量。热解产生的气体氨气、二氧化碳可以稀释空气中的氧气，降低浓度，减小氧化反应速度。氯化铵和磷酸氢二铵不仅具有优良的吸湿性能，在自燃初期水分蒸发起到明显的降温作用，抑制煤自热的升温速率，而且能够捕获煤氧化链反应中的自由基，遏制煤的低温氧化。

这类阻化剂阻化效率不高，阻化过程是延长了着火时间，并未真正阻止煤的燃烧。

（3）碱类阻化剂　碱类阻化剂常用的为氢氧化钙。高硫煤（主要富含黄铁矿 FeS_2）易自燃，主要原因在于黄铁矿易发生水解自氧化循环反应，且放出热量；而氢氧化钙能中断高硫煤的自氧化反应循环。分别从化学阻化、物理阻化及负催化作用三个方面进行阻燃。

氢氧化钙阻化剂成本低，阻化率高，但由于溶解度小，易出现堵塞现象，影响阻化效果；另外，氢氧化钙具有强腐蚀性，对设备材质要求较高。

（4）抗氧化类阻化剂　这类阻化剂有碳酰二胺（尿素）、硼酸二胺、磷酸二铵、防老剂 A、氨基甲酸酯等，主要是化学阻化作用。阻化剂与煤在低温下生成的活性分子和活性自由基发生化学反应，从而中断煤氧化反应的自由基反应链，达到阻止煤氧化自燃的目的。

一些学者研究了不同分散性的防老剂对煤的阻化效果，并与硼砂、磷酸二氢铵、氯化镁等其他阻化剂进行了比较和分析。

（5）复配型阻化剂 经过复配的阻化剂能够综合不同阻化剂的优势，达到更好的效果。杨运良等研究了防老剂和无机盐组合的复合阻化剂，表明复合阻化剂的阻化效果和阻化寿命均比单一阻化剂好。于水军等对 $MgCl_2$-抗氧剂 A 复合阻化剂的阻化效果进行了分析。司书芳等合成并研究了以阻燃剂 A、表面活性剂 AEC 和 $CaCl_2$ 为新型阻化剂的阻化效果。刘博等制备了煤/水滑石复合阻燃剂，利用水滑石分解吸热的特性，从而抑制煤炭自燃。

阻化剂以物理形态的不同还可分为液体型、粉体型、凝胶型、泡沫型等。不过上述各种阻化剂主要针对煤炭开采过程中的煤层自燃及原煤自燃防治。

6.4.2.3 煤粉自燃阻化剂

西安科技大学邵水源及其带领的科研团队针对陕煤集团新型能源公司煤粉产品特性，开发了一种由碳酸盐、铵盐、防老剂及卤化物构成的复合阻化剂。该复合阻化剂中碳酸盐分解吸热，可以降低煤粉温度，释放出二氧化碳等惰性气体，驱赶氧气，稀释了氧气浓度。在多种气体共存的情况下，二氧化碳更快地吸附于煤体表面，形成包裹层，进而对煤氧复合作用起到有效的阻化效果，抑制煤的氧化自燃。卤化物易潮解，可以吸收碳酸盐的分解产物，形成凝胶包裹在煤粉表面，隔绝氧气，可与煤分子发生取代作用和络合作用而生成稳定链环，增加了煤分子的稳定性，提高了煤与氧反应的活化能，抑制了煤分子的氧化断裂。煤粉在低温下与氧气发生作用产生活性分子和活性自由基，铵盐可与这些活性分子、活性自由基发生化学反应，消耗了煤表面的活性基团，降低了煤的氧化活性，从而中断煤氧化反应的自由基反应链。铵盐中的游离氨同时挥发出来，可与煤中—OH基发生反应，生成稳定的大分子，阻止氧化反应的继续。防老剂加速了煤氧化的链转移反应，使其形成稳定的物质，如将煤中的腐植酸等易燃成分化合成稳定的物质（如苯羧酸等），消除了自动催化作用。

选用该复合阻化剂与过氧化脲、碳酸氢铵、碳酰二胺、氯化铵阻化剂，添加量为煤粉质量分数的 0.5%。分别取不同的阻化剂与煤粉煤样于常温下混合均匀，装入自制的带有内衬的编织袋中，在煤粉中间部位放入温度测量设备。采用烘箱加热的方法将置于编织袋中的煤粉的起始温度加热至（70±1）℃，实验过程中始终保持煤粉的温度与外界环境温度相差1℃，以减小外界温度对实验效果的影响，并连续监测煤粉的温度，对 10kg 煤粉煤样进行实验测试，结果如表 6-11 所示。

表 6-11 不同阻化剂对煤粉的阻化效果

温度/℃ 种类 时间/d	复合阻化剂	过氧化脲	碳酸氢铵	碳酰二胺	氯化铵
0	69.1	69.2	69.2	69.3	69.0
2	60.2	59.8	63.5	62.6	64.1
4	54.4	53.6	56.9	55.8	59.0
6	50.0	48.7	53.4	52.9	54.4
8	46.1	43.5	48.0	47.3	47.6
10	41.4	40.2	44.7	44.1	45.0

续表

种类 温度/℃ 时间/d	复合阻化剂	过氧化脲	碳酸氢铵	碳酰二胺	氯化铵
12	37.8	36.3	40.9	41.6	42.6
14	36.1	35.5	38.7	39.6	40.6
16	35.3	35.1	36.8	37.9	39.8
18	35.2	34.9	36.6	37.3	38.9
20	35.1	34.5	36.2	36.8	37.8
22	34.9	34.4	36.2	36.7	37.7
24	34.9	34.5	36.4	36.8	37.9
26	34.9	34.7	37.5	37.0	38.9
28	36.7	36.1	38.9	39.1	39.7
30	38.9	38.0	40.1	40.9	42.4

由表 6-11 可知，煤样质量增加后，过氧化脲的阻化效果仍然为最好，其次为复合阻化剂。在 26d 后，煤粉温度也开始上升，其中过氧化脲温度略微上升，其次是复合阻化剂，其余温度均明显升高。考虑到工业应用中的成本因素，复合阻化剂为最佳配方。

表 6-12 为 10kg 煤样添加用量为 0.2％、0.4％、0.6％、0.8％、1％复合阻化剂时的实验结果。由表 6-12 可知，随着添加量的增加，阻化效果越明显。在 26d 后，煤粉的温度也上升，添加 0.2％的温度上升尤为明显，阻化剂用量为 1％时，温度略微上升。

表 6-12 阻化剂用量对煤粉的阻化效果

用量 温度/℃ 时间/d	0.2％	0.4％	0.6％	0.8％	1％
0	69.3	69.3	69.2	69.1	69.0
2	61.1	60.6	60.1	59.8	59.6
4	55.6	54.8	53.1	54.0	53.6
6	51.2	50.2	49.4	49.3	48.5
8	48.2	46.9	46.0	45.9	45.0
10	44.8	42.5	41.3	40.7	39.8
12	41.7	39.6	38.8	37.5	36.7
14	40.1	38.3	37.2	36.6	36.1
16	39.0	37.6	35.9	35.4	35.3
18	38.5	37.0	35.1	34.9	34.6
20	38.0	36.9	35.1	34.8	34.6
22	37.8	36.9	35.2	34.9	34.5
24	38.0	36.8	35.1	34.8	34.6
26	39.1	37.3	34.9	34.9	34.6
28	40.0	38.0	35.6	35.0	34.9
30	41.0	39.3	36.5	35.7	35.2

综上所述，考虑到阻化效果和经济成本两个因素，选用复合阻化剂，添加量为0.6%时，阻化剂在煤粉中可以起到较好的阻化效果，同时对产品的性能影响甚微。

借助大型自然发火平台，将煤粉（自然发火期<32d）与质量分数为0.6%的复合阻化剂混合均匀，模拟包装条件装入自然发火平台内，将煤粉加热至(70±1)℃左右，停止加热。在理想的条件下，即在实验过程中外界温度与煤粉中最低温度始终相差1℃，连续监测煤粉的温度，温度监测点选取煤粉的正中心及距中心位置上下左右各30cm处共5个点，1和5为上下监测点，2和4为左右监测点，3为煤粉正中心监测点。时间6个月，通风量0.1~4m³/h。

从表6-13中可知，底部温度及顶部温度下降明显快于中间部分温度，而中心温度下降则最慢。到达50d后，煤粉中温度在35℃附近波动，持续时间长达两个月左右。在110d后，阻化剂分解的惰性气体被空气大量地带走，煤粉开始缓慢氧化，温度开始上升；180d时，温度上升到44.5℃左右，仍处在潜伏期，未发生自燃。因此，通过中试实验可知，添加0.6%的阻化剂后，对煤粉起到较好的阻化效果。

表 6-13　实验平台中不同点的温度

时间/d ＼ 测点　温度/℃	1	2	3	4	5
0	69.5	69.4	69.0	69.3	69.5
2	65.2	65.7	65.4	65.6	65.0
4	61.7	61.9	62.0	61.8	61.9
6	58.9	59.2	59.8	59.1	59.0
8	57.1	57.8	58.2	57.8	57.3
10	56.0	56.3	56.9	56.1	56.1
12	54.1	54.7	55.2	54.8	54.3
14	52.1	52.8	53.5	52.7	52.0
16	50.7	51.4	52.0	51.3	50.8
18	49.4	50.0	50.5	50.0	49.5
20	47.6	48.3	48.8	48.1	47.8
30	42.3	43.2	43.9	43.3	42.3
40	37.5	38.4	39.4	38.6	37.6
50	34.5	35.1	35.9	35.0	34.3
60	34.4	34.9	35.3	34.9	34.4
70	34.6	34.8	35.2	34.6	34.5
80	34.6	34.7	35.1	34.8	34.5
90	34.5	34.8	35.3	34.7	34.6
100	34.5	34.8	35.2	34.7	34.5
110	34.6	34.8	35.2	34.8	34.6
120	34.6	34.7	35.3	34.7	34.6

续表

温度/℃ 时间/d	测点 1	2	3	4	5
135	36.5	36.6	36.9	36.7	36.6
150	39.0	38.7	38.8	38.9	39.2
165	42.2	41.4	41.3	41.2	42.1
180	44.8	44.2	44.0	44.1	44.9

煤粉阻化剂在实验层面展示出较好的效果，在实际工业化过程中还要考虑煤粉与阻化剂的匀化问题等，其具体的效果还有待进一步扩大化的工业试用。

6.5　热风炉未燃尽火星的防治

6.5.1　预防火星入磨的措施

6.5.1.1　热风炉与磨机的距离

对于"一步法"烘干的磨粉系统，原煤在立磨研磨的过程中同时被来自热风炉的热风烘干。考虑到生产成本因素，热风炉往往采用煤基燃料，如煤粉、水煤浆及流化床燃烧形式。采用煤基燃料可能会存在在热风炉炉膛未完全燃烧的煤粒（火星）随热风进入立磨系统内的情况，从而对安全生产造成威胁。

煤粒的火星本质上属于未完全燃尽的煤粉颗粒。煤粉燃烧过程中，焦炭是主要的可燃质，焦炭的燃烧占煤粉燃烧过程的大部分，煤粉炉的燃尽率主要看焦炭的燃尽程度。对于煤粉动力燃烧过程，煤粉燃烧时间可用下式表示

$$\tau = \frac{\rho_m r_0}{\beta C k} \tag{6-8}$$

式中　τ——煤粉颗粒燃尽时间；

　　　ρ_m——煤粉颗粒密度，取 $1.4 \times 10^3 \, kg/m^3$；

　　　r_0——煤粉中最大粒径，以 $D_{50} = 30 \mu m$ 的煤粉为例，其最大粒径取 $180 \mu m$（粒度分布仪测试结果）；

　　　β——燃烧速度影响因子，假设炭燃烧后的产物为二氧化碳，取 $\beta = 0.375$；

　　　C——煤粉燃烧环境氧含量，燃烧过程氧含量取 16%；

　　　k——煤粉燃烧（反应）速度常数，前苏联学者对不同煤的 k 值做了大量的研究，莎加诺娃和阿列菲也夫得出烟煤 $k = 1.95$。

按照上述给定条件，可求得 $180 \mu m$ 煤粉的燃尽时间为

$$\tau = 2.15 s$$

为了避免未燃尽的煤粉随热风进入磨机，煤粉的燃尽时间对热风炉与立磨系统之间的烟道长度提出了要求：

假设热烟气风速为 $12 m/s$，基于上述条件，则要求热风炉与立磨系统之间的烟道长度（理想直管道，并忽略火星与管道内壁的碰撞摩擦）至少要大于

$$L = 2.15 s \times 12 m/s = 25.8 m$$

为了避免热风炉未燃尽火星随热风进入磨机，从工艺设计角度，甚至热风炉所用煤粉燃料的粒度分布都要综合考虑。

6.5.1.2　旋风除尘器

在热风炉与立磨之间加装旋风除尘器也是很好的措施，旋风除尘器不仅适用于高温环境，而且具有收集高温灰渣的作用（图 6-11）。陕煤集团新型能源公司煤粉制备系统的生产参数表明，每小时消耗量大约为 900kg 的水煤浆热风炉，旋风除尘器每小时的收灰量在 10kg 左右，收灰量超过 20%，收灰效果显著。旋风除尘会引起系统风阻的增加，因此在加装旋风除尘器时，要充分考虑除尘器的额外风阻，以确定主风机的选型。

图 6-11　旋风除尘器用于热风炉后高温灰渣的收集

6.5.1.3　火花捕集器

火花捕集器的主要作用是采用物理阻挡的方式对高温火星进行阻隔，或增加火花在捕集器内的滞留时间，使火星燃烧殆尽。火花捕集器有多种结构形式：

（1）旋流式捕集方式　利用旋流式导流叶片引导烟气做旋转流动，将大颗粒火星粉尘与导流叶片或管道筒壁碰撞后熄灭。

（2）重力沉降式　用一根管道将烟气通至筒形沉降室的底部，然后烟气经过筒壁，将火花沉降下来，其余废气排至除尘器工序。

（3）百叶窗式　采用百叶窗结构对火星阻隔的一种简单阻隔方式。

此外，还有将几种结构结合起来的设计，如图 6-12 所示，壳体中部截面积大于进出风口的截面积，内径突然变大可降低火花在捕集器内的风速，从而降低火花速度；壳体内设置有几层捕捉网，捕捉网的孔径由前往后依次增大；捕捉网之间设有若干的隔板，隔板上设有通孔，各隔板的通孔是交错设置，在隔板上设有导流片，导引烟气并将粉体拦截捕集在隔板上，隔板叶片有一定的耐磨措施和恰当的旋转角度。

火花捕集器也必然会增加烟气的流动阻力，因此在选型火花捕集器时，要充分考虑压损对工艺过程的影响。

图 6-12　复合火花捕集器

6.5.2　火花的检测

火花探测仪（图 6-13）是一种能够探测到极小火花和炽热颗粒的具有高灵敏度的检测仪表。它的检测原理是采用光电原理进行测量，高温的火花主要以红外线的方式向外辐射，检测探头内的传感器可对红外线和部分可见光波段有极敏感的响应，能够探测火花发出的红外辐射及热源数量，并将信号放大后传输给控制柜。由于红外线波长较长，具有较好的衍射能力，因此处于粉尘的环境下也可以准确地探测到火花。

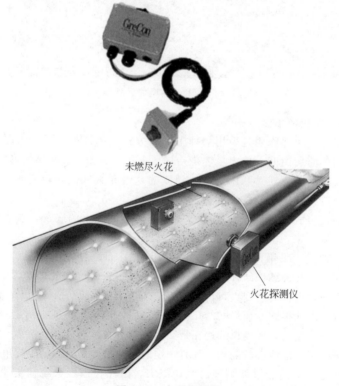

图 6-13　火花探测仪

为扑灭检测到的火花，可在火花探测仪后端联动自动喷水等灭火装置，具体需结合系统工况进行选择。

火花探测仪最早由德国格雷康公司研发生产，其本身是一家以设计和生产鞋楦为主营业务的企业，为防止鞋楦生产过程木材的起火，该公司研发出火花探测仪，之后逐渐被大量应用于木材、纺织、粮食输送等需要探测火花的领域。火花探测在煤粉安全制备过程中也提供了一种有效的检测手段，津能集团华苑供热所煤粉制备系统便首次将火花探测器应用于入磨前的高温烟道内部，对安全生产起到了很好的指导作用。

6.6　电弧、电火花的预防

生产电气设备产生的电弧和电火花的温度可达上千度，若暴露在粉尘环境中具有重大安全隐患。为规范粉体行业的电气使用安全，GB 12476.1～7—2013《可燃性粉尘环境用电气设备（1～7 部分）》将电气设备划分为本安型、外壳保护型、浇封保护型、正压保护型 4 类。这 7 部国标对可燃性粉尘环境用电气设备的相关要求进行了系统的阐述。

6.7　金属摩擦火花的预防

若原煤中含有铁屑、铁块等杂物，在随原煤入磨后，与磨辊、磨盘之间的摩擦会产生高温火花，造成安全隐患。此外，铁屑和铁块对磨机的磨辊、磨盘也会造成损伤。若铁块过大，导致磨机振动过大还会导致磨机跳停。因此，需在磨机的输煤皮带上方安装除铁器（图 6-14），以防止铁器杂物随皮带进入磨机。

图 6-14　输煤皮带上方的除铁器

6.8　泄爆

当爆炸发生时，为降低爆炸对人员、设备造成的损害，应针对不同的情况采取相应的防护措施，主要防护措施有爆炸的封闭、泄爆、抑爆、隔爆等。对于制粉系统而言，则主要采取泄爆的方式。

泄爆的主要目的是在爆炸发生时，通过打开预先设计的泄压口，释放压力、热量及燃烧和未燃烧的产物，防止压力进一步上升超过容器设计强度而造成更大的损害。泄爆主要采取泄爆门的方式，可参照 GB/T 15605—2008《粉尘爆炸泄压指南》设计。制粉系统中，除尘器、煤粉存储仓主要采用泄爆门进行泄爆。除尘器防爆门如图 6-15 所示。

图 6-15　除尘器防爆门

6.9　积粉的管理

以上对引起制粉系统爆炸的三要素从原理跟技术处理进行了介绍，对于粉尘浓度、氧含量和点火能而言，前文已经说到，粉尘浓度是制粉系统内无法避免的因素；氧含量只有在特殊的制粉系统内可以得到一定的控制；点火能因素中堆积煤粉的自燃是导致煤粉爆炸最常见的因素，积粉（堆积煤粉，下同）的治理是煤粉厂有别于其他工矿企业安全生产过程中的特殊环节，也是煤粉厂安全生产的核心环节。由于积粉对于制粉系统而言具有普遍性，且积粉的自燃具有不可预见性，因此也对积粉的日常管理带来了一定的难度，但是只要秉承"预防为主、防治结合"的指导思想，坚持科学的管理方法，针对具体制粉厂"量身定制"一套行之有效的积粉管理制度，持之以恒并严格落实，积粉自燃是完全可以避免的。

要对积粉进行有效管理，首先要摸清系统内部产生积粉的位置，进行定期清理。在清理周期内还要做好监控和惰化措施，此外还需制定具体的应急预案以处置积粉自燃。因此，"严抓积粉源头，加强过程监控，强化应急处置"是处理积粉的一个基本思路。

6.9.1　严抓"积粉"源头

表 6-14 为某煤粉厂生产系统积粉、积煤点梳理及处理办法。

表 6-14　某煤粉厂生产系统积粉、积煤点梳理及处理办法

序号	排查点	积粉部位	危害等级	排查方法	排查周期	预防措施
1	主收尘器	滤袋和灰斗	非常危险	①打开顶部盖板检查滤袋内部积粉情况；②打开灰斗检查口，检查人员进入内部查看拉筋、仓壁、布袋表面的积粉情况。(具体参照主收尘器检查办法)	①生产30h对收尘器的滤袋进行检查；②每月对灰斗进行检查	①对除尘器灰斗温度和CO含量进行在线监控；②每班生产中岗位人员对分格轮进行巡检；③生产完毕持续脉冲收尘器30min；④对破损的布袋及时更换
2	煤粉仓	仓壁和灰斗	非常危险	监控粉仓温度和CO含量	实时监控	①包装完毕对仓体流化，放空仓内积粉；②仓内存粉不超过48h；③长时间不生产每天启动包装机，查看是否有下料
3	输粉系统	螺旋输送机的底部和斗提机的底部	非常危险	打开盖板检查	每季度检查一次	①生产不连续，生产结束次日必须空转系统，防止煤粉积存；②生产期间岗位人员和值班人员要对输粉系统温度进行检测；③中控对输粉系统各点温度实时监控
4	磨机	磨机进风口	非常危险	打开检查口查看进风口是否有积粉	磨机1次排渣超过1车，要对进风口进行检查	①生产开始时给料均匀，每次加料量不超过1t；②控制系统的风量和负压，磨机严禁出现大量吐渣现象；③生产结束断料后磨机空转10min
5	辅助收尘器	布袋和灰斗	非常危险	打开盖板和检查口进行检查(具体参照非主收尘器检查办法)	每月检查一次	①岗位人员和值班人员每班要对收尘器表面温度进行检测；②巡检人员注意观察风机出口是否有煤粉喷出；③对破损的布袋及时更换
6	原煤缓冲仓	仓体	危险	料位监控、观察口用手电查看料位和仓壁是否有挂壁	每班检查	①合理安排生产，生产完毕放空缓冲仓；②长时间不生产，缓冲仓内存煤不可超出自然周期
7	原煤车间	原煤棚角落	危险	巡检查看积粉厚度，用测温枪监测温度	每班检查	①存煤不可超出自然周期；②每班对门口角落的煤粉进行清理；③每天对原煤温度进行监测；④原煤使用要"先进先用"；⑤长时间不生产要对原煤进行翻到防止内部积热

续表

序号	排查点	积粉部位	危害等级	排查方法	排查周期	预防措施
8	各岗位	卫生死角，管理薄弱环节（40m³ 仓顶部、包装车间、包装机底部、斗提机、皮带机尾、管螺旋底部）	一般	巡检查看积粉情况	每班检查	①岗位人员严格检查设备的密封情况，发现泄漏部位及时处理；②每班岗位人员清理本岗位的卫生，严格交接班制度，卫生不合格不交接班；③巡检人员每班要对各岗位死角进行检查，发现积粉立即处理

注：1. 以上要求生产时对输粉系统、磨机、辅助收尘器位置，岗位工每2h巡检一次。

2. 巡检需携带测温枪或红外成像仪。

6.9.2　加强过程监控

煤粉在缓慢氧化的过程中会释放出CO，CO浓度是检测煤粉氧化程度最有效的监测手段，若煤粉在封闭系统内发生自燃，则煤粉周边的CO浓度会超过$1000\mu L/L$，而正常情况下煤粉缓慢氧化释放的CO浓度不会超过$100\mu L/L$，CO浓度反映了煤粉的氧化程度。在生产中，一般把$50\mu L/L$作为CO浓度的警戒值，超过这个值，检测仪就会启动声光报警，根据情况需采取相应的应急预案。在线式CO检测仪见图6-16，便携式CO检测仪见图6-17。

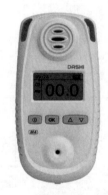

图6-16　在线式CO检测仪　　　　　图6-17　便携式CO检测仪

温度也是直接测试煤粉氧化程度的重要指标。相对CO而言，系统内温度检测属于点测量，并不能反映区域煤粉的整体温度，而且具有一定的滞后性。一般采用温度和CO相结合的方式来共同监测煤粉的氧化状况，CO和温度是监测煤粉自燃着火最直观、最关键的两个参数。

对于日常温度巡检而言，手持式红外成像仪（图6-18）是一种很好的测量工具，通过红外热成像的方式能够反映面的整体温度，有助于直观、快速地识别高温区域，对系统内高温检测、原煤温度日常巡检、煤粉产品日常巡检都有很大的帮助。

6.9.3　应急预案

应急预案是遏制事故发生的最后一道防线，也是这三个过程中要求最高的一环，应急预案的合理与否直接影响到对事故的处理结果，不同的制粉厂应结合自身的制粉工艺、设备类型与工况、厂房布局等客观因素结合实际制定相应的应急预案，从而保证应急预案的科学性。

图 6-18　手持式
红外成像仪

6.10　煤粉制备过程中常见火情的应急处置及防范措施

本节主要针对煤粉制备系统经常出现的火情类型，介绍对应的应急处置措施及预防这些火情出现的相关措施，这些措施仍然以"严抓积粉源头，加强过程监控"为主要思路，涉及系统的设计、安全监测系统及日常管理，只有将这三者综合起来，才能保证制粉系统安全有效地运行。当然，不同的制粉厂需根据自身情况建立自己的火情防范措施及应急预案，这里所讲到的应急措施希望能够对相关制粉企业起到参考作用。

6.10.1　磨机出现火情应急措施

6.10.1.1　磨机内出现火情现象

磨机内出现火情一般表现为排渣口排出燃烧的高温煤渣，同时磨机磨盘或周边区域温度显著高于日常。

6.10.1.2　应急措施

① 立即停止热风炉燃烧，同时抬起磨辊。

② 通知岗位人员撤出制粉车间至安全范围。

③ 停止通风机，打开系统磨机前冷风门，继续给料 1t（将已自燃的原煤或煤粉覆盖隔氧），停止称重给煤机，分离器不进行操作。

④ 停止煤磨收尘器，改为现场启动除尘器灰斗下方分格轮清灰，将灰斗内积粉输送至系统外部，避免积粉进入下一环节，注意清理过程不得产生扬尘。

⑤ 开启制氮系统，向煤立磨和煤磨收尘器中通入氮气。

⑥ 继续观察煤磨收尘器进出口和料斗温度变化（不得高于 $60℃$）以及收尘器出口和立磨出口 CO 值（不得高于 $50\mu L/L$），若有异常，则执行《煤磨收尘器事故应急预案》。

⑦ 待磨机温度降到常温及立磨内部 CO 含量值小于 $30\mu L/L$ 后，启动磨盘，将磨盘上的煤甩出排渣口，人工进行清理。

⑧ 被立磨甩出的煤采用红外成像仪探测温度，清理时注意高温煤渣引起烫伤。

⑨ 系统内温度及 CO 值都处于正常状态时，运转输粉系统，开启通风机进行拉风清理系统内积粉。

6.10.1.3　防范措施

① 防止原煤自燃（参照后文煤场自燃预防措施），禁止自燃原煤入磨。

② 热风炉入磨风温不得超过原煤燃点温度以下 50℃，防止高温热风导致的煤自燃。

③ 要定期检测立磨热风入口，防止立磨热风入口长期积煤导致的原煤自燃，若经常积煤，则需考虑对入口进行技改。

④ 防止热风炉高温灰渣和未燃尽煤颗粒火花入磨。

⑤ 防止原煤中铁屑、铁器等金属杂物入磨，造成金属摩擦高温起火。

6.10.2　煤磨收尘器自燃应急预案

6.10.2.1　煤磨收尘器自燃现象

煤磨收尘器出口 CO 值持续上升超过 $500\mu L/L$，煤磨收尘器灰斗温度上升（高于正常灰斗温度 10℃）。

6.10.2.2　应急处置方案

（1）操作一（停产期间）

① 关闭除尘器两侧联络门；

② 时刻关注收尘器灰斗和出口温度以及收尘器出口和立磨出口 CO 值；

③ 启动制氮系统，向煤磨收尘器注氮，观察收尘器内部氧含量，直到氧含量低于 12%，CO 值逐渐降低至 $30\mu L/L$ 以下，灰斗温度降低至日常温度；

④ 手动开启除尘器灰斗底部分格轮，把灰斗里的煤粉输送到外部（可收集至吨袋内部），并单独堆放、监测。

（2）操作二（运行期间）

① 立即停止热风炉燃烧，并组织现场岗位工和检修人员迅速撤离制粉车间至安全范围内；

② 停止热风炉的同时，停止通风机→停止磨机分离器→停止煤磨收尘器；

③ 切断磨机的原料煤供给（停止称重给煤机）；

④ 停止输粉系统，禁止煤粉由除尘器进入下一环节；

⑤ 停止通风机、磨机分离器后，通知立磨岗位人员立即对收尘器箱体喷放 CO_2 气体；

⑥ 关闭除尘器两侧联络阀门，开起制氮机，向收尘器箱体注入氮气，直到氧含量低于 12%，CO 值逐渐降低至 $30\mu L/L$ 以下，灰斗温度降低至日常温度。

6.10.2.3　防范措施

① 在保证产品指标的前提下磨机适量投料，控制出磨温度<75℃。

② 每次停机后，对收尘器进行 30min 以上的脉冲喷吹、拉风、输粉；如果不持

续生产，须间隔 24h 后进行二次脉冲、输粉操作，以此类推，重复不小于 3 次，确保安全。

③ 每次生产完毕，必须对收尘器料斗进行敲打探听，确保无积粉。

④ 定期打开料斗的检修口，对料斗进行检查（有无积粉、漏光等现象）。

⑤ 定期对防爆门进行开启、恢复关闭试验，确保防爆门能正常开启、恢复关闭以及检查防爆铝板的完好性。

⑥ 定期对温度探头、CO、氧含量等监测仪表进行校验。

⑦ 定期打开盖板检查除尘器布袋，发现有破损布袋，立即更换。

6.10.3　煤粉仓内少量煤粉自燃应急措施

6.10.3.1　粉仓煤粉自燃三种情况

① 粉仓内存有大量煤粉，粉仓 CO 浓度持续上升并超过 $300\mu L/L$，粉仓温度较正常生产的温度有上升趋势，可以判定物料已经出现异常；

② 粉仓内大量煤粉自燃；

③ 人为放空后粉仓中少量挂壁或堆积煤粉自燃。

6.10.3.2　应急措施

对于上述第一种情况，需在停止空气流化的情况下尽快卸料包装，放空粉仓，一方面防止煤粉自燃范围扩大，另一方面通过煤粉的流动形成对高温区的热交换，从而抑制自燃。对于第二种情况，目前尚无较好处理措施，因此需要在第一种情况出现之前就将煤粉自燃加以遏制。对于第三种情况而言，采取如下措施：

① 关闭所有可能进入空气的阀门，包括流化、送粉系统、入料阀门，保持粉仓相对封闭。

② 若要判断仓内自燃余料的具体位置，可将粉仓上部检修口打开，采用红外成像仪检测自燃余料大体位置并测定温度，注意要佩戴气体检测仪，应检测迅速，检测完毕迅速撤离，检测过程保持仓顶空气流动，防止 CO 中毒。

③ 启动制氮系统，向粉仓内注氮，注意应从粉仓下部注入，仓内气流会形成"烟囱效应"而向上流动。持续注氮，直到仓顶 CO 浓度降低至 $30\mu L/L$ 以下，若之前温度传感器温度有所上升，注氮后应恢复到日常温度。

④ 为确认仓内积粉熄灭，可采用红外成像仪重复②步骤，检测是否自燃区域温度恢复至周围温度。

⑤ 确认自燃隐患消除后，对粉仓进行正常进料、放料包装，将自燃区域的煤粉、灰渣随新入仓煤粉包装。

⑥ 若该粉仓频繁发生挂壁积粉自燃，说明仓壁内部存在积粉位置，应在停产后，清空仓体，对仓内产生积粉的位置进行技改处理。

6.10.3.3　防范措施

① 新仓使用之前，须使用石灰粉进料将仓内死角填充。

② 进仓物料，必须立即组织包装，减少物料在仓内滞留时间，滞留时长不得大于 3 日。

③ 每次放空仓后，间隔几小时后必须反复吹扫、卸料不少于 3 次，保证彻底清

空粉仓。

④ 无论仓内是否有料，需每日注氮，注入氮气时，必须关闭除尘器通风机，减少氮气外排。

⑤ 每个月对仓顶收尘器灰斗底部及布袋进行检查，查看有无积粉，并及时清理，布袋破损需及时更换。

6.10.3.4　煤粉仓的安全设计

① 粉仓设计的卸料倾角＞70°，仓体密封好，仓壁要求光滑，仓内无死角，避免煤粉聚集。

② 寒冷地区，仓体必须进行保温，防止产生冷凝水。

③ 粉仓设计，推荐仓内注入惰性气体，抑制煤粉氧化自燃。

④ 粉仓内部应设有监测装置，如温度探头、CO 监测探头等，以实时监测粉仓内部温度及 CO 含量。

⑤ 粉仓附近消防设施应齐全，仓内应配备 CO_2 灭火器，出现温度上涨或火源，可立即开启 CO_2 灭火装置。

⑥ 粉仓必须安装合适的防爆门。

如图 6-19 所示，该煤粉仓应同时装有仓体温度探头和仓顶温度探头，此外仓顶设有 CO 监测仪、防爆门及除尘器，注氮可从仓顶和流化管两个部位加注。

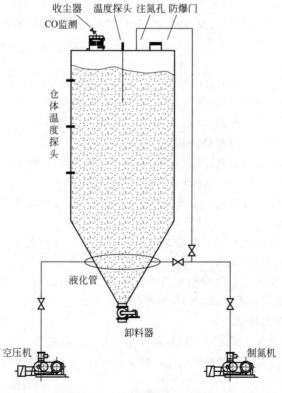

图 6-19　一种煤粉仓的设计

6.10.4　输粉系统中煤粉自燃应急措施

6.10.4.1　输粉系统煤粉自燃现象

输粉设备包括螺旋输送机、斗提机、气力输送仓泵以及各输粉管道、溜槽。一旦发现输粉系统有高温、自燃等异常，必须立即停机，禁止将异常物料输送至下一环节。

6.10.4.2　应急处置措施

① 发现异常后，急停设备，防止高温物料输送至下一工序。

② 密切观察系统内温度、CO 气体含量等参数变化。

③ 疏散与现场无关人员，组织人员穿戴好防护用品、气体检测仪及工具，进入事故现场，打开设备顶盖或检修口，确认异常点。

④ 对高温煤粉清理隔离掩埋，主要清理过程不得产生扬尘。

6.10.4.3　防范措施

① 系统首次生产前，研磨一次青石粉，使用青石粉预先填充输粉系统各积粉死角。

② 螺旋输送机机尾、传送螺杆连接处、仓泵底部、斗提机底部都是容易积粉的部位，需定期打开机盖对机体内的煤粉进行清理或者日常巡检温度情况。根据情况采取相应处理措施，如果温度偏高，必须进行清理。

③ 工作人员需根据巡检制度密切关注生产系统中各设备、管路的温度状况，发现温度异常，必须进行彻底检查。

④ 生产中，工作区域出现漏粉，立即清除，保持现场环境卫生良好。

⑤ 停机时，通风机、收尘器、螺旋机、斗提机等至少再运行 30min，待管路煤粉输送干净，滤袋清灰数遍，煤粉全部卸入成品仓后方可全线停机。

⑥ 不生产期间，需对输粉系统每日进行一次空载运转，将输粉系统内积粉进一步清除。

6.10.5　储煤场中煤炭自燃应急预案

6.10.5.1　储煤场煤炭自燃现象

煤场某区域明显高温，并带有冒烟和刺鼻 SO_2 气味。

6.10.5.2　应急处置措施

① 小范围自燃采用二氧化碳灭火器灭火。

② 大范围火源必须采用降尘、灭火、隔离的原则，携带 CO 气体监测仪，用消防管插入原煤着火部位注水灭火，同时开启消防喷淋装置有效降尘。

③ 铲车推开未燃原煤，防止自燃蔓延。

④ 火情控制后，安排铲车将原煤铺开降温。

6.10.5.3　防范措施

① 所储存的原煤必须遵照先进先用的原则，定期进行燃煤置换清理。

② 不同煤种须分类堆放、分区储存。

③ 依据原煤自然发火期为限，"以产储煤"。

④ 生产车间巡检人员，每天定时对原煤进行测温并记录，测温方式可采用红外

成像仪进行检测，检测温度不得大于周围温度10℃。

⑤ 煤堆两侧要预留排风通道和消防通道。

⑥ 储煤场内严禁烟火。

⑦ 喷淋装置应处于完好状态，水压大于0.3MPa。

6.10.6　包装袋自燃应急预案

煤粉的包装主要采用吨袋包装（图6-20），吨袋为双层包装，外层覆膜主要用于承重，内层薄膜用于隔绝空气，防止氧化自燃。底部设有卸料口。包装袋如果有破损或者扎口不严实等情况，煤粉与外界空气直接接触，长时间可能出现包装袋煤粉自燃现象。

图6-20　采用吨袋包装的煤粉

6.10.6.1　自燃现象

吨袋煤粉某区域明显高温，出现吨袋烧损破裂，并带有冒烟和刺鼻 SO_2 气味。

6.10.6.2　应急处置措施

① 立即对自燃的煤粉进行外运隔离处置，如叉车、电动葫芦等。

② 如果不能快速运走，必须使用沙土进行隔离，防止火势蔓延。

③ 烧损无法吊装的吨包煤粉，使用铲车来处置。

④ 禁止使用水流直射来灭火。

6.10.6.3　防范措施

① 对产品库房巡检制度，检查包装袋有无破损、温度异常（是否超过60℃）等情况。

② 包装过程不得损坏内层隔氧层。

③ 产品库房处需要电气焊作业时，必须审批安全措施，并严格按照安全措施要求进行作业。

④ 吨袋煤粉，最多采用双层叠放的形式，并且每隔5m须留间距为50cm的过道以便保持良好通风。

6.11 煤粉厂危险物质与生产过程危险源

6.11.1 煤粉厂危险有害物质

煤粉厂危险有害物质会直接或间接地对人体健康或生命造成威胁,因此需要梳理出这些危险有害物质,并建立相应的防范体系。

通过查阅《危险化学品名录》;《危险化学品安全技术全书》,周国泰主编,化学工业出版社出版;《新编危险物品安全手册》,化学工业出版社出版;《有害化学品安全手册》中国石化集团安全工程研究院等有关条文、文献,确定煤粉厂存在的危险有害物质见表 6-15。

表 6-15 煤粉厂危险有害物质一览表

物质名称	产生原因	存在部位	危规号	火灾危险性分类	危险有害特性
煤粉	煤粉制备	系统及厂房	—	乙类	火灾、爆炸
柴油	热风炉点火	热风炉	—	乙类	火灾、爆炸
一氧化碳	煤粉自燃、热风炉不完全燃烧	系统内部及密闭厂房	21005	甲类	火灾、爆炸、中毒窒息
乙炔	维修使用	维修区域	21024	甲类	火灾、爆炸
氧气	维修使用	维修区域	22001	乙类	窒息
氮气	制氮机	系统内部、储气罐	22005	—	窒息

6.11.2 生产过程主要危险源

参照《企业职工伤亡事故分类标准》(GB 6441—86)和《生产过程危险和有害因素分类与代码》(GB/T 13861—2009)的规定,综合考虑事故起因物、致害物和伤害方式,一般煤粉厂存在的危险有害因素除火灾爆炸外,还包括:机械伤害、起重伤害、中毒窒息、触电伤害、高处坠落、压力容器爆炸、车辆伤害、噪声危害、粉尘危害、高温危害等事故。

(1)机械伤害 煤粉生产设备及部件体积大、重量大、设备及管道空间布局复杂,现场工作过程可能会使人员受到撞伤。运动部件可能缠绕、碰撞、碰挂作业人员,如皮带、斗式提升机的链斗、磨机、风机等,造成人员机械损伤。

(2)起重伤害 起重伤害指从事各种起重作业时发生的机械伤害事故。起重机械通常具有以下特点:庞大的结构和较复杂的机构;吊运的重物多种多样,载荷变化较大;大多数需要在较大的范围内运行;暴露、活动的零部件较多,且与吊运作业人员直接接触;常常会在高温、高压、输电线路、易燃、易爆等复杂危险的环境中作业;作业中经常需要多人密切配合,共同进行一个操作等。煤粉在转运过程中,无论是起重作业的检修还是运行工序,吊具、吊重坠落等均可能造成人员的伤亡。

(3)中毒、窒息 在制粉系统中,能够引起中毒和窒息的主要是一氧化碳和氮气,两者的理化性见表 6-16~表 6-19,两者都是无色、无味气体,但吸入对人体有十分大的伤害。

表 6-16　一氧化碳的理化性质及危险特性

<table>
<tr><td rowspan="3">标识</td><td colspan="3">中文名:一氧化碳</td><td colspan="2">危险货物编号:21005</td></tr>
<tr><td colspan="3">英文名:carbon monoxide</td><td colspan="2">UN 编号:1016</td></tr>
<tr><td colspan="2">分子式:CO</td><td>分子量:28.01</td><td colspan="2">CAS 号:630-08-0</td></tr>
<tr><td rowspan="4">理化性质</td><td>外观与性状</td><td colspan="4">无色无臭气体。主要用于化学合成(如合成甲醇、光气等)及用作精炼金属的还原剂</td></tr>
<tr><td>熔点/℃</td><td>−199.1</td><td>相对密度(水=1)</td><td>0.79</td><td>相对密度(空气=1)　0.97</td></tr>
<tr><td>沸点/℃</td><td>−191.4</td><td colspan="2">饱和蒸气压/kPa</td><td>506.62/−164℃</td></tr>
<tr><td>溶解性</td><td colspan="4">微溶于水,溶于乙醇、苯等多数有机溶剂</td></tr>
<tr><td rowspan="4">毒性及健康危害</td><td>侵入途径</td><td colspan="4">吸入</td></tr>
<tr><td>毒性</td><td colspan="4">LD_{50}:无资料;LC_{50}:2069mg/m³,4h(大鼠吸入)</td></tr>
<tr><td>健康危害</td><td colspan="4">一氧化碳在血中与血红蛋白结合而造成组织缺氧。急性中毒:轻度中毒者出现头痛、头晕、耳鸣、心悸、恶心、呕吐、无力,血液碳氧血红蛋白浓度可高于 10%;中度中毒者除上述症状外,还有皮肤黏膜呈樱红色、脉快、烦躁、步态不稳、浅至中度昏迷,血液碳氧血红蛋白浓度可高于 30%;重度患者深度昏迷、瞳孔缩小、肌张力增强、频繁抽搐、大小便失禁、休克、肺水肿、严重心肌损害等,血液碳氧血红蛋白可高于 50%。部分患者昏迷苏醒后,约经 2~60 天的症状缓解期后,又可能出现迟发性脑病,以意识精神障碍、锥体系或锥体外系损害为主。慢性影响:能否造成慢性中毒及对心血管影响无定论</td></tr>
<tr><td>急救方法</td><td colspan="4">吸入:迅速脱离现场至空气新鲜处。保持呼吸道通畅。如呼吸困难,给输氧。呼吸心跳停止时,立即进行人工呼吸和胸外心脏按压术。就医</td></tr>
<tr><td rowspan="7">燃烧爆炸危险性</td><td>燃烧性</td><td>易燃</td><td>燃烧分解物</td><td colspan="2">二氧化碳</td></tr>
<tr><td>闪点/℃</td><td><−50</td><td>爆炸上限/%(体积分数)</td><td colspan="2">74.2</td></tr>
<tr><td>引燃温度/℃</td><td>610</td><td>爆炸下限/%(体积分数)</td><td colspan="2">12.5</td></tr>
<tr><td>危险特性</td><td colspan="4">是一种易燃易爆气体。与空气混合能形成爆炸性混合物,遇明火、高热能引起燃烧爆炸</td></tr>
<tr><td>禁忌物</td><td colspan="4">强氧化剂、碱类</td></tr>
<tr><td>储运条件与泄漏处理</td><td colspan="4">**储运条件**:储存于阴凉、通风的库房。远离火种、热源。库温不宜超过 30℃。应与氧化剂、碱类、食用化学品分开存放,切忌混储。采用防爆型照明、通风设施。禁止使用易产生火花的机械设备和工具。储区应备有泄漏应急处理设备。**泄漏处理**:迅速撤离泄漏污染区人员至上风处,并立即隔离150m,严格限制出入。切断火源。建议应急处理人员戴自给正压式呼吸器,穿防静电工作服。尽可能切断泄漏源。合理通风,加速扩散。喷雾状水稀释、溶解。构筑围堤或挖坑收容产生的大量废水。如有可能,将漏出气用排风机送至空旷地方或装设适当喷头烧掉。也可以用管路导至炉中、凹地焚之。漏气容器要妥善处理,修复、检验后再用</td></tr>
<tr><td>灭火方法</td><td colspan="4">切断气源。若不能切断气源,则不允许熄灭泄漏处的火焰。喷水冷却容器,可能的话将容器从火场移至空旷处。灭火剂:雾状水、泡沫、二氧化碳、干粉</td></tr>
</table>

表 6-17　乙炔的理化性质及危险特性

标识	中文名:乙炔(溶于介质的);电石气			危险货物编号:21024	
	英文名:acetylene(dissolved)			UN 编号:1001	
	分子式:C₂H₂		分子量:26.04	CAS 号:74-86-2	
理化性质	外观与性状	无色无臭气体,工业品有使人不愉快的大蒜气味			
	熔点/℃	−81.8	相对密度(水=1) 0.62	相对密度(空气=1)	0.91
	沸点/℃	−83.8	饱和蒸气压/kPa	4053/16.8℃	
	溶解性	微溶于水、乙醇,溶于丙酮、氯仿、苯		临界温度/℃	35.2
毒性及健康危害	侵入途径	吸入			
	毒性	LD₅₀:无资料;LC₅₀:无资料			
	健康危害	具有弱麻醉作用。急性中毒:接触 10%~20% 乙炔,工人可引起不同程度的缺氧症状;吸入高浓度乙炔,初期兴奋、多语、哭笑不安,后期眩晕、头痛、恶心和呕吐、共济失调、嗜睡;严重者昏迷、紫绀、瞳孔对光反应消失、脉弱而不齐。停止吸入,症状可迅速消失。慢性中毒:目前未见有慢性中毒报告。有时可能有混合气体中毒的问题,如磷化氢,应予注意			
	急救方法	吸入:迅速脱离现场至空气新鲜处。保持呼吸道通畅。如呼吸困难,给输氧。如呼吸停止,立即进行人工呼吸。就医			
燃烧爆炸危险性	燃烧性	易燃	燃烧分解物	一氧化碳、二氧化碳	
	闪点/℃	−32	爆炸上限/%(体积分数)	80.0	
	引燃温度/℃	305	爆炸下限/%(体积分数)	2.1	
	危险特性	极易燃烧爆炸,与空气混合能形成爆炸性混合物。遇明火、高热能引起燃烧爆炸。与氧化剂接触会猛烈反应。与氟、氯等接触会发生剧烈的化学反应。能与铜、银、汞等的化合物生成爆炸性物质			
	建规火险分级	甲	稳定性 稳定	聚合危害	聚合
	禁忌物	强氧化剂、强酸、卤素			
	储运条件与泄漏处理	**储运条件:**乙炔的包装法通常是溶解在溶剂及多孔物中,装入钢瓶内。储存于阴凉、通风的库房。远离火种、热源。库温不宜超过 30℃。应与氧化剂、酸类、卤素分开存放,切忌混储。采用防爆型照明、通风设施。禁止使用易产生火花的机械设备和工具。储区应备有泄漏应急处理设备。搬运时应轻装轻卸,防止钢瓶及附件破损。**泄漏处理:**迅速撤离泄漏污染区人员至上风处,并进行隔离,严格限制出入。切断火源。建议应急处理人员戴自给正压式呼吸器,穿消防防护服。尽可能切断泄漏源。合理通风,加速扩散。喷雾状水稀释、溶解。构筑围堤或挖坑收容产生的大量废水。如有可能,将漏出气用排风机送至空旷地方或装设适当喷头烧掉。漏气容器要妥善处理,修复、检验后再用			
	灭火方法	切断气源。若不能立即切断气源,则不允许熄灭正在燃烧的气体。喷水冷却容器,可能的话将容器从火场移至空旷处。灭火剂:雾状水、泡沫、二氧化碳、干粉			

表6-18　氧气的理化性质及危险特性

标识	中文名:氧(压缩的);氧气				危险货物编号:22001	
	英文名:oxygen(compressed)				UN编号:1072	
	分子式:O_2		分子量:32.00		CAS号:7782-44-7	
理化性质	外观与性状	无色无臭气体。用于切割、焊接金属,制造医药、染料、炸药等				
	熔点/℃	−218.8	相对密度(水=1)	1.14	相对密度(空气=1)	1.43
	沸点/℃	−183.1	饱和蒸气压/kPa		506.62/−164℃	
	溶解性	溶于水、乙醇		临界温度/℃		−118.4
毒性及健康危害	侵入途径	吸入				
	毒性	LD_{50}:无资料;LC_{50}:无资料				
	健康危害	常压下,当氧的浓度超过40%时,有可能发生氧中毒。吸入40%～60%的氧时,出现胸骨后不适感、轻咳,进而胸闷、出现胸骨后烧灼感和呼吸困难,咳嗽加剧;严重时可发生肺水肿,甚至出现呼吸窘迫综合征。吸入氧浓度在80%以上时,出现面部肌肉抽动、面色苍白、眩晕、心动过速、虚脱,继而全身强直性抽搐、昏迷、呼吸衰竭而死亡。长期处于氧分压为60～100kPa(相当于吸入氧浓度40%左右)的条件下可发生眼损害,严重者可失明				
	急救方法	如吸入,应迅速脱离现场至空气新鲜处,保持呼吸道通畅,如呼吸停止,立即进行人工呼吸,就医;皮肤与液体接触发生冻伤时,用大量水冲洗,不要脱掉衣服,并给予医疗护理;眼睛接触液体时,先用大量水冲洗数分钟,然后就医				
燃烧爆炸危险性	燃烧性	助燃	燃烧分解物		—	
	闪点/℃	—	爆炸上限/%(体积分数)		—	
	引燃温度/℃	—	爆炸下限/%(体积分数)		—	
	危险特性	是易燃物、可燃物燃烧爆炸的基本元素之一,与易燃物(如氢、乙炔等)形成有爆炸性的混合物;化学性质活泼,能与多种元素化合发出光和热,即燃烧。当氧与油脂接触则发生反应热,此热蓄积到一定程度时就会自燃;当空气中氧的浓度增加时,火焰的温度和火焰长度增加,可燃物的着火温度下降				
	建规火险分级	乙	稳定性	稳定	聚合危害	不聚合
	禁忌物	易燃或可燃物、活性金属粉末、乙炔				
	储运条件与泄漏处理	**储运条件:**储存于阴凉、通风的仓间内,仓内温度不宜超过30℃。防止阳光直射。应与易燃气体、金属粉末分开存放。验收时应注意品名,注意验瓶日期,先进仓先发用。搬运时应轻装轻卸,防止包装和容器损坏。**泄漏处理:**迅速撤离泄漏污染区人员至上风处,并进行隔离,严格限制出入。切断火源。建议应急处理人员戴自给正压式呼吸器,穿一般作业工作服。避免与可燃物或易燃物接触。尽可能切断泄漏源。合理通风,加速扩散。漏气容器要妥善处理,修复、检验后再用				
	灭火方法	用水保持容器冷却,以防受热爆炸,急剧助长火势。迅速切断气源,用水喷淋保护切断气源的人员,然后根据着火原因选择适当灭火剂灭火				

表6-19 氮气的理化性质及危险特性

<table>
<tr><td rowspan="4">标识</td><td colspan="2">中文名:氮(压缩的);氮气</td><td colspan="2">危险货物编号:22005</td></tr>
<tr><td colspan="2">英文名:nitrogen(compressed)</td><td colspan="2">UN 编号:1066</td></tr>
<tr><td colspan="2">分子式:NN_2</td><td colspan="2">分子量:28.01　　CAS 号:7727-37-9</td></tr>
</table>

<table>
<tr>
<td rowspan="4">标识</td>
<td colspan="2">中文名:氮(压缩的);氮气</td>
<td colspan="2">危险货物编号:22005</td>
</tr>
<tr>
<td colspan="2">英文名:nitrogen(compressed)</td>
<td colspan="2">UN 编号:1066</td>
</tr>
<tr>
<td>分子式:N_2</td>
<td>分子量:28.01</td>
<td colspan="2">CAS 号:7727-37-9</td>
</tr>
<tr>
<td rowspan="4">理化性质</td>
<td>外观与性状</td>
<td colspan="4">无色无臭气体</td>
</tr>
</table>

标识	中文名:氮(压缩的);氮气		危险货物编号:22005	
	英文名:nitrogen(compressed)		UN 编号:1066	
	分子式:N_2	分子量:28.01	CAS 号:7727-37-9	

理化性质	外观与性状	无色无臭气体			
	熔点/℃	−209.8	相对密度(水=1)	0.81	相对密度(空气=1)　0.97
	沸点/℃	−195.6	饱和蒸气压(kPa)		1026.42/−173℃
	溶解性	微溶于水、乙醇	临界温度/℃		−147

毒性及健康危害	侵入途径	吸入
	毒性	LD_{50}:无资料;LC_{50}:无资料
	健康危害	空气中氮气含量过高,使吸入气氧分压下降,引起缺氧窒息。吸入氮气浓度不太高时,患者最初感胸闷、气短、疲软无力;继而烦躁不安、极度兴奋、乱跑、叫喊、神情恍惚、步态不稳,称之为"氮酩酊",可进入昏睡或昏迷状态。吸入高浓度,患者可迅速昏迷、因呼吸和心跳停止而死亡。潜水员深潜时,可发生氮的麻醉作用;若从高压环境下过快转入常压环境,体内会形成氮气气泡,压迫神经、血管或造成微血管阻塞,发生"减压病"
	急救方法	吸入:迅速脱离现场至空气新鲜处。保持呼吸道通畅。如呼吸困难,给输氧。呼吸心跳停止时,立即进行人工呼吸和胸外心脏按压术,就医。皮肤、眼睛与液体接触发生冻伤时,用大量水冲洗,就医治疗

燃烧爆炸危险性	燃烧性	不燃	燃烧分解物		氮气
	闪点/℃	—	爆炸上限/%(体积分数)		—
	引燃温度/℃	—	爆炸下限/%(体积分数)		—
	危险特性	不燃,但在日光曝晒下,或搬运时猛烈摔甩,或者遇高热,容器内压增大,有开裂和爆炸的危险			
	建规火险分级	戊	稳定性　稳定	聚合危害	不聚合
	禁忌物	—			
	储运条件与泄漏处理	**储运条件:**储存于阴凉、通风的仓间内,仓内温度不宜超过30℃。防止阳光直射。验收时应注意品名,注意验瓶日期,先进仓先发用。搬运时应轻装轻卸,防止钢瓶及附件损坏。**泄漏处理:**迅速撤离泄漏污染区人员至上风处,并进行隔离,严格限制出入。建议应急处理人员戴自给正压式呼吸器,穿一般作业工作服。尽可能切断泄漏源。合理通风,加速扩散。漏气容器要妥善处理,修复、检验后再用			
	灭火方法	不燃,切断气源。用雾状水保持火场中容器冷却,可用雾状水喷淋加速液态蒸发,但不可使水枪射至液氮			

在制粉生产过程中，氮气主要用于系统内的防治煤粉自燃，CO 在粉仓、系统内部、煤粉产品库房都会因为煤粉的氧化过程而产生，因此在相对密闭空间作业过程中，要执行作业票制度，一定要携带气体分析仪（氧含量测试仪、CO 检测等），按要求严格操作。

（4）触电伤害　对于煤粉厂来说电气事故主要存在于变电所和现场各用电单元，变电所潜在的事故在一定条件下会造成诸如火灾、爆炸、人员触电，导致生产事故，造成设备和财产受损等后果。

电气设备火灾、爆炸事故在火灾和爆炸事故中占很大比例，仅就电气火灾而言，不论是发生频率还是所造成的经济损失，在火灾中所占的比例都有上升的趋势。配电线路、高低压开关电器、熔断器、插座、照明器具、电机、电热器具等电气设备均可能引起火灾。电力电容器、电力变压器等电气装置除可能引起火灾外，本身还可能发生爆炸。电气火灾火势凶猛，如不及时扑灭，势必迅速蔓延。除可能造成人员伤亡和设备损坏外，还可能造成大规模或长时间停电，给人身生命财产造成重大损失。

制粉厂的变配电站，属于危险性较大的要害部位，它直接影响整个项目的电气设备能否正常、安全地运行；不仅直接影响生产，而且还可能因意外故障造成设备毁坏、人身触电、电气引起火灾爆炸以及电击引起的二次人身伤害等。

（5）高处坠落　为了实现输送、储存、选粉、收尘、作业等生产需要，相应的设备、设施布置在不同高度建筑物和构筑物上。在生产运行中，人员巡检、岗位工作业、配件材料的起吊搬运、更换、库内物料清理使人在走道、爬梯、平台等高空进行作业。若防护措施不全或损坏、人员操作失误、室外天气影响，可能发生检修、巡检人员坠落事故。意外跌落的高空物件也可能对地面过往员工的安全造成威胁。

（6）压力容器爆炸　容器压力是指在密闭容器内单位面积器壁上所受到的气体分子的合作用力的量度。压力过高会导致设备破裂，甚至物理性爆炸。煤粉厂的空压系统及储气罐内的高压气体、热水锅炉系统中的高温高压水蒸气部位，应设置警告标识。压力容器应定期报检，对相关附属设备如安全阀、压力表进行定期校验。防止因容器、管道、仪表的损坏引发物理爆炸，造成财产损失、人员伤亡、停产等。

（7）车辆伤害　车辆在厂区道路上或生产区内因过错或者意外造成的人身伤亡或者财产损失的事件。包括叉车伤人或损坏财物及其他机动车辆在厂内伤人或损坏财物的情况。

（8）噪声危害　在作业环境中，由于劳动和生产性因素产生的噪声为生产性噪声。噪声是工业生产过程中可能对人体健康造成危害的一种常见有害因素，噪声可能对人体健康产生听力损伤、神经系统疾病等，此外噪声干扰信息交流，听不清谈话或信号，促使误操作发生率上升。

制粉厂噪声源主要是来自破碎、粉磨、输送等工序和空压机、鼓风机、锅炉风机、气轮机、发电机等设备。

(9) 粉尘危害　生产性粉尘是指在生产过程中形成的能较长时间漂浮在作业场所空气中的固体颗粒,直径一般为 $0.1\sim10\mu m$。生产过程中,有尘作业工人长时间吸入的粉尘,能引起肺组织发生纤维化为主的病变、硬化,丧失正常的呼吸功能,导致尘肺病。尘肺病是不可逆转的职业病,治疗只能减少并发症,延缓病情发展,不能使肺组织的病变消失。

粉尘是煤粉制备工艺中对职工产生危害的主要因素,在物料输送、粉磨等生产环节都有粉尘产生,尤其是包装机冒粉时,粉尘浓度较高。工人长期在高粉尘环境下工作,身体将会受到损害。

生产工人长期在粉尘污染的环境下工作,被吸入的粉尘会在体内长期沉积使肺脏功能受到不同程度的影响。

(10) 高温危害　高温是指在生产劳动过程中,其工作地点平均 WBGT 指数(湿球黑球温度,是综合评价人体接触作业环境热负荷的一个基本参量,单位为℃)等于或大于 25℃的温度。高温作业会使人的反应速度、运算能力、感觉敏感性及感觉运动协调功能明显下降,使劳动效率降低,操作失误率增加,甚至发生中暑。

高温环境还会引起烫伤,热风炉或磨机的热排渣处理不当可能会烫伤人员或引起火灾事故。在生产系统中的点火、热工仪表故障、工艺问题处理中,由于作业人员要贴近接触热源体,特别是热风炉点炉时,负压不稳易发生热气流喷射冲击,造成烫伤事故。

煤粉生产企业应根据上述各类危险源制定相应的防控保障措施,避免安全事故的发生,将人身伤害降到最低。

参 考 文 献

[1]　袁帅,王庆慧,王丹枫. 工业可燃性粉尘爆炸研究进展. 粉末冶金工业,2017,27 (4):59-65.

[2]　赵铁锤. 矿井粉尘防治技术. 北京:煤炭工业出版社,2007.

[3]　高聪,李化,苏丹,等. 密闭空间煤粉的爆炸特性. 爆炸与冲击,2010,30 (2):164-168.

[4]　徐程宏,李加护,殷立宝. 燃煤火力发电厂制粉系统煤粉爆炸特性的研究. 电力科学与工程,2010,26 (12):53-56.

[5]　田勇,张安明. 新型煤化工煤粉环境着火爆炸危险分析及防治方法探讨. 矿业安全与环保. 2016,43 (6):92-94.

[6]　仲晓星,王德明,周福宝,等. 金属网篮交叉点法预测煤自燃临界堆积厚度. 中国矿业大学学报,2006,35 (6):718-721.

[7]　Chen X D,Chong L V. Some characteristics of transient self-heating inside an exothermically reactive porous solid slab. Process Safety and Environmental Protection,1995,73 (B2):101-107.

[8]　屈丽娜. 煤自燃阶段特征及其临界点变化规律的研究. 北京:中国矿业大学,2013.

[9]　王要令. 防止煤炭自燃阻化剂研究进展. 化工时刊,2013,27 (1):32-35.

[10]　张静,吴国光,孟献梁. 褐煤自燃机理及阻化剂防自燃技术进展. 能源技术与管理,2011 (6):66-68.

[11]　杨胜强. 氢氧化钙对高硫煤的阻化实验及机理分析. 中国矿业大学学报,1996,25 (4):68-72.

[12]　杨运良,于水军,张如意,等. 防止煤炭自燃的新型阻化剂研究. 煤炭学报,1997,24 (2):163-166.

［13］ 于水军，谢锋承，路长，等．不同还原程度煤的氧化与阻化特性．煤炭学报，2010，35：136-140.

［14］ 司书芳，刘刚，熊伟，等．阻化剂抑制煤自然发火的实验研究．中国煤炭，2012，38（7）：81-84，104.

［15］ 刘博，周安宁，任秀彬，等．煤/水滑石复合材料的制备及阻燃性能//第七届中国功能材料及其应用学术会议论文集（第 5 分册）．功能材料，2010：33-35.

［16］ 方刚，等．一种预防煤粉自燃的复合阻化剂．CN103306711A. 2013-09-18.

［17］ 维列斯基 T B，赫兹马梁 Д M．煤粉燃烧动力学．南京：南京工学院出版社，1986.

［18］ 何佩鍪．煤粉燃烧器设计及运行．北京：机械工业出版社，1987.

第**7**章

煤粉的包装与卸料

煤粉的公路运输主要采取吨袋煤粉挂车运输和粉体罐车散装运输两种方式，挂车运输载重大（36～40t），且运输成本较低，但是煤粉需经过吨袋包装和用户端的卸料过程；粉体罐车运输成本较高，但是不需要吨袋包装，在用户端可直接气力输送至粉仓。因此客户应根据当地实时运费及现场情况对煤粉的运输方式进行综合考量，一般来说，近距离运输采取罐车运输方式，远距离运输采用挂车。

7.1 煤粉包装吨袋

7.1.1 吨袋尺寸

煤粉包装宜采取吨袋形式，参照 GB/T 10454—2000《集装袋》中定义，集装袋容积在 $0.5\sim2.3m^3$ 之间，载重在 $500\sim3000kg$ 之间，分为圆形结构和方形结构，标准还详细规定了结构的尺寸。考虑到吨袋煤粉在装运挂车时能够充分利用空间，一般煤粉吨袋采用方形结构：高度介于 $1.3\sim1.5m$ 之间，边长介于 $0.93\sim0.95m$ 之间。

7.1.2 煤粉吨袋结构

煤粉吨袋由吊带、进料口、外袋、内袋、下料口和系带组成，如图 7-1、图 7-2 所示。吊带用于叉车或吊车的起吊、转运，如图 7-3 所示；进料口与包装机进料口对接；下料口作为煤粉卸料出口。这里需要着重说明的是：煤粉的自燃倾向性决定其包装的设计需要考虑隔绝氧气的功能，而常规包装袋采用的编制材料属于透气性材料，无法直接应用于煤粉包装。因此煤粉吨袋一般采取双层包装形式：外层为常规吨袋基布材质，用于承重，需满足相关力学性能；内袋采用不透气塑料膜，用于隔绝空气中氧气，保证煤粉的安全存储。生产实践表明，没有内袋的吨袋煤粉很短的周期内（短则几天）极易发生自燃，而具有内袋的吨袋煤粉在密封完好、存储得当的情况下几乎不会发生自燃。

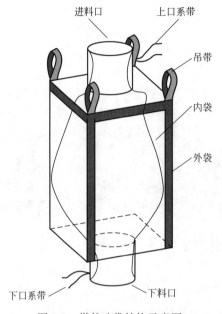

图 7-1   煤粉吨袋结构示意图

图 7-2   煤粉吨袋实物图

7.1.3   煤粉吨袋性能要求

煤粉吨袋需满足一定的力学性能、耐寒、耐热甚至抗阳光紫外线性能。外袋的力学性能可参照 GB/T 10454—2000《集装袋》，如表 7-1 所示。

表 7-1   外袋物理性能指标

物理项目\指标		袋体基布（外袋）			进、出料口
		≤1000kg	≤2000kg	≤3000kg	
抗拉强度/(N/50mm)	纵向	≥1470	≥1646	≥1960	≥828
	横向	≥1470	≥1646	≥1960	
伸长率 δ /%	纵向	≤40			≤40
	横向				
耐热性		无异常			
耐寒性		无异常			

其中耐热性实验为：取 20mm×30mm 试片两片，将其表面重叠并施加 9.8N 负荷，放入 80℃烘箱内保持 1h，取出后将两块试样分开，检查表面有无黏着、裂痕等异常情况。

耐寒性实验为：取 20mm×100mm 试片两片，放入 −35℃恒温箱内保持 2h 以

(a) 叉车挑运

(b) 行车吊运

图 7-3　吨袋煤粉的吊装及转运方式

上，将试片取出对着长度方向对折 180℃，查看试片有无损伤、裂痕及其他异常情况。

GB/T 10454—2000《集装袋》还对吨袋在周期性提吊、跌落、加压、倾倒、正位、撕裂条件下的相关性能进行规定。

经实践表明，吨袋煤粉在户外存放时，长时间的紫外线照射，会导致吨袋织物材质的老化，因此吨袋的抗老化性能也是一项重要性能指标；此外，为保证内袋隔绝空气的性能，内袋的气密性也是煤粉吨袋的一项重要指标。由此看来，目前《集装袋》的规范已无法满足煤粉行业发展的需求，及时出台有关煤粉吨袋的技术规范有利于推动煤粉行业的快速发展。

7.2　煤粉吨袋包装机

7.2.1　煤粉包装机存在的问题

煤粉具有密度轻、粒度细、易自燃、易结拱架桥等特性，目前尚未有专门针对煤粉的包装机系统。市面的包装系统主要针对水泥、氧化铝、滑石粉、碳酸钙等无机矿物粉体，这些矿物质本身密度较大、下料速度较快，最主要的是包装袋设计不要求隔绝空气，若此类包装机直接用于煤粉包装将存在以下问题：

① 由于煤粉的自燃特性要求煤粉包装袋必须为密闭不透气，而常规包装袋为透气性材料，装料过程袋内气体可由吨袋基布自行排出。因此常规包装机系统未考虑系统脱气功能，这样将导致煤粉包装时，煤粉会从吨袋入料口与粉仓下料口衔接处跑冒，影响包装环境和包装速度。

② 煤粉的密度轻，堆积密度 $0.5\sim0.8\mathrm{g/cm^3}$，真密度 $1.4\mathrm{g/cm^3}$，不同于其他的无机矿物粉体堆积密度 $>1.5\mathrm{g/cm^3}$，真密度 $2.5\sim2.7\mathrm{g/cm^3}$，因此煤粉的卸料速度慢，且容易在卸料口处结拱。

③ 包装过程煤粉由于密度小，在吨袋内由松散堆积到紧密堆积需要一个过程，如何降低这一过程的时间也是提高煤粉包装效率的关键。

煤粉包装过程存在的上述问题往往成为制约煤粉企业产量的技术瓶颈：目前已应用的煤粉吨袋包装机，其产能不足 5t/h，企业往往以增加包装机的数量来匹配磨机的产能（一般在 $30\sim60\mathrm{t}$），但是一台包装机需要与一个粉仓连接，而且需要配备一个操作工，这样就增加了企业的建设和生产成本，因此提高煤粉包装机包装效率对降低煤粉企业生产成本具有显著效果。

7.2.2　煤粉包装过程

改进煤粉包装系统，需要从认识煤粉的下料过程入手。煤粉的下料包装过程（图 7-4）可分为三个阶段。

7.2.2.1　匀速下料

这个过程是煤粉包装速率最快的阶段，在包装的前 $1\sim3\mathrm{min}$ 内包装速率（煤粉质量流量）可达 $200\sim400\mathrm{kg/min}$。此时的包装速率等同于粉仓的自由落料速率。W. E. Deming 等通过研究粉体流动现象，研究提出了粉体孔口流出的经验公式

$$G=\rho_\mathrm{p}\alpha D_0^n \tag{7-1}$$

式中　G——粉体质量流量；

　　　ρ_p——粉体密度；

　　　α——与粉体物性（粒度、内摩擦系数等）有关的常数；

　　　D_0——下料口内径；

　　　n——常数 n 在 $2.5\sim3$ 之间，绝大多数情况 $n=2.7$。

由式(7-1)可知，粉仓下料口不能设计过小，否则造成下料慢，但尺寸过大也会增加包装难度，一般取 200mm 左右。在煤粉物性参数 ρ_p、α 及下料口 D_0 确定的情况下，要保证粉仓能够正常下料就应避免料仓内粉体结拱。

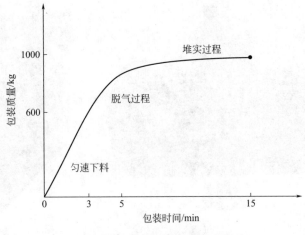

图 7-4　煤粉下料包装过程

防止粉仓结拱的主要途径有：

（1）降低粉体与粉仓的摩擦　这就要求在设计粉仓时，应保证粉仓坡面与水平面交角不得低于安息角。为了进一步降低粉体与仓壁的摩擦系数，可在下料口锥角壁面喷涂聚四氟乙烯膜，或加装聚四氟乙烯板。

（2）增加破拱装置　破拱方式分为机械方式和气流破拱。机械方式分为搅拌式和振动式，常用的有疏松机、气锤或振动器；气流破拱装置有气碟（图 7-5）、空气炮（图 7-6）、气化板（图 7-7）。表 7-2 列举了不同破拱装置的工作原理和优缺点对比。总的来说，对于防止煤粉结拱，气流方式要优于机械方式，气流与粉体直接作用对煤粉的破拱更为有效。对于煤粉仓破拱装置的选型，气化板是较为理想的装置，气化板与仓内煤粉接触面积大，因此能有效防止仓壁结拱。为防止仓内煤粉自燃，气流破拱方式应采用氮气作为气源，气化板为煤粉仓内氮气保护提供了合适的气体输送通道。

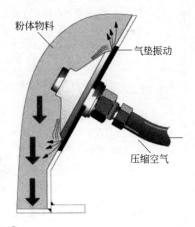

图 7-5　气碟

图 7-6　空气炮

图 7-7　气化板

表 7-2　不同破拱装置的工作原理和优缺点对比

破拱装置			工作原理	优点	缺点
机械方式	机械搅拌	疏松机	采用叶片或螺旋结构,通过机械旋转,促进粉体流动,阻止物料结拱	结构简单,电机驱动,不需其他辅助设施	作用力小,对仓壁积粉无法有效清除;安装占用空间大
	机械振动	气锤	压缩空气通过电磁阀控制进入本体,克服磁性活塞与基板间的电磁力,将二者分离,失压后,磁性活塞在电磁力的反作用力下撞击基板,将冲击力传给料仓壁面,通过冲击波实现破拱	磁力冲击作用力大;振打频率可调;安装、拆卸方便;运行成本低	噪声大;与粉体非直接接触,效果一般
		振动器	振动器内部装有偏心振子,在电机带动下高速转动而产生高频微幅的振动	电机驱动,结构简单;安装、拆卸方便;振动频率高	高频振动对粉体破拱并不都是有利的,可能导致粉体堆实密度增大而促进拱的形成;噪声大
气流方式	气碟		气碟边缘紧贴仓壁,在压缩空气冲击作用下,垫片产生振动,同时压缩空气沿筒仓壁向四周喷出,从而促进料仓内物料向下流动	气流和垫片直接与物料接触,破拱效果好;体积小,结构紧凑,便于安装;空气压力 3～6bar(1bar=10^5Pa),耗气量较小;噪声低	气碟气力吹扫作用面积有限,需结合现场工况,布置多点,不适用于较大粉仓;气管较小,容易发生堵塞
	空气炮		以打开电磁阀突然喷出的压缩空气所产生的强大气流,直接作用于散装物料,由气体急剧膨胀所产生的冲击波实现仓内物料的破拱	气流直接与物料接触,破拱效果好	喷管释放为点振动,无法实现大面积的振动疏松;体积较大,安装、检修不便;耗气量大

续表

破拱装置		工作原理	优点	缺点
气流方式	气化板	气化板的透气层材料采用碳化硅,壳体为钢结构,工作时,压缩空气在一定的压力作用下透过气化板均匀地进入料层,使仓斗内的物料呈松散状态,并充分流态化,增加物料的流动性,避免物料架拱、搭桥	气流与粉体接触面积大,气体阻力小,气流直接作用于物料,流化效果明显;进气管道可采用钢管,内径大,阻力小,气管不会堵塞;在煤粉仓储过程中,气化板也可作为保护气体——氮气气源的输送通道	体积较大,安装较为复杂;耗气量大

7.2.2.2　脱气过程

脱气过程其实存在于煤粉包装的整个过程,只是第一阶段匀速下料阶段,吨袋内部空间充足,对进入的煤粉和气体有很大的"缓冲"空间,因此第一阶段为煤粉的匀速下料。但随着吨袋内煤粉量的增大,袋内容积越来越小,随物料进入袋内的气体无法被及时有效排出,而且在这个过程煤粉由松散堆积状态向压实状态过渡,煤粉颗粒之间的气体向外排出,为了保证吨袋内进出气体的平衡,需要间歇性停止下料,"等待"吨袋内部的气体被充分排出,否则袋内过多的气体会从煤粉入料口扎带处冒出,造成煤粉的跑冒,不仅污染操作环境,而且极易形成"粉尘云",造成安全隐患。

对于一般不会自燃的粉体,其包装袋本身具有透气功能,因此脱气速度较快。煤粉吨袋要求具有良好的气密性,煤粉包装过程中的脱气只能依靠包装机的抽气风道,因此这一过程较慢,实践表明,煤粉若采用透气性包装袋,其包装速率可提升一倍。可见,煤粉包装机的脱气效果是提升煤粉包装速率的核心因素。

7.2.2.3　堆实过程

煤粉由松散堆积状态转变为压实过程增大了吨袋的有效容积率,降低了煤粉的包装成本。假设吨袋价格为 60 元,平均吨袋包装率 950kg/袋与 850kg/袋相比,每包装 10000t 煤粉,节约吨袋成本:

$$10000 \times 10^3 \div 850 \times 60 - 10000 \times 10^3 \div 950 \times 60 = 74303(元)$$

以一个年产 10 万吨煤粉厂为例,吨袋成本节约近 75 万。因此提高煤粉吨袋容积率是降低企业生产成本的一项关键指标。

煤粉包装的堆实过程是包装速率最低的阶段,包装速率在 30~50kg/min,进料效率只有第一阶段的 1/10,如果不能够很好地控制进料速度,很容易造成煤粉的跑冒。煤粉堆实过程中,粉体受到的作用力十分复杂,主要依靠包装机施加的振动作用来促进粉体内气体的排出。堆实效率与煤粉的粒度、振动频率、振幅都息息相关。

上述煤粉包装的三个阶段之间并没有严格界限,只是每个阶段所反映的主要矛盾不同,正确认识煤粉包装过程有助于对煤粉包装机的设计。

7.2.3　煤粉包装机

煤粉包装机由下料系统、输送系统、充/放气系统、电气系统及夹带装置、振动装置、称重装置、自动包装机还有 PLC 控制系统组成。

下面介绍两种煤粉包装机作为参考。

案例一：

图 7-8 为煤粉包装机 1 示意图。

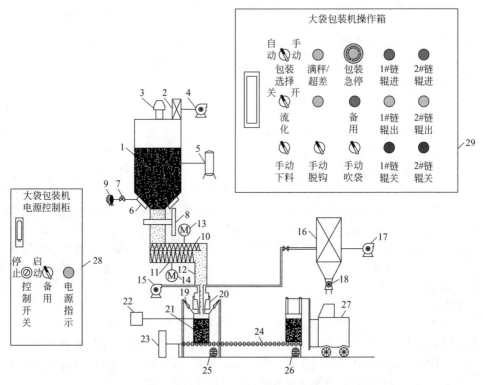

图 7-8　煤粉包装机 1

1—煤粉成品仓；2—袋收尘；3—防爆盖；4—引风机 a；5—氮气罐；6—流化板；
7—电磁阀；8—气动闸板阀；9—空气压缩机；10—变频小螺旋输送机；11—变频
大螺旋输送机；12—下料管；13—电机 a；14—电机 b；15—送风机 b；16—袋除尘；
17—引风机 c；18—星形卸料器；19—挂钩；20—夹板；21—吨袋；22—振动机；
23—计量秤；24—链辊输送机（包括包装机链辊 1，输送链辊 2）；25—电机 c；
26—电机 d；27—叉车；28—电源控制柜；29—操作箱

（1）系统原理　包装前首先对吨袋进行鼓吹，气源由送风机 b 提供，将吨袋撑开以保证吨袋的容积。在包装过程中打开引风机 c 实现边落料边排气，在包装前段过程由于吨袋内尚有较大空间，可调高变频大螺旋输送机和小螺旋输送机的频率并加大开启流化板的频率，以最大输送量进料。包装后段过程吨袋内部有效容积减少，则应减少开启流化板的频率，并根据包装情况及计量秤实时控制关闭大螺旋输送机，单独使用小螺旋输送机，增加喂料量的精度，以防止吨袋内煤粉从卸料口处冒出。在包装后半段开启振动机，有效促进煤粉内部空气的释放。在包装过程中吨袋排出的气体夹杂的煤粉粉尘由袋除尘系统收集，避免粉尘的跑冒对环境的污染。包装好的吨袋经链辊输送机输送到指定地点，最后由叉车运送到成品库房。

（2）操作方法

① 首先打开电源控制柜 28 中的控制开关按钮，使其处于启动状态；

② 通过操作箱 29 中的 1♯链辊进、2♯链辊进、1♯链辊关、2♯链辊关按钮，把吨袋 21 输送到包装机下部；

③ 关掉操作箱 29 中的手动脱钩按钮，使吨袋吊带固定在挂钩 19 上，入料口夹在夹板 20 上；

④ 打开操作箱 29 中的手动吹袋按钮，对吨袋 21 进行吹袋，把吨袋吹胀起来（以吨袋四个底角全部张开为标准），然后关掉吹袋按钮，这时包装系统吹气系统关闭，吸气系统打开；

⑤ 吸气开始的同时开启气动闸板阀 8，手动下料按钮控制着包装系统中的大小螺旋输送机 11、10，刚开始大小螺旋输送机 11、10 同时运行均匀给料；

⑥ 下料过程间歇性地开启操作箱 29 中的流化按钮，煤粉均匀而且快速地下料。一边下料，一边观察计量秤 23；

⑦ 为了防止冒出煤粉，在煤粉装入吨袋 21 一定量后，关掉下料按钮和流化按钮，打开振动机 22；

⑧ 包装至一定量时，关闭大螺旋输送机 11，只运行小螺旋输送机 10，直至吨

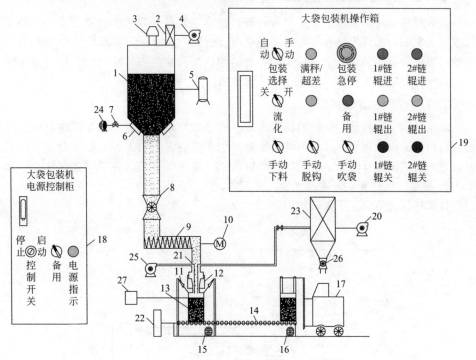

图 7-9　煤粉包装机 2

1—煤粉成品仓；2—袋收尘；3—防爆盖；4—引风机 a；5—氮气罐；6—流化板；
7—电磁阀；8—星形卸料器 a；9—变频螺旋输送机；10—电机 a；11—挂钩；
12—夹板；13—吨袋；14—链辊输送机；15—电机 b；16—电机 c；17—叉车；
18—电源控制柜；19—操作箱；20—引风机 b；21—下料管；22—计量秤；
23—袋除尘；24—空气压缩机；25—送风机 c；26—星形卸料器 b；27—振动机

袋 21 中装入的煤粉量达到要求；

　　⑨ 最后打开操作箱 29 中的手动脱钩按钮，打开 1♯ 链辊出、2♯ 链辊出、1♯ 链辊关、2♯ 链辊关按钮，将吨袋 21 输送到指定地点，通过叉车 27 将吨袋运送到产品库。

　　案例二：

　　图 7-9 为煤粉包装机 2 示意图。方案二所示包装机与方案一的差别在于：采用星形卸料器 8 来控制下料的流量，使得粉仓下料更为均匀，落料速度仍由变频螺旋输送机 9 来实现控制。此外还可采用气动插板阀＋星形卸料器、单独变频星形卸料器等多种方式。

　　如上所述，煤粉包装的技术难点在于如何提高吨袋内部的脱气速度和煤粉的堆实速率。因此，包装机的设计应与物料特性（如颗粒密度、煤粉粒径、物料摩擦特性等）、包装袋结构尺寸相匹配。目前煤粉包装机的设计和改进仅停留在实践经验的水平上，尚未见到学术文献的相关报道，进一步研究和认识煤粉包装过程中粉体的动力学过程必将有助于新型高效煤粉包装机的研制。

7.3　吨袋煤粉卸料

　　吨袋粉体运输到终端后，需要经过卸料进仓，卸料过程粉尘污染严重，对环境造成很大影响，如何实现粉体卸料过程快速、便捷，同时又不对环境产生影响是吨袋卸料装置最重要的性能指标。煤粉吨袋的卸料按照输送方式不同分为粉体罐车输送、正压气力输送、负压气力输送、机械输送等。

7.3.1　粉体罐车输送

　　罐车输送是一种最为简单的输送方式。通过罐车运输的煤粉可在终端直接通过粉仓输粉管道实现输粉。若采用吨袋运输，在终端可将吨袋煤粉先卸至罐车内，再通过罐车输送至粉仓。为了避免卸料产生扬尘，需在罐车另一下料口进行除尘，如图 7-10 所示。这种卸料方法速度慢、环节多，且需要占用罐车，适合在没有安装专门煤粉卸料装置的情况下临时使用。

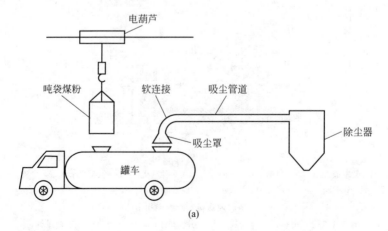

(a)

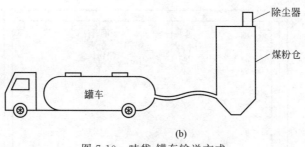

(b)

图 7-10　吨袋-罐车输送方式

7.3.2　气力输送

一般来说,吨包粉体卸料主要有起吊装置、挤压装置、缓冲料斗以及收尘装置、输送装置等。

本节介绍一种正压气力输送方式的煤粉卸料装置,可供参考:

图 7-11 为煤粉卸料装置,起吊装置采用电葫芦,卸料装置主体通过钢构支撑固定,在缓冲料斗下端设有气力输送装置——仓泵(还可以采用喷射泵等气力输送装置),缓冲料斗进料口上端两侧安装有挤压装置,挤压装置上端设有集尘装置,缓冲斗进料口内安装有流化装置,能够实现被挤压物料的流化,促进粉体落料。

吨袋内煤粉在长时间的存储和运输过程中会压实结块,造成下料困难,挤压装置一方面可破坏这种块状结构来促进粉体的下料,另一方面由挤压板产生的水平方向的分力朝向吨袋中轴线,加快了吨袋内粉体向下料口的流动。挤压装置位于缓冲料斗进料口两侧,挤压板固定轴固定在支撑钢构上,挤压汽缸一端连接挤压板,另一端固定于挤压汽缸支撑架,通过控制汽缸活塞的伸缩来实现对吨袋内粉体的挤压,气源由配套的小型空压机提供。

流化装置安装于缓冲斗进料口中心位置,流化装置由流化喷头支撑骨架和流化钢管焊接而成,呈锥体布置,流化钢管底端流化气体进口接气源,另一端为流化喷头,气源同样由小型空压机提供。

收尘点有两处,缓冲斗内的收尘点 6 对落入灰斗产生的扬尘进行一次除尘,布置在挤压板外侧的集尘罩收尘点 3 处对从入料口逸出的粉尘进行二次收尘。两处收尘点连接并进入配套收尘器,保证缓冲斗内和缓冲斗进料口外侧为负压状态。

假设吸尘罩的长为 L,宽为 W,v_0 为罩口的吸气平均速度,则吸尘罩排风量 Q 可表示为

$$Q = LWv_0 \tag{7-2}$$

若距离吸尘罩长度为 x 处的尘源(见图 7-12)其运动速度为 v_x,则只要吸尘罩在该点所产生的风速 $v_x > v_k$,则该处的含尘气体就会被吸入罩内。其中 v_k 为含尘气体扩散速度,v_x 为控制速度。

如图 7-12 所示吸尘罩,在 $W/L > 0.2$ 的情况下,排风量 Q 可按下式计算

$$Q = (5x^2 + LW)v_x$$

例如,煤粉卸料系统距离吸尘罩最远尘源为 1m,吨袋煤粉卸料过程的控制速度查表 7-3,取 $v_x = 1\text{m/s}$,除尘罩宽 $W = 0.6\text{m}$,长 $L = 0.9\text{m}$,则吸尘罩吸风量应为

$$Q = 3600 \times (5x^2 + LW)v_x = 3600 \times (5 \times 1^2 + 0.6 \times 0.9) \times 1$$
$$\approx 20000 \ (\text{m}^3/\text{h})$$

因此,吸尘罩后端布袋除尘器风量 Q 应在 20000m³/h 以上。

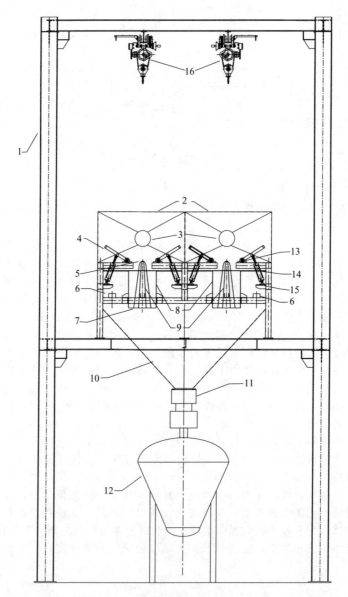

图 7-11   煤粉卸料装置

1—支撑钢构；2—集尘罩；3—集尘罩收尘入口；4—挤压板；5—流化喷头；
6—缓冲斗收尘入口；7—流化气体进口；8—缓冲斗进料口；9—流化喷头；
10—缓冲料斗；11—缓冲斗出料口；12—输送装置；13—挤压板固定轴；
14—挤压汽缸；15—挤压汽缸支撑架；16—起吊装置

表 7-3   不同情况下控制点最小控制风速 v_x

污染物扩散情况	举例	最小控制风速/（m/s）
以很微小的速度扩散到相当平静的空气中	槽内液体的蒸发；气体或烟从敞口容器中外逸	0.25～0.5

污染物扩散情况	举例	最小控制风速/（m/s）
以较低的速度扩散到尚属平静的空气中	室内喷漆；断续地倾倒有尘屑的干物料到容器中；焊接	0.5～1
以相当大的速度扩散出来，或是扩散到空气中运动迅速的区域	在小喷漆室内用高压力喷漆；快速装袋或装桶；往运输器上给料	1～2.5
以高速扩散出来，或是扩散到空气运动很迅速的区域	磨削；重破碎；滚筒清理	2.5～10

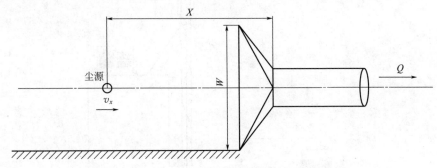

图 7-12　吸尘罩吸尘简图

负压气力输送也是粉体气力输送的一种方式，负压吸送不会产生扬尘，除尘器就属于一种常见的负压气力输送装置。负压气力输送固气比低，介于 0.5～10，而浓相输送固气比为 50～100 之间，因此负压气力输送需要较大功率的风机；此外负压吸送装置吸嘴的设计也是关键：要求吸嘴处有一定的进气量保证粉体的气力输送，这对聚集状态大量粉体的吸送效果并不显著，因此造成负压吸送效率低下，限制了其在粉体气力输送的应用。

7.3.3　斗式提升机输送方式

如图 7-13 所示，煤粉可经过行吊在灰斗缓冲仓内卸料，吨袋煤粉卸料缓冲仓容积一般为 2.5～3m³，起到下料缓冲作用。普通烟煤粉的运动安息角为 40°～60°，为使煤粉能够在管道中顺利流动而不滞留，缓冲仓料斗坡度及溜槽管道与水平面的倾角不得小于 65°。缓冲仓灰斗连接除尘器，防止卸料过程煤粉尘的跑冒。斗提机输送

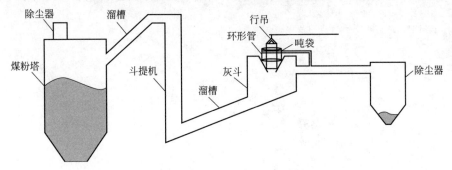

图 7-13　斗式提升机工艺原理图

能力应大于煤粉的卸料速度，应在 20m³/h 以上。

斗提输送装置优点是机械设计简单、工程造价低，但是斗提占用安装空间大，一般输送高度不宜超过 25m，否则不仅提高了设备及安装成本，也不利于日后的检修。

7.3.4　管螺旋输送方式

管螺旋输送装置如图 7-14 所示，吨袋煤粉经过卸料装置进入缓冲仓后，先由水平管螺旋输送至煤粉料仓底部，再由垂直管螺旋输送至仓顶，最后进仓。

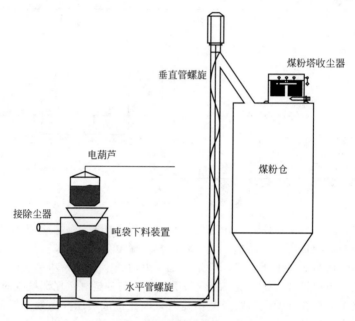

图 7-14　管螺旋输送装置示意图

垂直螺旋输送机具有结构简单、占地面积小等特点，但是一般垂直管螺旋输送高度不超过 15m，而且管螺旋检修难度大，因此作为垂直输送的案例应用很少。

参 考 文 献

[1]　时迎坤，侯志勇，等. 一种粉体吨包卸料装置. 中国专利：201620678985.8. 2016-06-30.

[2]　GB/T 10454—2000. 集装袋.

[3]　芮君渭，彭宝利. 水泥粉磨工艺及设备. 北京：化学工业出版社，2009.

第 8 章

水煤浆技术与应用

水煤浆是 20 世纪 70 年代由于石油危机爆发而兴起的一种煤浆燃料，它的特点是能够像油一样泵送、雾化燃烧，且价格低廉、燃烧效率高，有着代油、节能、环保综合利用等多种效益，受到全世界各国工业界的高度重视。

水煤浆是一种采用物理方法将煤液态化的燃料，由一定粒度组成的煤（大于60％）、水（小于40％）和少量添加剂制备而成。它既保持了煤炭原有的物理特征，又具有像石油一样的流动性和稳定性，被称为液态煤炭产品。近年来，由于煤炭资源丰富、价格便宜，水煤浆的加工方法又简单，与煤炭的气化、液化相比投资少、成本低，作为代油燃料受到世界各国的普遍重视。

我国国家标准委员会于 2014 年颁布了《燃料水煤浆》（GB/T 18855—2014）（表 8-1），代替 2008 年颁布的《水煤浆技术条件》（GB/T 18855—2008），因为考虑到水煤浆的燃料属性，不再把水煤浆浓度作为水煤浆等级划分的依据，而是根据水煤浆发热量进行等级划分，还增加了汞、氯、砷、钾、钠等微量元素的要求。此外，还颁布了《气化水煤浆》（GB/T 31426—2015）国家标准（表 8-2），首次对气化水煤浆提出技术要求。

表 8-1　燃料水煤浆技术要求

项目	单位	技术要求			试验方法
		Ⅰ级	Ⅱ级	Ⅲ级	
发热量（$Q_{net,cws}$）	MJ/kg	≥16.80	≥16.00	≥15.20	GB/T 213
全硫（$S_{t,cws}$）	%	≤0.30	≤0.45	≤0.55	GB/T 214
灰分（A_{cws}）	%	≤6.00	≤7.50	≤8.50	GB/T 212

项目	单位	技术要求			试验方法
		Ⅰ级	Ⅱ级	Ⅲ级	
表观黏度($\eta_{100s^{-1}}$)	mPa·s	≤1500			GB/T 18856.4
粒度($P_{d,+0.5mm}$)[①]	%	≤0.8			GB/T 18856.3
煤灰熔融性软化温度(ST)	℃	≥1250			GB/T 219
氯含量(Cl_{cws})	%	≤0.15			GB/T 3558
煤灰中钾和钠含量 $w(K_2O)$[②]$+w(Na_2O)$[③]	%	≤2.80			GB/T 1574
砷含量(As_{cws})	μg/g	≤25			GB/T 16659
汞含量(Hg_{cws})	μg/g	≤0.200			GB/T 3058

① $P_{d,+0.5mm}$——大于0.5mm的物料占水煤浆中干物料的含量，%。

② $w(K_2O)$——煤灰中氧化钾的含量，%。

③ $w(Na_2O)$——煤灰中氧化钠的含量，%。

表8-2　气化水煤浆技术要求

项目	单位	技术要求			试验方法
		Ⅰ级	Ⅱ级	Ⅲ级	
浓度(c)	%	≥63.0	≥59.0	≥55.0	GB/T 18856.2
灰分(A_{cws})	%	≤6.00	≤12.00	≤15.00	GB/T 212
表观黏度($\eta_{100s^{-1}}$)	mPa·s	≤1300			GB/T 18856.4
粒度(P_d) 　$P_{d,+1.43mm}$[①] 　$P_{d,+2.38mm}$[②]	%	≤2.0 0			GB/T 18856.3
煤灰熔融性流动温度(FT)	℃	≤1300			GB/T 219
氯(Cl_{cws})	%	≤0.08			GB/T 3558
砷(As_{cws})	μg/g	≤40			GB/T 16659
汞(Hg_{cws})	μg/g	≤0.300			GB/T 3058

① $P_{d,+1.43mm}$——大于1.43mm的物料占水煤浆中干物料的含量，%。

② $P_{d,+2.38mm}$——大于2.38mm的物料占水煤浆中干物料的含量，%。

　　影响水煤浆性质的因素有很多，主要包括煤质、煤的粒度分布、水煤浆添加剂等，下面对各个参数分别进行介绍。

8.1　原煤成浆性

　　原煤的成浆性是水煤浆成浆性好坏的内因，不同煤种，成浆性有很大差别，煤阶越低，煤种成浆性能越差。我国学者张荣曾采用多元非线性逐步回归分析方法，对不同地区煤炭的若干成浆性影响因子进行回归分析，选取的初始成浆性影响因子包括空干基水分 M_{ad}、干燥基灰分 A_d、干燥无灰基挥发分 V_{daf}、哈氏可磨性指数 HGI、空干基碳 C、氢 H、氧 O、氮 N。根据多因子的回归分析，得出

$$D=7.5+0.5M_{ad}-0.05HGI \tag{8-1}$$

$$C=77-1.2D \ (\%) \tag{8-2}$$

式中　D——煤炭成浆性指标；

　　　C——可成浆浓度。

该模型后来经过改进，增加了氧含量因子

$$D=7.5+0.223M_{ad}-0.05HGI+0.0257O_{ad}^2 \tag{8-3}$$

上述模型将成浆难易程度按照指标 D 划分为 4～10 区间 4 个等级，分别对应可制浆浓度（见表 8-3）。当然，该模型只是对不同煤种成浆性有一个相对定性的分析，与实际浓度还有一定的偏差，而且成浆浓度还取决于煤粉的粒度级配及分散剂种类的使用。

表 8-3　原煤成浆性判定依据

成浆性难易	指标 D	可制浆浓度 $C/\%$
易	<4	>72
中等	4～7	72～68
难	7～10	68～65
很难	>10	<65

8.2　水煤浆级配技术

制备高浓度水煤浆的关键是要求煤粉具有合理的粒度分布，使大小颗粒的煤粉能够相互填充，减少煤粉之间的孔隙率，从而使煤粉具有较高的堆积效率。"级配"是提高水煤浆浓度及改善水煤浆稳定性和流变性的关键技术。图 8-1 为水煤浆级配示意图。

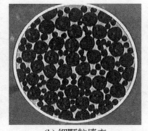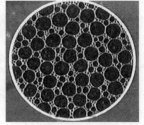

(a) 大颗粒堆积　　　　　　　(b) 细颗粒填充　　　　　　(c) 更细颗粒的填充

图 8-1　水煤浆级配示意图

8.2.1　水煤浆的级配模型

为了使颗粒间进行合理的级配，国内外都针对级配技术提出了不同的数学模型：Furnas 最早提出不连续尺寸堆积理论，后人根据他的思想发展了连续尺寸堆积理论，最常用的粒度分布模型有 Rosin-Rammler 模型和 Gaudin-Schuhmann 模型。Dinger 等通过对 Gaudin-Schuhmann 模型改进提出了 Alfred 模型。我国张荣曾教授提出了"隔层堆积理论"，求得了关于 Rosin-Rammler 模型与 Alfred 模型的解析解。

由于 Alfred 模型的变量包括颗粒分布中最大粒径与最小粒径等较为直观的参数，因此笔者选用此模型进行粒度分布计算模拟，结合试验确定最佳粒度分布，从而根据理论的最佳分布调整实际煤粉粒度分布，提高煤粉制备水煤浆的成浆性。

8.2.1.1 Alfred 模型

Alfred 模型在 Gaudin-Schuhmann 模型的基础上改进而来

$$y = \frac{d^n - d_s^n}{d_L^n - d_s^n}$$ (8-4)

式中 y——小于粒度 d 的粒级含量；

d_L——体系最大粒度；

d_s——体系最小粒度；

n——模型参数。

Andreason 采用试验方法得出 Gaudin-Schuhmann 模型，$n = 0.3 \sim 0.5$ 时此模型下的煤粉粒度分布具有最高的堆积效率。Dinger 和 Funk 用计算机模拟，得出 $n = 0.37$ 时 Gaudin-Schuhmann 模型具有最高的堆积效率。Dinger 和 Funk 的计算机模拟方法在 1979 年获得了美国专利，该项成果对推动水煤浆发展起到了很大的作用。我国张荣曾教授结合"隔层堆积理论"通过计算求得解析解 $n = 0.3$ 时具有最高堆积效率。

采用 Alfred 模型，对粗粉（$D_{50} = 80\mu m$，$d_L = 190\mu m$，$d_s = 0.8\mu m$）、细粉（$D_{50} = 30\mu m$，$d_L = 160\mu m$，$d_s = 0.2\mu m$）、超细粉（$D_{50} = 10\mu m$，$d_L = 75\mu m$，$d_s = 0.13\mu m$）3 种煤粉进行累计含量的数值模拟，其中 $n = 0.3$。可得煤粉粒度-累积含量的关系，如图 8-2 所示。

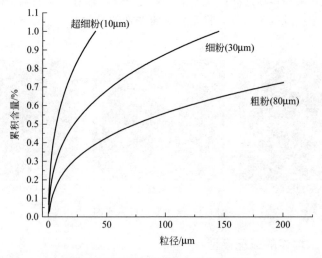

图 8-2 不同粒度煤粉理论分布曲线

由图 8-2 可知，不同粒度的煤粉，其累积含量的增长率（曲线斜率）都随煤粉粒度的增大而减小，也就是煤粉区间含量（即煤粉累积分布的微分）随煤粉粒度增大而减小，对于粗粉，这种变化更为明显。

8.2.1.2　水煤浆成浆性实验

选取中位径分别为 $8\mu m$、$25\mu m$、$80\mu m$ 不同粒度范围的煤粉按表 8-4 进行配比，选用 NDF 添加剂，分别制得最大浓度为 59.30%、65.20%、63.40%、61.30% 的水煤浆。由表 8-4 可知，经过级配的煤粉，其制浆浓度都可以达到 60% 以上，而对于单一粒度分布的煤粉（样品 1），其制浆浓度不到 60%。利用 NXS-4C 型旋转黏度计测试各个样品的黏度，通过对比发现，细粉的填充增大了煤粉的堆积效率，但同时也增大了浆体黏度。

表 8-4　不同样品水煤浆的性能指标

样品	粒度配比(质量比)	浆体浓度/%	黏度/(mPa·s)	稳定性/d
1	$25\mu m$	59.30	987	3
2	$25\mu m:8\mu m=3:2$	65.20	1536	20
3	$25\mu m:8\mu m=3:1$	63.40	1248	15
4	$80\mu m:25\mu m=1:1$	61.30	1037	6

注：分散剂的添加量均为 0.6%，稳定剂的添加量均为 0.1%。

对制备好的样品静置评判其稳定性，测试结果表明未经级配的 1 号样品 3d 便出现了软沉淀，5d 以后基本形成硬沉淀。而细粉填充的样品稳定性都达到 2 周以上，且为软沉淀，通过搅拌可以恢复沉淀煤粉的悬浮状态。其中样品 2 黏度最大，稳定性也最好，其次为样品 3，样品 4 次之。可见级配可以增加煤颗粒的堆积效率，改善其成浆性，其中细粉的填充可以起到稳定浆体结构的作用。

采用 BT-2001 型激光粒度分布仪对 4 种样品进行粒度测试分析，其粒度分布如图 8-3～图 8-6 所示，包括了区间粒度分布及粒度累积分布。由图 8-3 可知，样品 1 区间分布几乎呈正态分布，存在一个峰值，累积分布的增长率随粒度增大而增大，与图 8-2 模型理论分布中增长率随粒度增大而减小相悖。而经过配比的样品 2～4 其粒度累积分布增长率都显示出不同程度的随粒度增大而减小的趋势，相对单一粒度分布的样品 1 有所改善，更加接近图 8-2 的理论模型曲线。

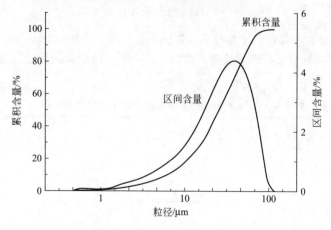

图 8-3　样品 1 粒度分布曲线

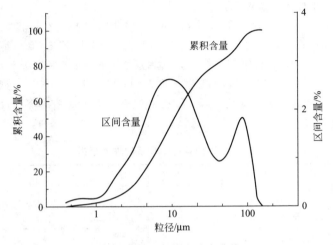

图 8-4　样品 2 粒度分布曲线

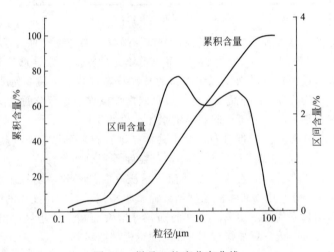

图 8-5　样品 3 粒度分布曲线

表 8-5 为此粒度煤粉若干粒径下的累积分布，可以看到在 $30\mu m$ 以上样品 1 实际粒度分布与模型粒度分布较为接近，在 $30\mu m$ 以下与模型差距较大，造成煤粉成浆性差，稳定性差。

表 8-5　$D_{50}=25\mu m$ 煤粉在若干粒径下的累积分布

粒径/μm	1	10	30	75	120
模型累积含量/%	10.7	36.4	56.6	79.3	93.6
样品 1/%	2.1	22.7	57.3	93.1	98.9
样品 2/%	5.7	54.1	76.9	87.6	98.0
样品 3/%	6.7	51.3	75.5	95.9	99.9
样品 4/%	1.6	15.6	48.2	90.5	99.5

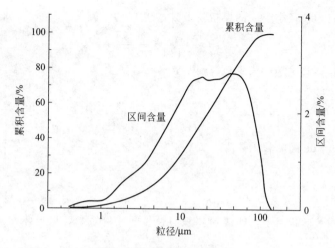

图 8-6 样品 4 粒度分布曲线

可见，通过"级配"改善了煤粉粒度分布。如样品 2 与样品 3，细粉的填充增加了 $10\mu m$ 以下粒级的含量，能够进一步增大煤粉的堆积效率，从而提高了煤粉的制浆浓度，浓度的提高也大幅促进了煤浆的稳定性。

通过 Alfred 模型可以对神府煤煤粉的粒度分布进行评估，单一粒度分布的煤粉其粒度分布曲线与模型差距较大，超细粉的填充在很大程度上能够改善煤粉粒度分布与模型的差距，进而增加煤粉的填充效率，提高煤粉的制浆浓度及稳定性。当然，模型参数 n 的选取会影响到 Alfred 模型对煤粉粒度分布的数值模拟，不同的 n 值会导致数值模拟结果的偏差，如何进一步优化模型参数有待进一步的研究。

8.2.2　分形理论在煤粉级配中的应用

美国学者曼德尔布罗特于 1975 年首次提出分形理论，利用分形维数定量描述了局部与整体的相似性。近十几年来分形理论已推广到物理、化学、地学、材料工程、计算机科学、生物、医学等领域。近年来，分形几何学在煤的分子结构分析、煤炭的开采、加工技术和煤炭特性研究中也得到了极大的发展。分形理论为粉体研究提供了一种新的视角。煤粉作为一种形状与粒度不规则的复杂系统，在某些测度下反映出了分形特征。

煤粉的粒度是影响水煤浆成浆性的关键因素，粒径和粒度分布是表征粒度的经典方法，但这两种参数并不能全面地表征煤粉的特性。为了提高煤粉成浆性，需要重新调整煤粉的粒度分布，以提高煤粉的堆积效率。粒径和粒度分布的表征在这种情况下缺乏一定的指导意义。以粒度为测度，煤粉系统具有很好的自相似性，分形维数与"级配"过程也存在关联，利用分形理论来研究煤粉粒度及"级配"技术为研究制备水煤浆提供了一种新的思路。

8.2.2.1　煤粉粒度分形维数的计算原理

根据分形理论，以粒径 r 为测量单元尺寸，粒径大于 r 的煤粉粒子数 $N(r)$ 为测量单元数目，根据分形维数的定义有

$$D = \frac{\ln N(r)}{\ln(1/r)} \qquad (8\text{-}5)$$

以 $y_n(r)$ 为粒径小于 r 的煤粉粒子数，则

$$D = \frac{\ln[N_0 - y_n(r)]}{\ln(1/r)} \tag{8-6}$$

N_0 为煤粉系统总粒子数，为常数，则

$$y_n(r) \propto -r^{-D} \tag{8-7}$$

对式(8-7)微分，可得

$$\mathrm{d}y_n(r) \propto r^{-D-1}\mathrm{d}r \tag{8-8}$$

粒径在 $r \sim r + \mathrm{d}r$ 间的粒子数为

$$\mathrm{d}N = N_0\mathrm{d}y_n(r) \tag{8-9}$$

将式(8-8)代入式(8-9)，可得

$$\mathrm{d}N = N_0 r^{-D-1}\mathrm{d}r \tag{8-10}$$

以 k_r 为煤粉颗粒形状因子，即煤粉体积与粒径的比例系数，煤粉体积 $v = k_r r^3$，代入式(8-10)，得

$$\mathrm{d}V = N_0 k_r r^3 r^{-D-1}\mathrm{d}r \tag{8-11}$$

以 V_0 为煤粉颗粒系统总体积 $\mathrm{d}V = V_0\mathrm{d}y_v(r)$，$y_v(r)$ 为粒径小于 r 的煤粉颗粒的微分累计含量（粒径区间含量），代入式(8-11)，得

$$Dy_v(r) = (N_0 k_r/V_0) r^{2-D}\mathrm{d}r \tag{8-12}$$

对式(8-12)积分，可得

$$y_v(r) = \frac{N_0 k_r}{V_0(2-D)} r^{3-D} \tag{8-13}$$

式(8-13)中等式右边设 $N_0 k_r/V_0(2-D)$ 为常数项，设 $b = 3-D$，对式(8-13)两边取对数，得

$$\ln y_v(r) = b\ln r + C \tag{8-14}$$

C 为常数，在双对数坐标下若 $y_v(r)$-r 呈线性关系，则说明粒度具有分形特征，求出线性斜率 b，就可求得煤粉系统的分形维数

$$D = 3 - b \tag{8-15}$$

举例分析

原煤采用陕西煤业化工神木张家峁矿的 5^{-2} 面煤，经过张家峁矿水煤浆厂的磨煤系统研磨分选出不同粒度的煤粉。采用丹东百特仪器有限公司 BT-2001 型激光粒度分布仪对中位径分别为 $6\mu m$、$29\mu m$、$90\mu m$ 煤粉样品进行粒度测试分析，粒度区间含量与粒径关系如图 8-7～图 8-9 所示。

表 8-6 为不同粒度煤粉的粒度特征

表 8-6　不同粒度煤粉的粒度特征（单位：μm）

中位径(D_{50})	D_6	D_{16}	D_{25}	D_{63}	D_{75}	D_{100}
6	0.87	1.77	2.50	6.17	8.06	26.67
29	2.82	6.72	10.65	32.85	44.02	142.90
90	4.94	16.87	31.10	110.10	144.20	534.70

8.2.2.2　煤粉分形维数的计算

对上述中位径分别为 $6\mu m$、$29\mu m$、$90\mu m$ 煤粉样品对应的累积含量-粒径按式

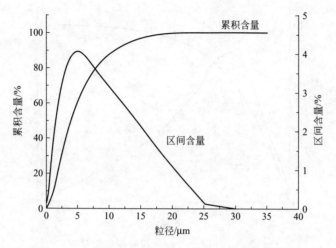

图 8-7　中位径为 $6\mu m$（$D_{50}=6\mu m$）煤粉粒度分布

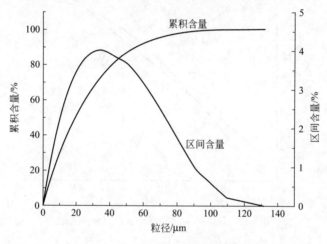

图 8-8　$D_{50}=29\mu m$ 煤粉粒度分布

（8-14）取对数后作图，进行线性回归分析，结果见图 8-10～图 8-12。

　　由图 8-10～图 8-12 可知，不同粒度的煤粉样品 $\ln y_v(r)$-$\ln r$ 都呈现线性关系，其线性相关系数都在 0.95 以上，说明无论是较粗和较细的煤粉都具备分形的特征。分形维数结果见表 8-7。

表 8-7　不同粒度煤粉的分形特征

中位径 $D_{50}/\mu m$	线性相关系数 R	线性回归斜率 b	分形维数 D
6	0.97	0.84	2.16
29	0.98	0.77	2.23
90	0.99	0.75	2.25

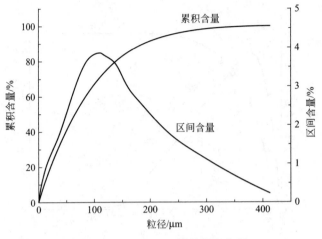

图 8-9　$D_{50}=90\mu m$ 煤粉粒度分布

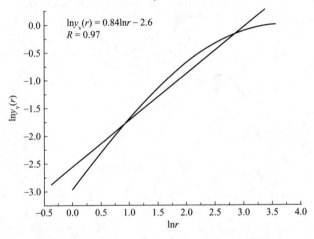

图 8-10　$D_{50}=6\mu m$ 的 $\ln y_v(r)\text{-}\ln r$ 关系图

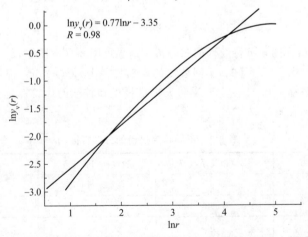

图 8-11　$D_{50}=29\mu m$ 的 $\ln y_v(r)\text{-}\ln r$ 关系图

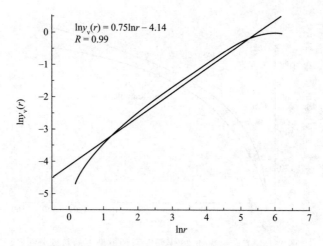

图 8-12　$D_{50}=90\mu m$ 的 $\ln y_v(r)$-$\ln r$ 关系图

8.2.2.3　级配对煤粉分形维数的影响

这里继续用到以 r 为变量的 Alfred 模型、Rosin-Rammler 模型。

Alfred 模型

$$y(r)=\frac{r^n-r_s^n}{r_L^n-r_s^n}\tag{8-16}$$

式中，r 为某个粒度；$y(r)$ 为小于粒度 r 的粒级含量；r_L 为体系最大粒度；r_s 为体系最小粒度；n 为模型参数，取 $n=0.3$。

Rosin-Rammler 模型（以下简称 R-R 模型）

$$y(r)=1-\exp-\left(\frac{r}{r_m}\right)^n\tag{8-17}$$

式中，r 为某个粒度；$y(r)$ 为小于粒度 r 的粒级含量；r_m 为与 $y(r)=0.368$ 相对应的粒径；n 为模型参数，取 $n=0.75$。

对中位径为 $29\mu m$ 的煤粉进行分析，其特征值通过粒度分析仪测得为 $r_L=143\mu m$；$r_s=0.15\mu m$；$r_m=15\mu m$，通过式(8-16)、式(8-17) 计算出 $y(r)$-r 对应关系，作图得图 8-13。

对上述两种模型下的对应的 $y(r)$-r 取对数后作图，进行线性回归分析，结果见图 8-14、图 8-15。

图 8-14 和图 8-15 可以看到 Alfred 模型和 R-R 两种模型 $\ln y_v(r)$-$\ln r$ 线性拟合相关系数都在 0.98 以上，斜率 b 分别为 0.39 和 0.48，分形维数 D 分别为 2.61 和 2.52。

将中位径为 $6\mu m$ 的煤粉样品与中位径为 $29\mu m$ 的煤粉均匀混合级配制成样品 1；将中位径为 $6\mu m$ 的煤粉样品与中位径为 $90\mu m$ 的煤粉均匀混合级配制成样品 2。利用激光粒度分析仪测试样品的粒度，都出现了级配后的"双峰"分布，如图 8-16、图 8-17 所示。

对级配的样品 1 和样品 2 对应的 $y(r)$-r 关系取对数后作图，进行线性回归分析，结果见图 8-18、图 8-19。

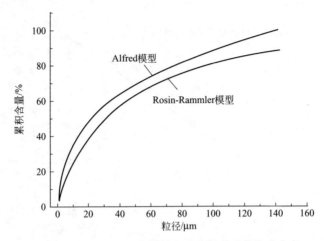

图 8-13 $D_{50} = 29\mu m$ 的煤粉在两种模型下的粒度分布

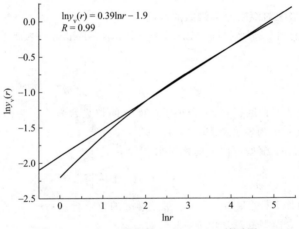

图 8-14 Alfred 模型的 $\ln y_v(r)$-$\ln r$ 关系图

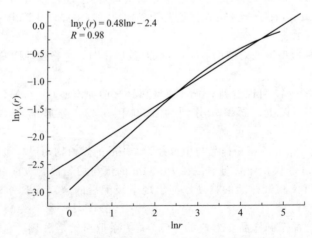

图 8-15 R-R 模型的 $\ln y_v(r)$-$\ln r$ 关系图

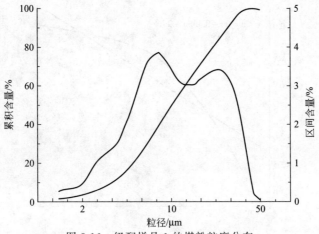

图 8-16　级配样品 1 的煤粉粒度分布

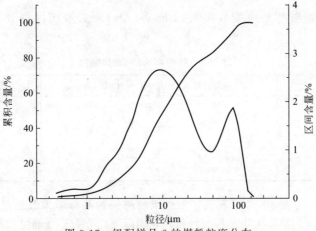

图 8-17　级配样品 2 的煤粉粒度分布

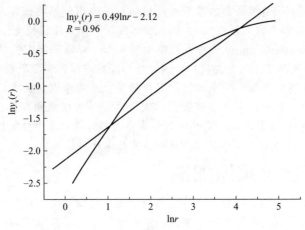

图 8-18　级配样品 1 的 $\ln y_v(r)$-$\ln r$ 关系图

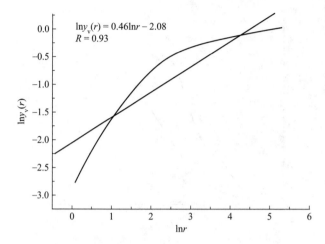

图 8-19   级配样品 2 的 $\ln y_v(r)$-$\ln r$ 关系图

将理论级配模型与级配后煤粉的 $\ln y_v(r)$-$\ln r$ 关系线性拟合，统计结果见表 8-8。

表 8-8   级配煤粉的分形特征

级配煤粉	线性相关系数 R	线性回归斜率 b	分形维数 D
Alfred 模型	0.99	0.39	2.61
R-R 模型	0.98	0.48	2.52
级配样品 1	0.96	0.49	2.51
级配样品 2	0.93	0.46	2.54

综合表 8-7 与表 8-8 可以看到，未经级配的煤粉其分形维数较低，都在 2.3 以下；煤粉经过级配后，无论是模型计算还是实际级配分布，分形维数都在 2.5 以上，高于未经级配煤粉分形维数。

上述的研究表明自然研磨的煤粉不论粗细都呈现出分形特征，线性相关系数都在 0.95 以上，分形维数不超过 2.3，因此分形维数可作为煤粉粒度分布的一个参数。Alfred 模型和 Rosin-Rammler 两种级配模型与实际"双峰"级配后的煤粉分形维数都大于 2.5，普遍高于未级配的煤粉，因此分形维数可作为表征煤粉级配的参数。

煤粉级配技术已普遍应用于水煤浆工业锅炉及水煤浆气化技术，尤其对于我国优质煤田神府煤：神府煤属低变质煤种，成浆性差（水煤浆制浆浓度不超过 55%，且稳定性差），但由于其低灰、高热值，是优质的动力煤，采用级配技术可将成浆浓度提高至 67%，大大促进了神府动力煤种在水煤浆中的应用。

8.3   水煤浆添加剂

水煤浆添加剂特别是分散剂，是制备高浓度、高稳定性水煤浆的关键，而且性能良好的分散剂可以改善煤表面亲水性，使煤颗粒易于分散成均匀、稳定的分散体系，同时改善浆体的假塑性行为和抗搅性能。因此，水煤浆分散剂的研究一直备受重视。

　　煤具有复杂大分子结构，目前关于煤粉分子结构有很多模型。煤的碳基结构使得煤的分子表面具有较强的疏水性，无法直接制备水煤浆，且煤颗粒比表面积大，容易发生团聚，因此在制浆过程需加入添加剂，主要包括分散剂与稳定剂，一般来说分散剂比稳定剂更加重要。

8.3.1　分散剂的作用机理

8.3.1.1　提高煤粉亲水性

　　目前关于分散剂的作用机理主要包括提高煤粒表面的亲水性。水煤浆添加剂的亲水基为羟基（—OH）、羧基（—COOH）、磺酸基（—HSO$_3$）、磷酸基（—PO$_3$）、氨基（—NH$_2$）等，而疏水基为与煤的表面分子结构类似的芳烃，这样能够很好地附着于煤粒表面，从而形成亲水基结合水，疏水基结合煤粒的结构，使煤粒在水中能够均匀分散，形成分散均匀、流动性好的水煤浆。接触角是直观反映界面浸润特性的参数，煤与水接触角越大，说明煤的亲水性越差，疏水性越强。不同煤种的接触角由表 8-9 可知。

表 8-9　不同煤种表面接触角

煤种	接触角/(°)	煤种	接触角/(°)
长焰煤	60～63	瘦煤	79～82
气煤	65～72	贫煤	71～75
肥煤	83～85	无烟煤	约 73
焦煤	86～90	页岩	0～10

　　分散剂作用就是一端亲油基与煤粒表面结合，另一端与水结合，在煤粒表面之间形成"水膜"，达到煤粒的均匀分散，减少煤的团聚，降低黏度。

8.3.1.2　增强静电斥力

　　著名的胶体理论 DLVO 理论由德加根（Derjguin）和兰多（Landau）于 1941 年，弗韦（Verwey）与奥弗比克（Overbeek）于 1948 年各自提出，因此该理论以四人名字而命名。

　　分子间范德华力取决于分子间距离，当分子间距离等于 r_0 时，斥力等于引力。范德华力的经验公式为

$$F = -A/r^6 + B/r^{12} \tag{8-18}$$

式中　F——范德华力；

　　A、B——系数，不同分子取值不同。

　　公式前一项表示分子间引力，后一项表示斥力，当分子间距离大于 r_0 时，引力占据主导地位，分子引力与距离 6 次方成反比，但随着距离的增大（大于范德华半径），这种引力势能越来越小；相反，分子间距离小于 r_0 时，斥力占据主导地位，排斥力与距离 12 次方成反比，随着距离减小，斥力增大。DLVO 理论认为溶胶在一定条件下能否稳定存在取决于胶粒之间相互作用的位能。总位能等于范德华吸引位能和由双电层引起的静电排斥位能之和。

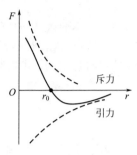

图 8-20 分子间作用
力与距离的关系

DLVO 理论解释水煤浆分散剂作用机理也存在一定局限性，因此当分子间距离大于范德华半径，范德华势能的作用就很小了。范德华半径可由式（8-18）求导得出，属于纳米级，但是对于煤粒来说，煤粒的直径为微米级，因此范德华作用力在水煤浆煤粒之间的作用不大。由于颗粒间还存在着静电斥力，来自于固体颗粒表面物质的电离、溶液中带电离子的吸附。煤粒通常带负电荷，带电粒子吸附周围的极性粒子，从而形成"双电层"，当煤粒距离减小时，双电层起到了排斥作用，从而抑制颗粒间的团聚。当然试验也证明，单纯提高煤粒表面的电位值并不能够提高水煤浆的分散效果。图 8-20 为分子间作用力与距离的关系。

8.3.1.3 空间阻隔效果

当分散剂吸附在煤粒表面时，在煤粒之间形成"水化膜"（见图 8-21），从而形成物理阻隔，避免了颗粒间的团聚。分散剂亲水基朝向水，亲油基与煤粒表面结合。水化膜不同于自由水，由于具有极性排列，因此在煤粒靠近时会起到阻隔作用，这种阻隔作用属于分子斥力，因此将煤粒"弹开"。

图 8-21 分散剂在煤粒
表面形成水化膜

分散剂作用机理并不是上述单一一种因素，而是各种机理相互作用的结果。下面介绍几种常用的分散剂。

8.3.2 分散剂

8.3.2.1 分散剂分类

水煤浆分散剂溶于水后，按其离解与否可分为离子型和非离子型分散剂两大类。常用的主要有阴离子型和非离子型。

（1）阴离子型分散剂 包括各类取代基萘磺酸盐缩聚物、聚烯烃磺酸盐系、聚羧酸盐系、木质素磺酸盐系、腐植酸系等。

（2）非离子型分散剂 用于水煤浆分散的非离子表面活性剂主要是聚氧乙烯醚类和聚氧乙烯/聚氧丙烷嵌段聚醚类表面活性剂。这类分散剂的主要优点是分子的亲水亲油性和相对分子质量易于调节和控制，不受水质及煤中可溶物影响，不需添加稳定剂，但价格昂贵，而且需配用消泡剂，适宜制高浓度水煤浆。这类分散剂常用带有羟基（—OH）、羧基（—COOH）、氨基（—NH$_2$）和酰胺基（—CONH$_2$）等活性基团。非离子分散剂对变质程度高的煤成浆性很好，对变质程度低的煤成浆性较差。

（3）复配分散剂 几种分散剂复配使用会产生协同效应，可以提高水煤浆浓度，降低浆体黏度，减少总添加剂用量，达到成本低、效能高的目的。

当然上述各类型分散剂最终还要取决于实际应用的煤种，在煤种及粒度确定的情况下，应当采用不同类型分散剂进行实验评价。

8.3.2.2 木质素分散剂

由于木质素型分散剂为市面上最为常用的分散剂，不仅成本低廉、来源广泛，并且有利于提高低阶煤的成浆性，因此在这里着重介绍。

木质素是植物细胞中一类复杂的芳香聚合物，它是纤维素的黏合剂，以增加植物的机械强度。木质素广泛存在于高等植物细胞中，是针叶树、阔叶树类和草类植物的基本化学组成成分之一。就总量而言，地球上木质素的数量仅次于纤维素。全球陆生植物每年可合成 500 亿吨木质素。造纸废液中含有大量的木质素，大部分造纸厂都将木质素烧掉作为无机物的能源，或排入江河湖泊，严重污染了环境，所以木质素的开发和利用已成为人们关注的课题。因此，对木质素进行改性研究具有广阔的前景。

由于木质素分子结构中含有一定数量的芳香基、醇羟基、羰基、酚羟基、甲氧基、羧基、醚键和共轭双键等活性基团，所以木质素可以进行氧化、还原、水解、醇解、酸解、酰化、磺化、烷基化、缩聚或接枝共聚等许多化学反应。其中，又以氧化、酰化、磺化、缩聚和接枝共聚等反应性能在研究木质素的应用中显示着尤为重要的作用，同时也是扩大其应用的重要途径。在此过程中，磺化反应又是木质素应用的基础和前提，到目前为止，木质素的应用大都以木质素磺酸盐的形式加以利用。木质素磺酸盐在神府低阶煤成浆性方面与其他分散剂相比，不仅成本低，而且在降黏及提高稳定性方面有很大的优势。国内市场上木质素磺酸盐产品主要以木质素磺酸钙、木质素磺酸钠的形式出现，另外，还有木质素磺酸铵及其他改性产品，也是由碱木质素磺化得到的。无论来源于酸法造纸工业，还是经过对碱木质素磺化或磺甲基化获得的木质素磺酸盐，作为水煤浆添加剂性能较差，只适用于易制浆煤种，生产应用受到限制，必须进行化学改性。

下面简单介绍几种采用碱木质素磺化改性制备木质素分散剂的方法。

（1）合成路线

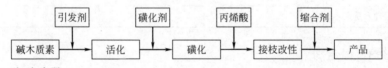

（2）实验步骤

① 磺化改性木质素磺酸盐分散剂的制备

a. 称取 100g 碱木质素溶于 200mL 水中，加入 500mL 三口烧瓶中，升温加热搅拌；

b. 温度升到 90℃ 左右时加入亚硫酸钠溶液（60g 亚硫酸钠溶于 22.7mL 的甲醛溶液），继续搅拌反应 3h；

c. 将上述反应液进行萃取、抽滤、干燥即得产品；

d. 调制水煤浆进行分散剂性能评价。

② 磺甲基化缩合改性木质素磺酸盐分散剂的制备

a. 称取 100g 碱木质素溶于 200mL 水中，加入 500mL 三口烧瓶中，升温加热搅拌；

b. 温度升到 55℃ 左右时加入 10mL 双氧水，继续搅拌反应 30min；

c. 边升温边加入 30g 无水亚硫酸钠，直至温度升高到 90℃ 进行磺化反应，反应时间控制在 3h；

  d. 磺化反应结束后降温至 85℃，加入 30mL 甲醛溶液继续反应 1h；

  e. 将上述反应液进行萃取、抽滤、干燥即得产品；

  f. 调制水煤浆进行分散剂性能评价。

  ③ 接枝改性木质素磺酸盐分散剂的制备

  a. 称取 100g 碱木质素溶于 200mL 水中，加入 500mL 三口烧瓶中，升温加热搅拌；

  b. 温度升到 55℃ 左右时加入 10mL 双氧水，继续搅拌反应 30min；

  c. 边升温边加入 30g 无水亚硫酸钠，直至温度升高到 90℃ 进行磺化反应，反应时间控制在 3h；

  d. 磺化反应结束后降温至 80℃，加入 50mL 丙烯酸继续接枝改性反应 3h；

  e. 接枝改性反应结束后降温至 70℃，加入 30mL 甲醛溶液进行缩合反应 1h；

  f. 将上述反应液进行萃取、抽滤、干燥即得产品。

  以陕煤集团张家峁矿业 4^{-2} 洗煤为原料，制备出中位径 28μm 的煤粉（未级配）进行制浆，水煤浆制浆浓度为 57%±1%，在此初始条件下对上述制备的几种分散剂进行性能评价，如表 8-10 所示，可见对于张家峁 4^{-2} 洗煤，磺化改性木质素在水煤浆稳定性、流动性及成浆浓度方面指标较好。

表 8-10 张家峁 4^{-2} 洗煤采用不同分散剂的成浆参数

分散剂	添加量（占干煤粉的百分比）/%	制浆浓度/%	黏度/mPa·s	流动性	稳定性
碱木质素	1.6	57.17	992.7	差	3 天
磺化改性木质素	1.0	57.2	670.7	好	5 天
磺甲基化改性木质素	1.2	56.68	921.3	较好	4 天
接枝改性木质素	1.2	57.84	948.5	较好	4 天

8.3.3 稳定剂

  水煤浆是两相固液混合物，因此在存储和运输过程，会因重力、煤粒比表面能、碰撞等其他外力发生煤粒的聚集沉降。为了防止沉淀，需在水煤浆内加入适量的稳定剂，使煤粒能够稳定地悬浮在水中，延缓沉淀周期。水煤浆稳定剂最常用的是羟甲基纤维素钠（CMC），由于 CMC 对人体无毒，因此也用于食品加工行业。CMC 是一种链式具有空间网格的结构，羟甲基纤维素钠属于钠盐，为阴离子型纤维，能够溶解于水，而有机基团与煤粒表面结合，由于 CMC 的大分子网状结构，因此在煤粒之间会形成网状的交织结构，从而防止煤粒进一步团聚沉降，促进了体系的稳定。

  稳定剂的加入会增加水煤浆的黏度，会增加搅拌阻力及泵送阻力，也会影响到水煤浆的雾化燃烧过程，实际应用应根据生产情况进行评价，如果水煤浆稳定性符合生产要求，也可不予添加。

8.4 水煤浆的流变特性

  水煤浆作为水与煤的非匀相悬浮液，其流变特性需要流体力学来描述。流变性是水煤浆的一项重要指标，直接关系到水煤浆的管道泵送、雾化燃烧及稳定性。在了解水煤浆的流变特性之前，首先要了解不同的流体类型。

为了表征流体的黏性程度，采用黏度的概念。定义如下：当对流体施加剪切应力 F 时，流体液层之间以一个速率 dv/dz（剪切速率或速度梯度）发生应变，如果剪切应力 F 与 dv/dz 呈线性关系则称该种液体为牛顿流体，若为非线性则为非牛顿流体。水煤浆属于一种非牛顿流体，下面对几种流体类型做简单介绍。

牛顿流体剪切应力 F 与 dv/dz 呈线性关系，定义其线性系数 μ 为黏度，即

$$F = \mu \cdot dv/dz \tag{8-19}$$

对于牛顿流体，μ 为常数，因此黏度与剪切速率无关。牛顿流体较为普遍，水、空气都属于牛顿流体。对于低浓度水煤浆也表现为牛顿流体。

当 F 与 dv/dz 成非线性关系时，不存在一个固定的黏度 μ，此时黏度 μ 与剪切力有关，在特定剪切力或剪切速率下对应的黏度为表观黏度。利用表观黏度的变化规律可将非牛顿流体分为以下几类：

假塑性体：剪切应力随剪切速率的增大其增加率减小，如图 8-22 所示；其表观黏度随剪切速率增加而减小，如图 8-23 所示。油漆、水泥、润滑油属于此种流型。

胀性体：剪切应力随剪切速率的增大其增加率增大，表观黏度随剪切速率增加而增加，胀流性现象比较少见，常发生在高浓度悬浮液或高剪切作用下。胀流性对水煤浆的流动是不利的，在生产中应当避免水煤浆的胀流性。

宾汉流体：某些流体只有在剪切力足够大时才会发生运动，这个临界剪切力称为屈服力。对于宾汉流体，当剪切力大于屈服力时，剪切力与剪切速率呈线性关系，黏度为定值。泥土、污泥、涂料的中浓度悬浮液表现为这种特性。

屈服-假塑性体：即剪切力超过屈服力后，其表观黏度随剪切速率增加而减小，表现为假塑性体。对于水煤浆，一般表现为屈服-假塑性体。因此对于水煤浆的流变特性可以用屈服-幂定律方程表述

$$F = T + \mu(dv/dz)^n \tag{8-20}$$

相比式（8-19）多了一项屈服力 T，剪切力 F 与剪切速率 dv/dz 呈现为非线性，指数 n 为流动指数，是对线性牛顿流体的偏离程度，为经验常数，可通过实验测定。对于几种流体的流变规律可见图 8-22、图 8-23。

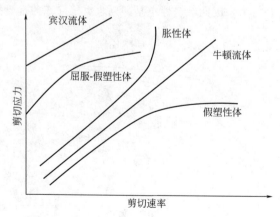

图 8-22 不同流体剪切应力与剪切速率的关系

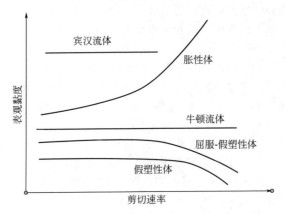

图 8-23　不同流体表观黏度与剪切速率的关系

当然煤种的不同、制浆工艺、粒度分布、添加剂的类型及用量都会影响到水煤浆的流变特性，导致在不同的剪切速率区间会表现为不同的流变特性。在生产水煤浆时，希望静态时有较高的黏度防止沉淀，动态时有较低的黏度便于泵送及雾化。因此屈服-假塑性体能够满足这一要求：静态时有一定的屈服力，当受到大于屈服应力的剪切力（如搅拌、剪切）时，其黏度随剪切力增大而减小。因此通过这一点为人们提供了一种检验水煤浆流变性好坏的标准，即可通过化验室圆筒流变仪测定不同剪切速率下的表观黏度，看其流变规律是否满足屈服-假塑性体。

由于水煤浆的假塑性特性，在泵送及雾化前需要对水煤浆进行剪切搅拌以降低其表观黏度。实验还发现升温也有助于降低水煤浆的黏度，因此在有条件的情况下，在使用水煤浆前对其加温也会促进水煤浆的流动性。

水煤浆的稳定性也与流变性有关。水煤浆受到剪切作用后，由于内部结构的变化可能会对水煤浆本身的流变性产生影响，内部结构的破坏与恢复需要一定时间，从而会显示出水煤浆的触变性。稳定性好的水煤浆理论上应当形成如图 8-24 所示的闭合回滞曲线，也就是说内部结构的破坏与重建存在可逆性。触变性与煤粉粒度分布、分散剂、稳定剂有关。因此触变性也是评判水煤浆好坏的重要指标。

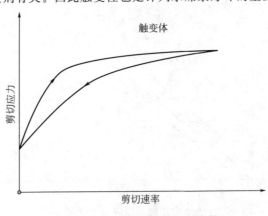

图 8-24　屈服-假塑性体的触变性

8.5　水煤浆生产工艺

8.5.1　水煤浆制浆技术分类

水煤浆生产工艺方法有干法制浆和湿法制浆两种。干法制浆工艺是把煤粒破碎、研磨制成煤粉，再通过加入添加剂和水调制成浆；湿法制浆是将煤、水和添加剂一起加入磨机研磨，直接制浆。湿法制浆工艺技术较为成熟，在国内使用较为普遍，在制备高浓度水煤浆方面有优势，但与干法制浆相比存在以下缺点：

① 湿法制浆增加了运输成本（运输包含了30％～40％的水分），而且需要克服运输过程中的沉淀问题。而干法制浆通过运输水煤浆母料，可在炉前实现调浆，节约了运输成本。

② 湿法制浆通常采用球磨或棒磨机进行研磨，当需要改变煤粉粒度分布时，需要重新调整磨介配比，适应性差。

③ 干法制浆工艺中制备的煤粉也可作为锅炉燃烧煤粉、高炉喷吹煤粉、铸造煤粉等，拓宽了煤的应用领域。

因此，近年来干法制浆也得到不少用户的青睐。但传统干法制浆也存在以下不足：

① 传统干法磨矿（如雷蒙磨、球磨、棒磨）产量低，噪声大，耗电高，且生产环境差。

② 对于煤粉这种容易自燃的粉体，传统磨矿设备都缺乏相关的安全控制系统，对设备和生产人员造成安全隐患。

值得一提的是，陕西煤业化工新型能源有限公司的干法制浆技术采用立磨精确控制煤粉粒度分布，结合超细粉分离技术，可将较难成浆的神府煤水煤浆浓度提高至67％以上，并实现了工业化生产。

湿法制浆工艺

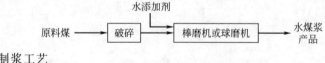

干法制浆工艺

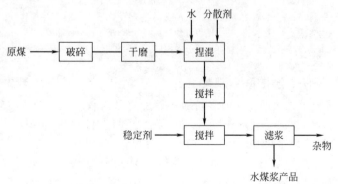

8.5.2　干法制浆技术简介

图 8-25 为干法制备水煤浆的系统。其工艺流程为：利用行吊将吨袋煤粉产品吊

至料仓上部卸料口处，煤粉通过转子计量秤定量喂入双轴搅拌器内，同时通过流量计定量加入水、分散剂和稳定剂，在双轴搅拌器内进行初步的捏混，再通过调浆罐进行搅拌、熟化。双轴搅拌器顶部风管连接袋收尘系统，由双轴搅拌器内搅拌产生的煤粉扬尘被袋收尘系统收集，从而达到降尘效果。连接调浆罐的螺杆泵可将罐内的水煤浆再泵送至双轴内，以促进煤粉与水或煤浆的融合。经调浆罐将搅拌好的浆料经过压力过滤筛过滤，滤掉大颗粒及杂物，最后通过剪切泵的高速剪切将煤粒与水进一步融合，同时切断煤浆中的絮状物，最终进入成品罐，完成成品浆的制备。车间内设污水池，用于储存生产用水及冲洗煤浆管道用水，污水池内污水可泵送至双轴搅拌器或调浆罐内，实现污水循环利用制备水煤浆。

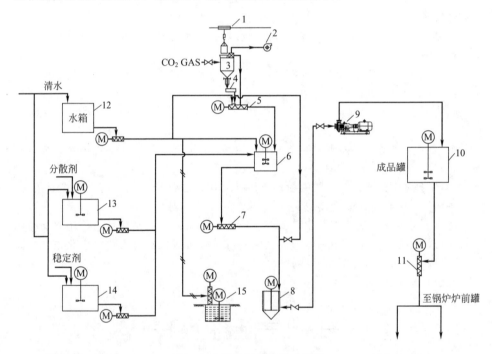

图 8-25　干法制浆工艺流程图

1—行吊；2—袋收尘系统；3—成品仓；4—转子计量秤；5—双轴搅拌器；
6—调浆罐；7—螺杆泵；8—压力过滤筛；9—剪切泵；10—成品罐；11—成品
浆螺杆泵；12—水箱；13—分散剂罐；14—稳定剂罐；15—污水池

8.5.3　干法、湿法联合制浆

如图 8-26 所示，缓冲仓内的煤粉通过螺旋定量给料秤定量喂入双轴搅拌机内，同时通过流量计定量加入水及分散剂，在双轴搅拌机内进行一次捏混，再通过螺旋给料机二次捏混形成水煤浆母料，同时通过流量计定量加入稳定剂。经初步混合的水煤浆母料进入球磨机更进一步细磨、混匀，通过调整球磨机的转速率和装介率使煤粉具备更高的堆积效率，实现合理级配，改善最终产品粒度分布，提高制浆效果。经球磨机细磨后的水煤浆再通过积浆槽搅拌、熟化。将搅拌好的浆料经过压力过滤器过滤，滤掉大颗粒及杂物，最后通过剪切泵的高速剪切进入成品罐，完成成品浆

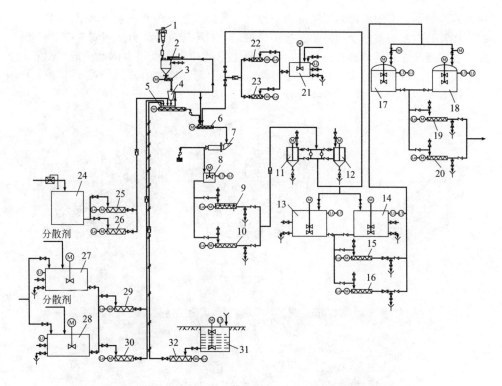

图 8-26　干法、湿法联合制浆工艺流程图

1—吨袋卸料机；2—钢仓；3—螺旋定量给料秤；4—储料罐；5—双轴搅拌机；
6—螺旋给料机；7—球磨机；8—积浆槽；9—螺杆泵 a；10—螺杆泵 b；11—压
力过滤器 a；12—压力过滤器 b；13—成品罐 a；14—成品罐 b；15—螺杆泵 c；
16—螺杆泵 d；17—储浆罐 a；18—储浆罐 b；19—螺杆泵 e；20—螺杆泵 f；
21—稳定剂罐；22—输送泵 a；23—输送泵 b；24—水箱；25—输送泵 c；
26—输送泵 d；27—分散剂罐 a；28—分散剂罐 b；29—输送泵 e；
30—输送泵 f；31—污水池；32—螺杆泵 g

的制备。

　　湿法制浆环境相对友好，但仍需要大面积的煤场以便储存原料煤，因此需注意煤场的抑尘。干法制浆过程需注意吨袋煤粉卸料过程的煤粉扬尘，需采用除尘设备进行除尘，吨袋煤粉的存储形式解决了煤场扬尘的问题，但在存储过程中应做好煤粉的防自燃管理。

8.6　水煤浆制浆设备

8.6.1　棒磨机与球磨机

　　棒磨机与球磨机是传统的溢流型湿法制浆设备，主要由电机、主减速器、传动轴、筒体、内衬、磨介等组成。棒磨机内部磨介为钢棒，球磨机内部为不同规格大小的钢球，钢球与转筒之间有耐磨板内衬。异步电机通过减速器与小齿轮联接，直接带动周边大齿轮减速转动，驱动回转部旋转，筒体内部的磨矿介质在离心力和摩擦力的作用下，带动内部物料随外筒被提高至一定高度呈泻落状态回落至内筒底部，循环往复，内部的物料受到冲击、挤压、剪切、摩擦等各种外力从而实现破碎研磨，并通过溢流的方式排出磨机出料口，到一段工序处理。磨机在本体就位后，出料口高于入料口，磨机相对水平面有一小倾角，目的是增加磨矿时间。

图 8-27 为球磨机的三种磨矿方式。图 8-28 为球磨机。

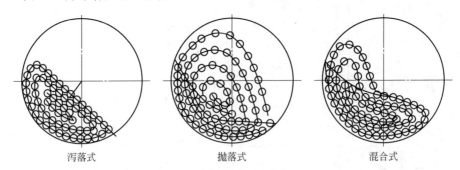

|　　泻落式　　|　　抛落式　　|　　混合式　　|

图 8-27　球磨机的三种磨矿方式

图 8-28　球磨机

球磨机内部磨矿介质为球体，与物料接触面积更大，因此球磨机比棒磨机磨矿效率要高，而且研磨的粒度分布更宽，棒磨机研磨的粒度分布偏窄，粒度均匀性更好。

8.6.1.1　装介率

装介率是指装入磨机内磨介的空间体积占磨机桶内有效体积的百分比，是影响磨机磨矿效率和生产经济性的重要参数。磨机装介率过小，磨机内部的物料无法与介质充分作用，造成磨矿效率低下；装介率过大，球磨介质在转筒转动过程无法形成抛落和泻落过程，导致物料与介质以摩擦力为主，降低了研磨介质与物料的冲击作用力，不仅增加了电机负荷和功耗，而且使研磨效率低下。磨机装介率一般不超过 50%，在一定电机功率下，磨机装介率可通过试验确定功耗与磨出物料粒度关系。

8.6.1.2　磨机转速率

磨机转速率为磨机实际转速与磨机临界转速的百分比。磨机的临界转速是假定研磨介质与筒体衬板间无滑动的条件下，磨机筒体转动时，筒体中磨矿介质在受到离心力与重力平衡时被提升至磨机筒体顶点不再下落随筒体一起转动的最小转速。

临界转速根据圆周运动求得，临界转速满足 v

$$mv^2/R = mg \qquad (8\text{-}21)$$

式中　m——磨矿介质质量；

　　　R——内筒半径。

$$v = Rw \qquad (8\text{-}22)$$

$$w = 2\pi n / 60 \qquad (8\text{-}23)$$

式中　w——角速度，rad/s；

　　　n——转数，r/min。

根据式(8-21)、式(8-22)、式(8-23)可得，临界转速 n_c 为

$$n_c = \frac{42.3}{\sqrt{D}} \qquad (8\text{-}24)$$

式中　D——磨机直径，m。

随着转速的提高，磨机磨介以泻落为主的研磨方式向以抛落的冲击方式转变。如果转速过高，靠近中轴的磨介的离心力大于重力，抛落也会减弱，增加功耗的同时并未增加磨矿效率；而转速过低时，磨介与物料的剪切摩擦作用也会随着泻落的减弱而减小。因此转速率过大或过小，磨介都无法以抛落与泻落的形式产生对物料有效的冲击力和研磨力。一般来说，转速率为 $65\% \sim 78\%$，使磨介的抛落和泻落形式同时存在。不同的工况最佳转速率差别也很大，根据不同工况，可在确定其他因素（如磨机功率、装料率、内筒容积等）的前提下，对不同转速率进行测试，从而找到不同转速率下的物料粒度分布与耗能情况。

8.6.1.3　磨机介质匹配

磨机磨矿介质（磨介）尺寸计算，一般先根据物料及磨机的工况参数，根据经验公式得出磨介的尺寸，实验证明，磨介的尺寸 D 与磨机给料粒度 d 存在以下通式

$$D = kd^n \qquad (8\text{-}25)$$

式中　k、n 为参数，与磨机工况及给料粒度有关。

以上式为通式，国内外许多学者提出不同的经验公式，下面以邦德公式为例，对于球磨机

$$D = 2.08\left(\frac{\delta W}{n\sqrt{2R}}\right)^{0.5}(d_{80})^{4/3} \qquad (8\text{-}26)$$

式中　D——磨球尺寸，m；

　　　δ——物料粒度，kg/m³；

　　　W——物料的功指数，kW·h/t；

　　　n——转速率；

　　　R——内筒半径；

　　　d_{80}——过筛率为 80% 时对应的粒度。

对于棒磨机，邦德公式为

$$D_1 = 2.08 \left(\frac{\delta W}{n \sqrt{2R}} \right) (d_{80})^{4/3} \qquad (8\text{-}27)$$

式中，D_1 为棒磨机磨棒的直径。

磨矿介质往往并不是单一尺寸的，同样存在级配以提高研磨效率及达到相应物料的粒度分布。国内外很多学者也提出了介质尺寸配比的计算方法，有兴趣的读者可以查阅相关专业文献，在这里就不再详细介绍。

8.6.2　干法制浆主要设备及选型

8.6.2.1　调浆罐

调浆罐用于干法制浆，煤粉、水及添加剂就在调浆罐内完成搅拌混合，是干法制浆的核心环节。调浆罐虽然结构简单，但是调浆罐的设计中要遵循若干准则，否则不仅造成生产效率低下，而且增加耗能，甚至无法制备出质量合格的水煤浆。

（1）搅拌方式　搅拌是以流体（浆体）为载体，以机械能的方式将煤、水、添加剂最大限度地均匀混合。目前常用的搅拌方式分为机械搅拌和气流搅拌。

机械搅拌的核心设备是搅拌器，搅拌器按搅拌叶片的不同分为不同种类（图 8-29）。锚式及刀式叶片一般用于黏度较低的浆液；叶桨式结构简单，在搅拌过程所受到的流体阻力较大，会增加电机负荷；推进式、涡轮式及螺旋桨式叶片搅拌时能够形成很好的涡流，尤其是螺旋桨式，目前大部分采用这种方式，但这种方式主要在搅拌桶内形成浆液的切向流动，轴向流动较弱，需采用挡板来解决这一问题（下文会讲到）；螺旋式和螺带式叶片能够增加浆液的切向和轴向运动流动，而且搅拌阻力较小，一般螺带式用于黏度较低的浆液，水煤浆可采用螺旋式及螺带＋螺旋式。

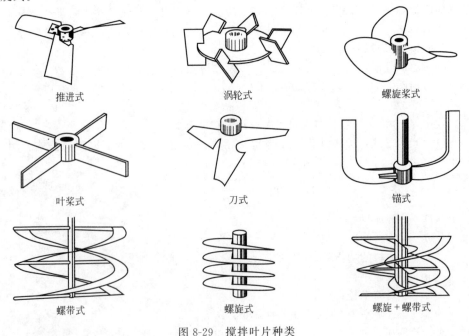

推进式	涡轮式	螺旋桨式
叶桨式	刀式	锚式
螺带式	螺旋式	螺旋＋螺带式

图 8-29　搅拌叶片种类

在实际的应用过程也可以组合使用，如正反螺旋桨式，即同时采用螺旋方向相反的两个搅拌器，增加浆液内部的循环流动。同样可采用正反螺旋＋螺带式、螺旋桨式＋螺旋式等，如果调浆罐罐体较高，可采用多层叶轮。

（2）叶轮大小的确定　叶轮的大小应与调浆罐内径相匹配，如果叶轮直径过小，则靠近调浆罐内壁的浆液无法受到充分搅拌；倘若叶轮过大，不仅增加电机负荷，而且叶片在搅拌过程由浆液阻力造成的扭力矩过大会降低叶片的使用寿命，此外，叶轮过大会减弱浆液的径向流动，对充分搅拌也不利。根据经验，通常叶轮直径与调浆罐直径比为 0.35～0.5。

（3）叶轮安装高度的确定　对于干法制浆，煤粉都是从调浆罐顶部卸入调浆罐内，因此如果叶轮安装高度过低，无法使水面漂浮的煤粉有效地进入内部搅拌；如果安装高度过高，会从液面上方吸入更多的空气从而增加搅拌负荷，降低搅拌效果。对于干法制浆工艺，在调浆过程中为保证液面上方煤粉与水充分混合，叶轮距液面高度与调浆罐液面高度比例介于 1/3～1/2 之间。

（4）搅拌桶挡板　不管是哪种搅拌方式，在搅拌过程都是以切向方式进行，为了增大浆液的轴向运动及上下对流循环，需在罐内壁设置挡板。挡板如果设计过多过大则会形成搅拌死区，造成煤浆局部沉淀，同时也额外增大搅拌功率，设计太小起不到导流效果。挡板的数目及尺寸可按照下式参考设计

$$\left(\frac{B}{D}\right)^{1.2} \times n = 0.35 \tag{8-28}$$

式中　B——挡板的宽度；

　　　n——挡板数量；

　　　D——搅拌桶直径。

8.6.2.2　双轴搅拌器

双轴湿式搅拌器在干法制浆过程中用于对煤粉和水的初步混合，主要部件包括外壳、搅拌双轴（叶片主要有螺旋式和叶桨式两种）、驱动电机、减速机等，在制备水煤浆过程若为了降尘还可在盖板上部增加除尘设备。双轴搅拌器的核心部件是内部两根自旋反向的双轴，双轴呈并列的对称状分别围绕各自轴心同步旋转（见图8-30），干灰等粉状物料输送的同时加水，加水可以采用上部漫灌和喷淋两种方式，使煤粉搅拌均匀加湿，从而可使煤粉和水进行初步混合后进入下一设备。双轴湿式搅拌器必须密封良好，防止煤粉和水的跑冒滴漏，必要时需增设除尘设备使双轴搅拌器内

图 8-30　双轴湿式搅拌器内部结构（叶桨式）

呈负压状态，从而达到抑尘的目的。表 8-11 为某厂家湿式双轴搅拌器的产品型号。

表 8-11　某厂家湿式双轴搅拌器的产品型号

设备型号	SK-20	SK-40	SK-60	SK-80	SK-100	SK-200
产能/(t/h)	20	40	60	80	100	200
电机功率/kW	5.5	7.5	11	18.5	22	30
主轴转速/(r/min)	25.5	31.3	47.6	31.8	43	42.6
叶片回转直径/mm	630	630	630	750	750	880
进水口通径/mm	50	50	50	80	80	80
进水量/(t/h)	4～6	8～12	12～18	16～24	20～30	40～60
湿灰含水量	20%～30%					

8.6.2.3　螺杆泵

单螺杆泵是一种单螺杆式输运泵，它的主要结构由偏心螺旋体的螺杆（转子）和内表面呈螺纹面的螺杆衬套（定子）相互啮合而成，从而形成若干段密封的腔室，当电机带动泵轴转动时，驱动螺杆沿自身轴线转动，转子与定子的相对转动使得密封腔内的液体向前推进，螺杆每转一周，密封腔内的输送介质向前推进一个螺距，从而使内部介质达到泵送的目的。螺杆泵的这种工作机制使其适用于输送黏度较大的液体，常在采油过程中用于输送抽取原油，对于水煤浆也是一种性能优异的泵送机械，具有结构简单、使用维修方便、出液连续均匀、压力稳定等优点。螺杆泵的主要结构部件如图 8-31 所示。

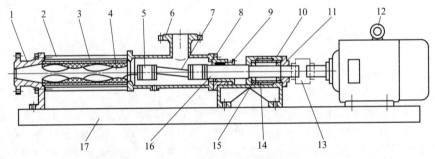

图 8-31　螺杆泵结构部件图

1—出料口；2—拉杆；3—定子；4—螺杆轴；5—万向节；6—入料口；
7—连接轴；8—密封填料；9—填料压盖；10—轴承座；11—轴承盖；
12—电机；13—联轴器；14—轴套；15—轴承；16—传动轴；17—底座

螺杆泵的主要技术参数有：

（1）流量　螺杆泵的理论流量等于转子与定子间的体积 V 与导程 T（对于单螺杆泵导程与螺距相等，图 8-32）及螺杆转速 n 的乘积，即

$$Q = VTn \tag{8-29}$$

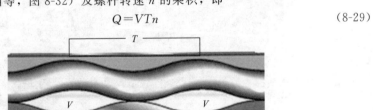

图 8-32　V、T 示意图

泵的实际流量一般小于理论流量，因此要乘泵的容积效率 η。

（2）转速 由上式可知，泵的转速 n 越大，泵体的流量愈大，但是不能一味地以增加转速来提高泵的流量，原因是泵的转速达到一定值时，泵内腔体会吸入大量空气，形成气泡，形成负压，当达到液体的饱和蒸汽压时，泵体内会出现汽蚀现象，对泵体会形成较大的机械伤害，使泵的流量减小，无法正常工作。此外我国单螺杆泵的机械标准 JB/T 8644—2017，以橡胶为定子的螺杆泵应考虑泵体之间、泵体与输送介质之间的摩擦，规定泵的转、定子最高相对滑动速度不大于 4m/s。因此在转速一定的条件下，应增加导程与密封腔体积来增加泵体流量。

（3）出口压力 螺杆泵的出口压力取决于定子与转子间以一个周期为单位的密封腔的个数，也称之为泵的级数，级数越高，泵的出口压力愈大，根据国家标准要求，在使用橡胶定子的前提下，考虑到泵体的轻微磨损性的介质选择一级的 Δp 为 0.5MPa 左右，中等磨损性的介质选择一级的压力差 Δp 为 0.3MPa 左右，对于有严重磨损性的介质一级压力差 Δp 通常以不超过 0.2MPa 为宜。表 8-12 为某厂家单螺杆泵技术参数。

表 8-12 某厂家单螺杆泵技术参数

型号	转速 /(r/min)	流量 /(m³/h)	压力 /MPa	电机功率 /kW	扬程 /m	进口(DN) /mm	出口(DN) /mm
M25-1	960	2	0.6	1.5	60	32	25
M25-2	960	2	1.2	2.2	120	32	25
M35-1	960	8	0.6	3	60	65	50
M35-2	960	8	1.2	4	120	65	50
M40-1	960	12	0.6	4	60	80	65
M40-2	960	12	1.2	5.5	120	80	65
M60-1	960	30	0.6	11	60	125	100
M60-2	960	30	1.2	15	120	125	100

8.6.2.4 转子秤

粉体物料由入料口送入具有分隔结构的内部环状转子秤（见图 8-33），转子秤叶轮旋转，使物料在入料口至出料口半圆周内均匀流动，转子秤通过称重传感器得出物料的瞬时荷重信号，瞬时信号通过时间积分得出该时段的流量，控制器将该流量数值与预先设定好的流量值进行比较，从而通过变频器调整转子秤的驱动电机转速，实现对粉体输出流量的控制。图 8-34 为转子秤电子控制流程图。

图 8-33 转子秤

8.6.2.5 螺旋秤

螺旋秤的电气控制原理与转子秤相同，不同的是螺旋秤采用螺旋输送机进行输送，通过控制螺旋输送机内螺杆的转速实现对不同粉体输送量的控制。螺旋秤可采用双层结构，如图 8-35 所示，上层可将粉体输送均匀化，实现稳定、均匀给料，下层实现粉体的计量和输送。

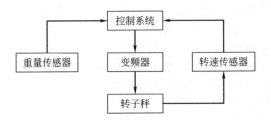

图 8-34　转子秤电子控制流程图

图 8-35　螺旋秤

8.7　干法制浆应用实例

① 河北涿州某企业生产过程采用 4×10 蒸吨导热油水煤浆锅炉，由于当地缺乏煤矿资源，水煤浆从外地购入，若采用成品水煤浆，水煤浆中含有质量分数为 35% 的水将大大增加运输成本。因此该企业选择从外地购入吨包煤粉，在企业内进行干

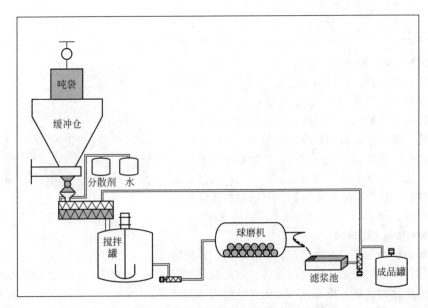

图 8-36　涿州某企业制粉制浆工艺流程图

法制浆。该企业制浆工艺采用干湿法结合制备水煤浆，前段采用调浆罐进行干法制浆，后段采用球磨机进行进一步剪切熟化，制备出的水煤浆达到一级浆标准，满足生产需求的同时，降低了生产成本。图 8-36 为涿州某企业制粉制浆工艺流程图。

　　② 陕西煤业化工新型能源公司神木分公司采用干法制浆工艺，煤粉来源于厂内的生产的煤粉，水煤浆的制备采用干法制浆工艺。制备出的水煤浆一方面作为制粉系统热风炉的燃料，另一方面在冬季用于一台 4 蒸吨的水煤浆锅炉，解决了企业区冬季供暖问题。此外生产区废水用于调浆不仅解决了污水排放问题，还实现了水资源的循环利用，是水煤浆综合利用的示范型企业。图 8-37 为陕煤新型能源公司水煤浆制浆设备。

图 8-37　陕煤新型能源公司水煤浆制浆设备

　　③ 河北柏乡某造纸厂采用造纸废液制备黑液水煤浆，实现了循环经济，不仅解决了造纸废液的排放问题，而且制备的水煤浆满足了造纸厂水煤浆锅炉的生产需要，部分水煤浆还对外进行销售，该项目的实施为柏乡造纸厂带来了良好的经济效益。图 8-38 为柏乡某造纸厂制浆工艺流程图。

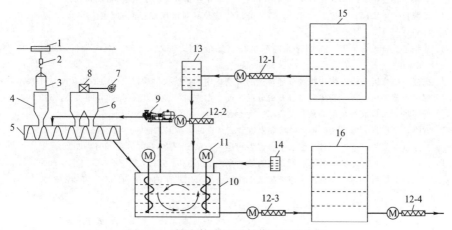

图 8-38　柏乡某造纸厂制浆工艺流程图

1—行吊；2—电子挂钩秤；3—吨袋煤粉；4—下料斗；5—双轴湿式搅拌器；6—袋收尘系统；
7—通风机；8—布袋收尘器；9—剪切泵；10—调浆罐；11—螺旋搅拌器；12-1—螺杆泵 a；
12-2—螺杆泵 b；12-3—螺杆泵 c；12-4—螺杆泵 d；13—黑液缓冲罐；14—消泡剂罐；
15—黑液收集罐；16—黑液水煤浆成品罐

工作过程如下：

确定制备黑液水煤浆的浓度及总量，计算所需黑液的量及煤粉的量。利用输浆螺杆泵将黑液收集，罐内的黑液泵送至缓冲罐，再定量输送至调浆罐内。调浆罐内手动加入消泡剂。开启调浆罐内两个螺旋搅拌器及连通双轴湿式搅拌器的剪切泵。开启双轴湿式搅拌器、袋收尘系统、通风机。将吨袋煤粉用行吊吊至下料斗上方，解开吨袋下部扎口，放置于下料口处，使煤粉自由下落至双轴搅拌器内，将煤粉与黑液初步捏混。吨袋煤粉的重量由行吊上的电子挂钩秤计量。待调浆罐内黑液水煤浆搅拌均匀、熟化后，通过螺杆泵将黑液水煤浆输送至成品罐内。成品罐内黑液水煤浆经过螺杆泵泵送运输，或通过水煤浆锅炉直接燃烧。本系统在常规干法制浆工艺基础上，做了一定的改进，改进后的黑液干法调浆系统设备投资小、操作简便，省去了湿法调浆所需的煤场、皮带等储运系统，便于在造纸企业得到推广。

参 考 文 献

［1］ 何国锋，詹隆，王燕芳．水煤浆技术发展与应用．北京：化学工业出版社，2012．

［2］ 张荣曾．水煤浆制浆技术．北京：科学出版社，1996．

［3］ 郝临山，彭建喜．洁净煤技术．北京：化学工业出版社，2005．

［4］ 曾凡，胡永平，等．矿物加工颗粒学．徐州：中国矿业大学出版社，1995．

［5］ 王俊哲，王渝岗，方刚，等．基于 Alfred 模型提高神府煤水煤浆成浆性．煤炭科学技术，2013，41（12）：117-119．

［6］ Funk J E，Dinger．Control Parameters for a 75 WT% Coal-Water Slurry．COAL，1982（4）：56-59．

［7］ Funk J E．Preparation of a Highly Loaded Coal Water Mixture．COAL，1982（4）：64-68．

［8］ Funk．Coal-Water Slurry and Methods for Its Preparation．US4282006．1979．

［9］ 吴国光．煤岩组成与水煤浆成浆性能的关系研究．中国矿业大学学报，2009（3）：35-38．

［10］ 周新建．水煤浆颗粒级配的研究煤炭学报，2001（26）：557-560．

［11］ 曼德尔布罗特．分形对象：形、机遇和维数．北京：世界图书出版公司，1999．

［12］ 王俊哲，王渝岗，张建安，等．煤粉的分形特征及其对水煤浆级配的影响．煤炭学报，2014，39（5）：961-965．

［13］ 郑钢镖，康天合，等．无烟煤冲击产尘粒径分布规律的试验研究．煤炭学报，2007，32（6）：596-599．

［14］ 杨静，伍修锟，等．煤尘粒度分形特征的研究．山东科技大学学报，2010，29（1）：31-36．

［15］ 郁可，郑中山，等．粉体粒度分布的分形特征．山东科技大学学报，1995，9（6）：539-542．

［16］ 刘明华．水煤浆添加剂的制备及应用．北京：化学工业出版社，2007．

［17］ 方刚，王俊哲，等．一种提高低阶煤水煤浆成浆性的系统及方法．CN1634460A．2015-04-15．

［18］ 方刚，王俊哲，等．一种干湿法结合制备水煤浆的系统．CN3788657A．2014-09-10．

［19］ 方刚，王俊哲，等．一种干法制备水煤浆的系统．CN3294476A．2013-04-9．

［20］ 方刚，王俊哲，等．一种利用造纸黑液干法制备黑液水煤浆的系统．CN3334951A．2013-12-25．

第 **9** 章

煤粉工业锅炉技术简介

9.1 煤粉锅炉简介

煤粉锅炉简而言之就是以煤粉为燃料的锅炉设备，采用悬浮燃烧技术，微米级煤粉比表面积大，在燃烧过程中与氧气能够充分接触，燃烧充分，显著提高了锅炉燃烧效率和燃尽率，燃尽率达到 98%，热效率达到 90% 以上。煤粉锅炉的能耗仅为原煤链条锅炉能耗的 60%，节能效果明显，通过烟气处理装置，燃烧煤粉排放的 SO_2、NO_x、烟尘及固体废弃物远低于 2014 年国家强制标准 GB 13271—2014《锅炉大气污染物排放标准》限值，可达到甚至优于燃烧天然气的排放标准，环保、节能效果明显。图 9-1 为煤粉锅炉工艺流程图。

煤粉锅炉相对于传统燃煤锅炉，具有以下特点：

高效节能：煤粉燃烧属于室燃，燃烧充分，锅炉运行效率高，比传统燃煤锅炉（层燃方式）节煤近 20%，如图 9-2 所示；

环境友好：自动气力输送供煤，排灰，整个系统密闭运行，无粉尘跑冒；

洁净排放：采用低 NO_x 燃烧器，温度场均匀，避免局部高温燃烧产生大量的 NO_x；再配置 SNCR 脱硝、布袋除尘及湿法脱硫装置可以达到超低排放；

操控简单：实现即开即停；系统全自动智能监控、调整运行参数，降低劳动强度及人为因素影响；

节约用地：锅炉系统无堆煤场和灰场，占地面积小。

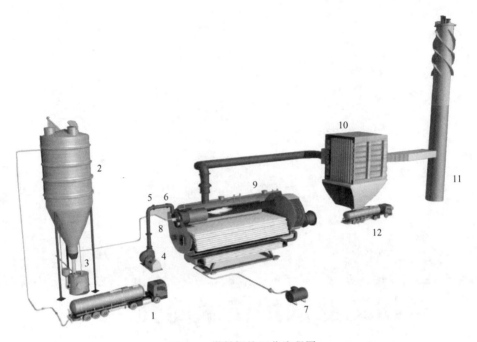

图 9-1 煤粉锅炉工艺流程图

1—煤粉罐车；2—煤粉仓；3—供料器；4—二次风机；5—二次风管；

6—二次风控制器；7—储油罐；8—燃烧器；9—锅炉本体；

10—布袋除尘器；11—烟囱；12—罐车

图 9-2 传统燃煤链条锅炉与煤粉锅炉燃烧情况对比

9.2 煤粉锅炉的组成

煤粉锅炉主要由燃料供应系统、锅炉本体、燃烧系统、烟风道系统、自控系统及烟气处理系统等 6 部分组成。

9.2.1　燃料供应系统

燃料供应系统即给煤粉炉提供煤粉的装置。煤粉通过罐车或吨袋卸料机输送至煤粉储仓，煤粉储仓通过卸料装置（分格轮、螺旋给料机等）气力输送将煤粉输送至煤粉燃烧器。

煤粉仓作为煤粉燃料储存使用，储存来自煤粉供应厂商的煤粉，采用钢制、直立式围筒形布置，其容量应考虑 2～3d 的煤粉使用量，煤粉仓有料位指示装置。设计时应该根据锅炉的容量选择合适体积的煤粉仓。

粉体对输送管道磨损很大，煤粉输送管道采用厚壁管（＞5mm），弯头（＞8mm）处采用合金材料或陶瓷耐磨管，大弯曲半径，以延长管道使用寿命；管道应采用静电接地保护。煤粉仓应配备 CO 监控系统、氮气保护系统或 CO_2 保护装置，防止煤粉的自燃。需要注意的是，CO_2 喷射口应进行减压，不得将煤粉喷吹而引起扬尘，导致次生粉尘燃爆事故。

煤粉仓辅机包括煤粉振打、煤粉卸料、输送风机及风粉混合器等装置。煤粉振打装置可防止仓内煤粉结块而导致的下料不畅。煤粉卸料及输送风机全部采用变频控制，通过调节给粉量、给风量，调节粉风比，满足锅炉不同负荷时的燃烧需求。

9.2.2　锅炉本体

锅炉本体主要包括炉膛、落灰斗、空气预热器及省煤器等设备。炉膛及落灰斗由膜式壁围成，煤粉在其内部燃烧。

9.2.3　燃烧系统

燃烧系统包括煤粉燃烧器及配套的风机。

9.2.3.1　旋流燃烧器

煤粉锅炉燃烧器采用轻柴油或者天然气点火。燃烧器是燃烧系统的核心设备，分为旋流式煤粉燃烧器和直流式煤粉燃烧器。与直流燃烧器相比，旋流燃烧器利用其形成的旋转气流可形成有利于着火的回流区，通过调节旋转气流及回流区的特性参数，旋流燃烧器几乎可以适用于任何燃料，并且具有燃烧稳定、易于负荷调节、射程短的优点，因此被广泛使用。

旋流燃烧器外形和结构示意图见图 9-3 和图 9-4。

燃烧器的二次风为旋流，一次风主要作为煤粉输送风。燃烧器二次风出口设置一定角度的扩口，以增强旋流强度、提高煤粉稳燃性。二次风室设置轴向叶片旋流器，旋流器位置可调，在运行中可通过调节旋流器的位置，改变二次风的旋流强度，从而改变回流区大小和长度，调整着火距离，实现煤粉高效燃烧。

一次风管内设置有中心管，中心管内布置微油枪、高能点火器和火检，供点火或过低负荷时使用，运行中配置冷风进行冷却，确保安全；点火时自动伸进，点火完成后自动退出燃烧器。

低氮燃烧器设计可基于旋流燃烧器，将一次风与二次风结构优化，延迟两者混合，使煤粉先在欠氧环境中燃烧，遏制氮氧化物的产生，从而达到降低氮氧化物排放的目的。

9.2.3.2　"微气或油"点火技术

"微气或油"点火技术的原理是：使微量的气或油在特殊设计的燃烧室内高强度

图 9-3　旋流燃烧器外形图

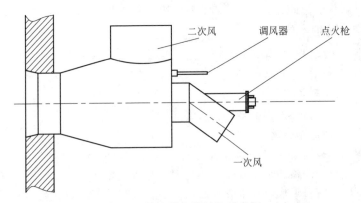

图 9-4　旋流燃烧器结构示意图

燃烧，产生高温火焰。该火焰首先在一级燃烧的"富粉"区域引燃少量煤粉，利用煤粉燃烧自身的热量再去引燃更多的煤粉，达到最终点燃大量煤粉的目的。燃烧器采用"微气或油"点火技术，可减少 $80\%\sim90\%$ 的点火用油或气。

9.2.3.3　燃烧器配套风机

燃烧器配套风机包括一次风机、二次风机甚至三次风机及回流风机。一次风机作用为输送煤粉，二次风机作用为提供煤粉燃烧所需的大部分空气，三次风机可配合燃烧器进行空气分级燃烧，回流风机可将引风机出口氧含量较低的高温烟气回流至燃烧器，不仅实现余热利用，而且较低氧含量的烟气参与燃烧可在一定程度上降低氮氧化物的排放浓度。

9.2.4　烟风道系统

烟风道主要包括一次风风道、二次风风道、三次风风道、回流烟道。

一次风风道为输送煤粉风道，利用煤粉仓配套的罗茨风机将煤粉输送至煤粉燃烧器。二次风风道为煤粉锅炉系统的主要风源，由鼓风机产生的风源通过二次风风道输送至炉膛。三次风风道主要作用为补充煤粉燃烧所需的空气量，保证煤粉可以充分地燃烧。回流烟道为一种低氮燃烧方式，将引风机后部的烟气引至炉膛内，降低燃烧区域温度及氧含量，达到氮氧化物排放浓度降低的目标。

9.2.5　锅炉电气自控系统

锅炉电气自控系统主要包括检测系统、控制及画面操作系统、执行单元等功能部分。

9.2.5.1　锅炉控制系统硬件部分

锅炉电气控制系统由可编程控制器（PLC）、输入单元、输出单元和人机界面组成，组成框图如图 9-5 所示。

PLC 负责接收现场数据采集单元传来的数据，控制引风机、鼓风机、给料机、水泵的变频器和现场的阀门等执行机构。PLC 是整个控制系统的核心部件，项目一般采用西门子 S7 系列可编程逻辑控制器，该系列 PLC 为西门子新推出的产品，运算能力以及通讯能力强，可靠性高，抗干扰能力强，编程简单，容易掌握，减少了控制系统的设计及施工的工作量，可方便地进行数据处理和通讯。

输入单元负责采集现场的压力、温度、流量、差压、水位等各项数据以及各种开关量。现场数据采集系统

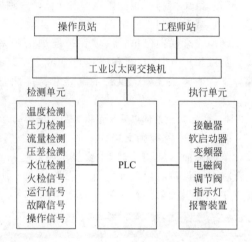

图 9-5　锅炉电气控制系统示意图

由温度传感器、压力传感器、煤气报警器、火焰监视器、水位传感器等组成。其中，模拟量输入模块采集各种传感器送来的 4～20mA 信号，模拟量输出模块输出 4～20mA 信号，控制变频器频率或者智能调节电动阀的开度。

执行单元有接触器、软启动器、变频器和电动调节阀等，控制风机、水泵和电动阀电设备、执行单元通常安装在 MCC 柜内。

人机界面采用西门子功能强大的 WINCC 组态软件，在工控机画面可以显示锅炉工艺流程、设备运行信息、热工仪表检测数据，设定和修改参数，操作启停设备，显示故障和报警信息，历史数据记录和查询，提供密码保护等。

PLC 控制系统 IO 点位通常备用 15%～20%，卡件支持热插拔。

9.2.5.2　锅炉控制系统程序设计

PLC 程序用梯形图语言编制，这个程序按照模块化设计，包括初始化、点火、数据采集、数据处理、故障报警与故障处理、停机等程序模块，它们的功能包括：工艺逻辑控制、工艺连锁控制、启停操作控制、故障报警控制、数据采集处理、系统安全保护、终端通讯设置等。

工艺控制和数据处理程序模块是最主要的部分。它根据采集到的室外温度、回水温度、炉水温度和出水温度，依据一定的控制算法，控制变频器频率。工程中可

将锅炉及其附属设备划分为若干个调节系统，针对各个系统的特性进行控制方案的设计和控制，调节系统项主要包括：

（1）锅炉燃烧系统　使燃料燃烧所产生的热量适应蒸汽负荷的需要；使燃料量与空气量之间保持一定比值，以保证经济燃烧和锅炉的安全运行。

（2）锅炉汽包水位　被调参数是汽包水位，调节参数是给水流量，它主要考虑汽包内部的物料平衡，使给水量适应锅炉的蒸发量，维持汽包中水位在工艺允许范围内，汽包水位用 PID 控制来实现。

（3）过热蒸汽温度　维持过热器出口温度在允许范围内，并保证管壁温度不超过允许的工作温度。

（4）负压控制　根据燃烧控制变化，检测炉膛负压，自动调整引风机风量（转速）。

（5）减温控制　检测蒸汽温度，自动调节减温水调节阀，保持蒸汽恒温。

（6）安全联锁保护　联锁保护停炉指令来自如下任一情况：燃油或燃气熄火故障、蒸汽超压/超温、汽包水位危低或盘管压差异常、引风机/鼓风机故障或停机电源异常、变频器故障、供粉系统异常、排烟温度异常、炉膛压力异常等其他联锁参数异常。

注：实际联锁条件以系统逻辑图和现场调试时双方确定为准。

9.2.5.3　监控画面操作

监控画面（见图 9-6）主要显示内容包括：工艺流程显示、工艺数据显示、设备运行状态、设备启停操作、参数设置修改、历史数据查询、故障报警显示、生产报表打印、密码权限保护、操作说明帮助等。

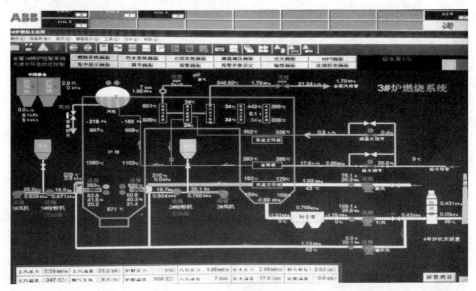

图 9-6　煤粉锅炉监控画面

9.2.6　烟气处理系统

2014 年，环保部颁布国家强制标准 GB 13271—2014《锅炉大气污染物排放标准》，标准中规定了锅炉烟气中颗粒物、二氧化硫、氮氧化物、汞及其化合物的最高允许排放浓度限值和烟气黑度限值，见表 9-1。目前国内市场煤粉锅炉的烟气处理系统，主要处理的对象为烟尘、氮氧化物和二氧化硫。该标准为国家强制规定的燃煤锅炉最低排放标准，各地方标准高于该标准。

表 9-1　燃煤锅炉污染排放物限值标准

污染物项目	限　值			污染物排放监控位置
	在用锅炉	新建锅炉	重点地区	
颗粒物	80	50	30	烟囱或烟道
二氧化硫	400 550①	300	200	
氮氧化物	400	300	200	
汞及其化合物	0.05	0.05	0.05	
烟气黑度（林格曼黑度，级）	≤1	≤1	≤1	烟囱排放口

① 位于广西壮族自治区、重庆市、四川省和贵州省燃煤锅炉执行此限值。

9.2.6.1　烟尘处理

烟尘处理常用的方法为布袋除尘和湿电除尘。布袋除尘在本书第 5 章已详细介绍，这里不再赘述。

9.2.6.2　脱硝工艺

目前国内市场治理氮氧化物最常用的方法有选择性催化还原法、选择性非催化还原法及选择性非催化还原法＋选择性催化还原法。

9.2.6.3　脱硫工艺

二氧化硫常用的处理工艺有干法、半干法及湿法工艺，常用的是湿法脱硫工艺。湿法脱硫工艺主要包括石灰石石膏法、双碱法等工艺。双碱法工艺系统主要包括：烟气系统、脱硫液塔外循环系统、脱硫副产物脱水系统、脱硫剂的制备系统及辅助系统等。

9.3　煤粉在工业领域的应用

9.3.1　煤粉在集中供热行业的应用

9.3.1.1　煤粉集中供热的现实意义

集中供热给民用供暖及工业供能提供稳定、可靠的高品位热源，摒弃了传统分散小锅炉房的落后模式，便于实现燃料、灰渣及烟尘排放的统一集中管理，提高了能源利用率、节约资源、减少了环境污染、改善了市容及工业厂区环境。实现集中供热是城市及工业体系能源建设的一项基础设施，是城市、工业现代化的一个重要标志，也是国家能源合理分配和利用的一项重要措施。因此，集中供热具有显著的经济效益和社会效益。

传统原煤链条锅炉燃料利用率、供热效率低下，现场操作环境差，污染严重，正被加速淘汰。而在我国富煤、贫油、少气的资源禀赋下，若大规模推行煤改气，气源短缺的问题将会严重凸显，2017 年冬季全国大范围出现"气荒"已印证这一事实。2018 年国务院印发《打赢蓝天保卫战三年行动计划的通知》要求"坚持从实际出发，宜电则电、宜气则气、宜煤则煤、宜热则热，确保北方地区群众安全取暖过冬"。煤粉锅炉集中供热不仅符合国家对于"散乱污"企业综合整治和散煤治理的政策要求，还是解决"气荒"现实困境的有效途径。对于企业来说，采用燃气也将大大增加产品制造成本，采用煤粉锅炉是替代高耗能燃煤链条锅炉和高成本燃气锅炉的有效方式。可以说，现阶段推广煤粉锅炉集中供热具有重要的现实意义。

　　以 20 蒸吨燃煤锅炉、燃气锅炉、煤粉锅炉为例，通过实际测算，其能耗对比、运行成本及排放对比如表 9-2～表 9-4 所示，可见煤粉锅炉在排放指标可以与天然气相当，其综合能耗及运行成本却有天然气无法比拟的优势。

表 9-2　燃煤锅炉、燃气锅炉、煤粉锅炉能耗对比表

比较项目	燃煤锅炉	燃气锅炉	煤粉锅炉
锅炉热效率	≥60%	≥90%	≥90%
燃料燃尽率	≥78%	≥99%	≥98%
燃料平均热值/(kcal/kg,kcal/m³)	5100	8300	6300
燃料耗量/(kg/h,m³/h)	3299	1606	2116
年燃料消耗量/(t,m³)	24000	11563200	15200
年燃料消耗量/t	17500	14500	13600
年耗电量/kW·h	1656000	666000	2055600
年耗电量标准煤/t	203	82	252
年耗水量/t	146742	146742	146742
年耗水量标准煤/t	12.6	12.6	12.6
综合能耗/t	17716	14595	13865

表 9-3　燃煤锅炉、燃气锅炉、煤粉锅炉运行成本对比表

比较项目	燃煤锅炉	燃气锅炉	煤粉锅炉
燃料价格/(元/kg,元/m³)	0.4	2.7	0.72
燃料耗量/(kg/h,m³/h)	3922	1606	2116
燃料费用/(元/h)	1568.63	4337.35	1523.81
锅炉运行电耗/(元/h)	276.60	111.00	342.60
锅炉用水费用/(元/h)	107.00	107.00	107.00
油耗费用/(元/次,10 次/年)	—	—	1700
工资总额/[72000 元/(人·年)]	1296000(18 人)	648000(9 人)	648000(9 人)
蒸汽成本/(元/蒸吨)	106.61	232.27	103.18
年运行费用合计/(万元/年)	1535.20	3344.65	1485.82

表 9-4　燃煤锅炉、燃气锅炉、煤粉锅炉排放对比表

比较项目	燃煤锅炉		燃气锅炉		煤粉锅炉	
	检测值 /(mg/m³)	排放量 /(kg/h)	检测值 /(mg/m³)	排放量 /(kg/h)	检测值 /(mg/m³)	排放量 /(kg/h)
烟尘	≥150	5.4	≤20	0.37	≤20	0.44
SO_2	≥400	14.4	≤50	0.93	≤50	1.1
NO_x	≥600	21.6	≤150	2.8	≤150	3.3

随着煤炭洁净燃烧技术的不断进步与市场化的应用推广。煤粉工业锅炉系统技术已十分成熟地应用于全国 20 余省市区的城市集中供热以及园区集中供能。新型高效煤粉工业锅炉系统技术采用煤粉集中制备、精密供粉、空气分级燃烧、炉内脱硫、水管（或锅壳）式锅炉换热、高效布袋除尘、烟气脱硫和全过程自动控制等先进技术，实现了燃煤锅炉的高效节能运行和洁净排放。

《煤炭工业发展"十三五"规划》中明确提出"全面整治无污染物治理设施和不能实现达标排放的燃煤锅炉，加快淘汰低效层燃煤锅炉，推广高效煤粉工业锅炉。鼓励发展集中供热，逐步替代分散燃煤锅炉"。《2017 煤炭行业年度发展报告》也提出"在大中城市、集中成片乡镇和农村、工业园区大力推进高效煤粉型工业锅炉，着力解决散煤清洁化燃烧和污染物控制问题"。

陕煤新型能源公司将煤粉集中供热作为一大核心版块业务，在全国各地已落户多个项目，为工业园区的企业提供工业蒸汽、为周围居民提供采暖用热。其中，已在宁夏银川、陕西咸阳、湖北仙桃、福建福鼎建成运行四个集中供热中心，在建的煤粉集中供热中心有福建文渡、河南桐柏和陕西鄠邑区、三原等 4 个，在陕西神木和天津滨海新区运营 5 座煤粉锅炉房。目前新型能源公司共有在运行煤粉锅炉超过 18 台，总吨位超过 800t/H。与同吨位的燃煤链条锅炉相比，年减少用煤折合 31.68 万吨，减排二氧化碳 83 万吨、二氧化硫 5544t、氮氧化物 5260t、烟尘 634t。新型能源公司旗下的每座热源站都配备了完整的除尘、脱硫和脱硝系统，已运行的各热源站污染物排放指标均在当地特殊环保排放的限值标准以内，达到了节能减排的效果。

经不完全统计，目前我国用于工业供热、居民采暖、生活热水供应运行及在建的高效煤粉锅炉约 1000 余台，合计 4 万多蒸吨，煤粉生产总能力约 500 万吨/年。主要应用地区为山东、河北、甘肃、山西、天津、辽宁、江苏、陕西、湖北、福建、浙江、云南、湖南等省市。图 9-7 为陕煤新型能源公司咸阳 110 蒸吨煤粉锅炉工业园区集中供热项目。图 9-8 为天津津能集团华苑供热所 5×58MW 煤粉市政集中供热项目。

9.3.1.2　智慧供能

随着集中供热自动化水平的提高，以大数据、互联网、物联网为依托可实现现代化的智慧供能体系。陕煤化新型能源慧能公司以园区供热为核心，融合电厂余热、天然气（LNG）、地热（干热岩）、光伏（光热）等新型能源，实现传统能源与新型能源互补，达到冷、热、电、汽（气）、水联供技术链。依托云计算、物联网、大数据为基础，通过实时数据采集、数据管理、工业大数据分析等一整套技术，建立能源生产与消费、智慧监控与可视化管理私有云平台，将公司分布在全国的工业园区

图 9-7　陕煤新型能源公司咸阳 110 蒸吨煤粉锅炉
工业园区集中供热项目

图 9-8　天津津能集团华苑供热所 5×58MW 煤粉
市政集中供热项目

集中供热站通过互联网接入智慧监控与能源管理云平台中，构建了煤炭清洁利用、多能互补与消费过程数字模型，24 小时全面监控生产与消费过程，实现公司对分散在全国各地的煤炭清洁及多能互补项目进行集中监控与智能化管理。其基本思路是：将采用不同能源供热的热力数据及设备运营参数通过监控器采集后，通过实时通信服务器传输到数据处理器，数据处理器将各单位的实时数据进行分析处理，形成各类分析结果，为各类热力供应企业提供管理指导。该系统可与便捷式电子设备连接，实现实时监控和远程控制。整个智慧供能系统（图 9-9）具备自主学习能力，可根据以往运行数据提供最佳运行参数，实现智能供能。图 9-10 为智能司炉系统。

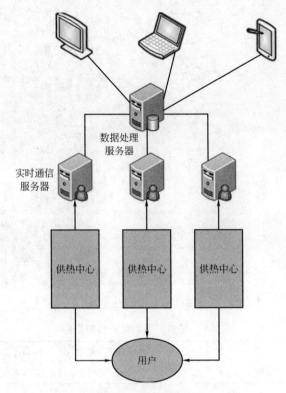

图 9-9　智慧供能系统控制简易示意图

9.3.2　煤粉在钢铁行业的应用

高炉炼铁采用喷煤技术能改善煤气还原性，降低高炉焦比，降低生铁成本，提高产品的竞争力。同时，由于高炉消耗的焦炭量降低，可以减少炼焦生产对环境的污染，因此，各钢铁公司都在致力于提高煤粉的制备能力，改善高炉原料及冶炼条件，提高喷煤量。

目前，高炉喷吹粉煤的粒径一般在 $74\mu m$ 过筛率占 80%。为保证喷吹煤粉具有较高发热量，同时挥发分控制在一定范围，常采用高热值的烟煤和低挥发无烟煤配比，高炉喷吹煤粉指标如表 9-5 所示。

随着优质无烟煤资源减少，低品质无烟煤灰分高、煤质下降等因素制约，采用低挥发分的兰炭资源替代无烟煤作为高炉喷吹原料成为一种新的途径。兰炭又称半焦、焦粉，是利用神府煤田盛产的优质烟煤烧制而成，部分来源于烟煤或粉煤气化后的副产物。陕煤新型能源有限公司在开发高炉喷吹煤粉的过程中，利用 4^{-2} 洗精煤与兰炭渣按一定比例配合，制备出符合高炉喷吹技术指标的高炉喷吹煤粉，不仅解决了无烟煤逐渐稀缺的困境，还解决了部分兰炭沫的二次利用问题，降低了高炉喷吹煤粉的生产成本，给钢铁企业带来了良好的经济效益，提高其市场竞争能力。

图 9-10　智能司炉系统

表 9-5　某钢厂高炉喷吹煤粉指标

全水	灰分	挥发分	低位发热量	200目过筛率	硫
＜5	＜9％	＜26％	＞6300kcal/kg	＞85％	＜0.4％

表 9-6、表 9-7 分别为泰和焦化厂兰炭指标与张家峁矿 4^{-2} 洗精煤指标。

表 9-6　泰和焦化厂兰炭指标

全水	内水	灰分	挥发分	低位发热量	硫
15.76％	5.75％	15.46％	14.06％	4965 kcal/kg	0.4％

表 9-7　张家峁矿 4^{-2} 洗精煤指标

全水	内水	灰分	挥发分	低位发热量	硫
14.78％	5.15％	4.36％	34.19％	0.4 kcal/kg	0.32％

若以兰炭：4^{-2}洗精煤（质量比）＝6：7生产高炉喷吹煤粉，可生产出的煤粉指标符合客户要求，如表9-8所示。

表 9-8　实际生产的高炉喷吹煤粉指标

全水	内水	灰分	挥发分	低位发热量	硫	200目过筛率
4.23％	3.68％	7.96％	25.15％	6989.7 kcal/kg	0.35％	85％

2013 年初，陕煤新型能源有限公司与山东庚辰钢铁厂合作，对其供料系统进行了改造，采用上述方案，降低了喷吹过程烟煤的使用量，改造后，每吨生铁节约费用达 60 元。同年 8 月，沧州中铁装备材料制造有限公司采用陕煤新型能源公司烟煤与兰炭渣配比生产的高炉喷吹煤粉，设备运行良好，工艺参数稳定。

9.3.3　煤粉在工业窑炉的应用

窑炉是用耐火材料砌成的用以煅烧物料或烧成制品的设备。工业窑炉广泛应用于国民经济各行各业，如冶金、建材、化工、轻工、食品和陶瓷等，其品种多、耗能高，是工业加热的关键设备。目前，我国约有 13 万台工业窑炉，年总能耗量为全国总能耗量的 25%。目前燃料炉燃烧方式较为原始，劳动强度大、环境污染、燃耗高、炉子热效率低、自动监测与控制手段差为我国工业窑炉现阶段主要问题。

传统燃料炉燃料多为重油、轻柴油或煤气、天然气，由于我国一次能源结构以煤为主、缺油少气，因此在工业窑炉中以煤代替石油、天然气具有重要的现实意义，也是降低工业窑炉使用成本的有效途径。下面以煅烧白云石回转窑生产金属镁为例，对比不同燃料的消耗成本，见表 9-9。

表 9-9　煅烧白云石不同燃料费用比较表（窑炉规格 $\phi 2.2m \times 57m$）（价格随市场浮动）

项目	煤粉	重油	天然气
燃料价格(2018 年 7 月)	700 元/t	3800 元/t	4 元/m³
低位发热量	6300kcal/kg	10200 kcal/kg	8500 kcal/m³
煅白单位消耗/(t/t)	0.375	0.2116	235m³/t
煅白燃料费用/(元/t)	262.5	804	940

从表 9-9 可以看出煅烧白云石的单位燃料消耗对比，煤粉相比重油和天然气具有巨大的成本优势。

经过脱硫除尘改造后的煤粉窑炉，不仅可实现达标排放，而且降低了企业生产成本。近年来，由于油价上浮、"气荒"等因素的影响，在沥青搅拌站（图 9-11）、饲料烘干、矿物烘干等行业使用煤粉燃烧窑炉的比例正在逐渐扩大。

图 9-11　沥青搅拌站煤粉窑炉

参 考 文 献

［1］　朱小文．燃煤发电厂 SCR 脱硝技术原理及催化剂选择．环境科学与技术，2006，29（9）：98-100.

［2］　朱崇兵，金保升，仲兆平．V_2O_5-$WO_3$$TiO_2$ 烟气脱硝催化剂的载体选择．中国电机工程学报，2008，28（11）：41-47.

［3］　李娜．石灰石-石膏法单塔双循环烟气脱硫工艺介绍．硫酸工业，2014（6）：45-48.

［4］　郝临山，彭建喜．洁净煤技术．北京：化学工业出版社，2011.

第10章

煤炭及煤粉在材料领域的应用

煤炭既是我国的主要能源，也是各种化工产品的基础原料。近年来，煤的清洁利用技术不断发展，按照加工性质可分为煤化工及煤的物理加工。本章重点介绍煤炭通过煤的物理加工后，在材料领域的应用。主要包括煤及煤粉在高分子材料填充剂、功能材料、炭泡沫、纳米材料等新型碳材料领域的研究。

10.1 煤基填充材料

煤由缩合芳香环和少量氢化芳香环/脂环/杂环等结构组成，其表面除了连接有烷基链外，还含有含氧基团和含硫基团，含氧基团主要为羧基、羟基、甲氧基和醚键等活性基团，含硫基团主要有硫醇、硫醚和杂环硫等。这些基团赋予了煤较高的反应活性，当煤被制成煤粉后，表面活性基团进一步增加，有利于煤的表面改性。改性后的煤粉可在高分子材料中部分替代炭黑作为填充剂，制备煤填充高分子材料。煤填充高分子复合材料成本低廉，填充性能好，具有较好的力学性能、加工性，热稳定性也有所提高。

10.1.1 煤基填充材料的制备方法

作为填充剂替代炭黑材料，需要将煤制成中位粒径$<5\mu m$的超细煤粉，制备超细煤粉的方法有分离法和研磨法。将合格的煤粉与改性剂在反应釜中混合改性，烘干后得到高分子填充材料。

10.1.1.1 分离法

分离法制备超细煤粉较研磨法操作具有可连续化、安全性高、环保的特点。其是在制备锅炉煤粉过程中采用梯级分离，将中位粒径$<5\mu m$的煤粉分离出来，该系

统既可生产普通锅炉煤粉，也可生产超细煤粉。陕西煤业化工新型能源有限公司超细煤粉制备即采用该方法，将超细粉分离后，直接输送至反应釜，与改性剂进行混合，制备高分子填充材料，其制备工艺如图10-1所示。

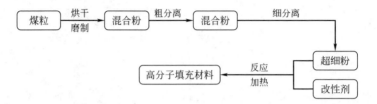

图10-1 分离法制备高分子填充材料

10.1.1.2 研磨法

研磨法制备超细煤粉是采用球磨、雷蒙磨等设备直接磨制，磨制前需先将煤炭烘干至全水<4%以下，而后送入磨制设备研磨，过程污染大、不可连续、安全性低。制备好的超细粉转移至反应釜，与改性剂混合反应，烘干后获得高分子填充材料，制备工艺如图10-2所示。

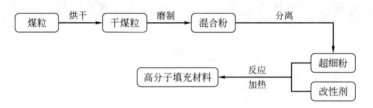

图10-2 研磨法制备高分子填充材料

10.1.2 煤基填充材料改性方法

常见的煤粉改性方法有傅-克烷基化法、偶联剂（硅烷偶联剂、钛酸酯偶联剂）改性、硬脂酸改性。其中，傅-克烷基化法为化学改性，偶联剂改性为化学和物理改性相结合，硬脂酸为物理改性。这些改性方法均可有效改善煤粉与高分子材料的相容性。其改性机理如图10-3、图10-4所示。

图10-3 傅-克烷基化反应机理

傅-克烷基化反应的实质是在酸催化剂作用下煤大分子中苯核上的氢被烷基取代的反应，反应式如下：

硅烷偶联剂改性是经过水解、形成氢键、加热脱水最终形成共价键，具体反应机理如下：

10.1.3 煤基填充高分子材料技术要求

（1）煤基填充橡胶的技术要求

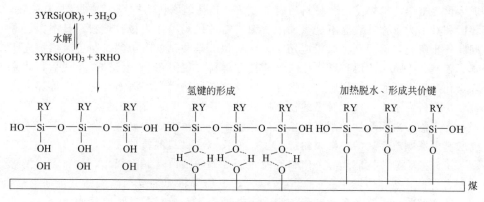

图 10-4　硅烷偶联剂改性机理

我国在实际生产中也进行了煤粉替代炭黑用于橡胶的研制工作，并制定了相应的标准，其技术条件如表 10-1、表 10-2 所示。目前，该类产品主要用于轮胎、地板、管道等方面。

表 10-1　煤填充橡胶填料的技术要求

项目	加热减量/%	灰分/%	pH 值	真密度/(g/cm³)	筛余物(44pm)/%
技术要求	≤1.50	≤17.0	9.0～10.5	<1.8	0.10

表 10-2　煤粉补强改性橡胶的物理力学性能

特性指标	拉伸强度/MPa	断裂伸长率/%	300%定伸强度/MPa
Ⅰ级	≥19.0	≥580	≥6.5
Ⅱ级	≥17.0	≥550	≥6.2

（2）煤基填充塑料的技术要求　磨细的煤粉经改性后直接用于塑料填料。其主要应用于 PP（聚丙烯）、PE（聚乙烯）、PVC（聚氯乙烯）等塑料，可制备塑料薄片、挠性管和各种形状的片材。表 10-3 为用于塑料制品的煤粉填料典型性能。

表 10-3　用于塑料制品的煤粉填料典型性能

项目	密度/(g/mm³)	含碳量(daf)/%	挥发分(daf)/%	水分(d)/%	灰分(d)/%	平均粒径/μm	比表面积(N₂)/(m²/g)
指标	1.31±0.03	77	22max	0.5	6.00max	5.50	8.97

10.1.4　煤基填充高分子材料的研究现状

10.1.4.1　橡胶

橡胶在日用品及工业品中应用广泛，其主要由基胶、补强剂（炭黑）、促进剂、硫化剂、防老剂等组成。超细煤粉改性，可部分或全部替代炭黑作为补强剂或填料，主要应用于轮胎、橡胶管、胶板以及泡沫材料领域。

20 世纪 30 年代，德国的 F. Fischer 将磨细褐煤粉与苯混合，混料压制成板材，成为世界上第一例煤基复合材料的制备方法，其基础原料为橡胶。20 世纪 60 年代，德国和日本为了弥补炭黑不足，采用微细煤粉替代炭黑作为橡胶填料。日本因资源问题停止研究，德国则将煤粉应用于替代炭黑、碳酸钙、陶土等，制备了煤填充丁苯、丁基、丁腈、乙丙和氟橡胶的煤基复合材料。我国在 20 世纪 80 年代后，北京煤炭化学研究所和北京橡胶研究设计院以及西安科技大学、河南理工大学等煤炭高校，深入研究了煤粉替代炭黑的复合材料制备工作，取得了较好的成果。

庞青涛等采用改性超细煤粉填充硅橡胶制备了超细煤粉硅橡胶发泡材料，采用钛酸酯偶联剂改性后的超细煤粉提高了硅橡胶泡沫材料的拉伸强度，较未改性煤粉制备了硅橡胶泡沫性能优异。何钊等通过硅烷偶联剂改性超细煤粉，制备了天然橡胶复合材料，断裂伸长率有明显的改善。张玉德等将无烟煤与磺酸盐共混研磨后，与丁苯橡胶共混，制备了改性无烟煤与丁苯橡胶复合材料，其填充橡胶复合材料的交联密度和力学性能显著提高。

10.1.4.2 树脂

煤粉填充树脂主要应用于管材、板材。主要替代树脂制品中的填料碳酸钙、黏土等，可全部替代树脂制品中的填料。改性煤粉主要在树脂中作为填料。20 世纪 70 年代，Corlow 和 Zummenov 将煤作为活性填料，采用熔融共混法制备了煤基/树脂复合材料。当前，市面上可用于橡胶和聚烯烃类的煤基改性填料为国外厂商标名为 Austin Black 的煤基填料。我国依托西安科技大学技术，部分厂家也已经实现产业化。

周安宁等将神府煤破碎后与高密度聚乙烯（HDPE）共混，改善了 HDPE 的拉伸强度，HDPE 结晶度下降，软化点和热稳定性得到提高。王国利等以膨胀型阻燃剂、煤粉、蒙脱土为复合阻燃剂，研究了煤基聚乙烯/蒙脱土复合材料的阻燃性能。超细煤粉在一定程度上可提高聚乙烯的阻燃性能。张舒洁等用氯化铁过渡金属盐改性超细煤粉，以不同比例添加到低密度聚乙烯中，改善了复合材料的活化能。刘锐利等采用改性超细煤粉制备了聚氨酯泡沫材料，改性超细煤粉的加入改善了聚氨酯泡沫的压缩强度和氧指数。卢建军等研究了超细煤粉填充聚丙烯材料的导电性能，发现填充煤粉后，材料的绝缘性能优异，可用于绝缘材料和电缆材料。此外，煤粉与聚己内酰胺（PA-6）制备的复合材料，拉伸强度显著改善。煤粉采用傅-克烷基化改性后，与聚丙烯制备的复合材料，力学性能明显改善，绝缘性较优。

综上所述，煤粉在树脂中，可改善树脂的力学性能、热稳定性以及绝缘性，具有较大的应用潜力。

10.2 功能材料

10.2.1 降解材料

超细煤粉可作为光降解剂，引入光敏剂，可加速聚烯氢类材料的降解。以煤填充聚乙烯薄膜材料为例，其降解机理如下：聚乙烯降解为典型的链式自由基反应，包含链引发、链增长和链终止。当含有煤粉时，链引发阶段发生变化，不是单一的吸收紫外线激发自由基反应。煤作为聚乙烯的光降解剂，会发生光氧化反应，改变链引发阶段。煤中的活性基团如羟基和酚羟基、羧基参与反应，这些基团在紫外光下很容易断裂，形成自由基，这些自由基引发聚乙烯活性点断链反应。另外，煤分子结构中的羰基及羧基分解后形成的羰基在反应过程中存在与聚乙烯反应的可能，羰基为光敏基团，这些羰基交联到聚乙烯链上，促进了聚乙烯的降解。煤中存在的金属离子，也会对聚乙烯自由基链式反应起到促进作用，如 Fe^{3+} 可以与聚乙烯反应，生成低价金属盐，而聚乙烯中间产物——过氧化物又可以使其还原。过氧化物主要是聚合物在紫外线高能辐射下，先形成激发态，再分解成自由基，自由基与 O_2 迅速反应，生成过氧化物。煤的加入对链增长、链终止无影响，本书不做详述。姜玉凤等在聚乙烯地膜中引入煤粉，在光氧化作用下加速了聚乙烯地膜中分子链的断裂，促进了聚乙烯降解。

10.2.2　抗静电和导电材料

一般而言，干燥煤炭的室温电导率随其含碳量的增加而升高：含碳率为 80% 时，电导率为 $10^{-14} S/cm$，当含碳率为 96% 时，电导率为 $10^{-4} S/cm$。温度升高，煤炭电阻率降低，表现出半导体特性。以神府煤为原料，含碳率为 81%，其电导率为 $10^{-10} S/cm$，采用熔融共混技术制备出抗静电性高聚物材料。在抗静电方面，齐齐哈尔大学和西安科技大学均进行了深入研究。西安科技大学周安宁团队以高硫煤为原料制备半导体高聚物，采用熔融共混技术，开发出具有良好抗静电功能的补强剂，使煤炭的电导率提高到 $10^{-2} S/cm$，可用作树脂、橡胶的抗静电剂。

导电高聚物均是大 π 键共轭结构体系，常见的导电聚合物包含聚乙炔、聚苯胺、聚吡咯、聚硫氮、聚苯撑乙炔、聚对苯撑、聚苯硫醚、聚苯醚、聚噻吩等。采用原位聚合，可以制备出煤基导电聚合物，研究最多的煤基导电聚合物材料为煤基聚苯胺导电材料。目前，煤基导电聚合物材料电导率可以达到 $10^2 S/cm$，形成良好的导体。但聚合物单体、煤粉及其他性质在煤基导电材料中的作用和导电机理仍然不清楚。

煤基聚苯胺导电聚合物材料制备方法主要有苯胺抽提/溶胀法、氧化处理法、磺化处理法、协同作用或其他方法。

苯胺抽提/溶胀法是先对煤粉进行苯胺抽提或者用苯胺溶胀，然后加入质子酸溶液或蒸馏水和氧化剂（如过硫酸铵）溶液，聚合制得煤基聚苯胺。马良选取神府煤不同煤岩组分，分别对其进行苯胺溶胀处理，然后通过溶液聚合制得不同煤岩组分/聚苯胺导电材料，并讨论了不同煤岩组分、过硫酸铵/苯胺摩尔比、聚合时间等因素对煤基聚苯胺导电性能的影响。

氧化处理法是先用硝酸、双氧水、次氯酸钠等氧化剂将煤氧化，然后加入质子酸溶液或蒸馏水和氧化剂（如过硫酸铵）溶液，聚合制得煤基聚苯胺。章结兵等以 H_2O_2 氧化煤和煤抽提物为模板制备煤基聚苯胺，并对不同条件下所制煤基聚苯胺进行导电性、溶解性和成膜性测定，研究苯胺与煤之间的相互作用。

磺化处理法是先用浓硫酸、氯磺酸等磺化剂在煤表面引入磺酸基或磺酰氯基，然后加入质子酸溶液或蒸馏水和氧化剂（如过硫酸铵）溶液，聚合制得煤基聚苯胺。樊晓萍以神府煤和云南褐煤为研究对象，氯磺酸为磺化剂，讨论了磺化温度、磺化时间和煤种对磺化效果的影响，表明对煤中磺酸基含量影响最显著的是磺化温度，低、中变质程度烟煤较适宜作为磺化原料煤，然后考察了磺化煤对煤基聚苯胺导电性能和导电机理的影响。

为保证苯胺能与煤更好地作用，常采用 2 种以上方法协同作用处理煤，然后加入质子酸溶液或蒸馏水和氧化剂（如过硫酸铵）溶液，聚合制得煤基聚苯胺。刘春宁等采用溶液再掺杂法制备了 DBSA 二次掺杂态煤基聚苯胺（CBP-R-DBSA），得出较佳的二次掺杂条件：时间 24h，温度 30℃，酸浓度 1.2mol/L，所得产物电导率为 6.08×10^{-2} S/cm。并分析探讨了煤基聚苯胺的掺杂-脱掺杂过程及不同态煤基聚苯胺的结构与性能。

10.2.3　离子交换树脂材料

神府煤以长焰煤为主，含有丰富的羟基、羧基等含氧官能团，因此具有良好的弱酸性离子交换功能，可与线型聚苯乙烯制备离子交换树脂。通过对神府煤实施流化床有控氧化，使煤炭分子结构单元之间的亚甲基、醚键、羰基等桥键氧化，并使芳环上的烷基氧化为羧基和羟基，形成全酸基团含量为 4.72mmol/g 的神府氧化煤。该氧化煤与磺化聚苯乙烯相容性提高，采用溶剂共混法，制备了聚苯乙烯离聚物与神府氧化煤复合离子交换树脂，该树脂为类似笼蛇结构，既具有强酸性离子交换功能，又对重金属离子具有高度选择性。

10.2.4　吸附材料

以煤为基制备的吸附材料主要为活性炭。煤不能直接作为吸附材料使用，随着煤化程度增加，煤中固定碳含量不断增加，碳材料孔隙度下降，很多分子无法进入，不具备吸附功能。以无烟煤、烟煤等具有较小内部孔隙的煤种制备的活性炭，其孔隙呈开孔小、孔隙内部长的特点，具有较大吸附优势，可用于吸附小分子物质。褐煤、泥煤制备的活性炭，孔隙开孔大，内部粗而短，可用于液相吸附。煤基活性炭微观形貌如图 10-5 所示。

图 10-5　活性炭微观形貌

10.2.4.1　煤基活性炭制备工艺

图 10-6 为活性炭制备流程。煤基活性炭制备工艺一般是将煤炭破碎成煤粉后，通过成型、炭化、活化等工艺制备而成。最为关键的是炭化和活化两个步骤。

（1）炭化　炭化过程中形成初始孔结构。炭化是含碳有机物在高温条件下排除大部分非碳元素——氢和氧，发生脱氢、环化、缩聚和交联等化学反应。根据众多学者研究表明，煤基活性炭制备炭化过程温度最高不宜超过 600℃。炭化温度和升温速率对于炭化过程至关重要，炭化温度过低，煤中的小分子物质不能有效地挥发

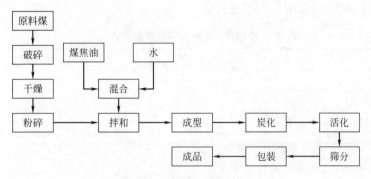

图 10-6　活性炭制备流程

出，制备的活性炭孔隙结构差；温度过高，活性炭强度提升，但微孔体积大幅下降。对于升温速率，升温速率过快，不利于微晶结构的有序化排列，同时大量挥发分溢出，造成制备活性炭孔隙大。

（2）活化　活化，是进一步提高活性炭孔隙度的过程，主要以缩聚反应为主。活性炭活化方法很多，主要有物理活化法、化学活化法及物理化学复合活化法。

物理活化法是以水蒸气、CO_2 或两者的混合物为活化剂，在 800～950℃下，从炭化料中通过 CO_2 或者 $C+H_2O$ 选择性烧蚀颗粒内部的碳原子而形成孔隙。其工艺环节多，产品收率低。

化学活化法是将一定量化学药剂加入煤粉中，均匀混合成型后，在惰性气氛下进行炭化、活化，制备具有发达孔隙的活性炭。化学法制备活性炭反应温度低、工艺简单，但污染严重。工业上一般采用 $ZnCl_2$、H_3PO_4、NaOH 等作为活化剂。这些活化剂均具有脱氢作用，能够有效阻止焦油生成，工业上最为常用的活化剂为 H_3PO_4。Hsu 等以烟煤为原料，采用化学法，以 KOH、$ZnCl_2$ 和 H_3PO_4 为活化剂，制备了煤基活性炭。其中 KOH 制备的煤基活性炭比表面积最小为 $770m^2/g$，H_3PO_4 作为活化剂制备的煤基活性炭比表面积达 $3300m^2/g$。原料煤尺寸增大，不利于孔隙形成，而且活性炭产量降低。Lillo-Rodenas 等采用配煤技术混合原料煤，并分别加入活化剂 NaOH 和 KOH，两者对比，KOH 制备的活性炭孔体积较大，通过参数优化，采用 NaOH 为活性剂制备的活性炭比表面积较大，为 $2700m^2/g$。

物理化学复合活化法是将物理法和化学法的优点相结合来制备活性炭。J. Ganan 等先以 KOH 为活化剂对成型煤粒进行活化，而后在 N_2 条件下中进行炭化，再以空气为活化剂进行物理活化，得到活性炭。活性炭比表面积达 $2346m^2/g$，体积为 $1.02cm^3/g$。Tsisheng 等采用无烟煤制备活性炭过程中发现 H_3PO_4 有益于炭化过程中挥发性物质减少，与 CO_2 联用可制备出性能优异的中孔活性炭。三种活化方法的差异对比见表 10-4。

表 10-4　三种活化方法的差异对比

活化方法	反应温度/℃	工艺环节	产品收率	生产成本	污染情况
物理活化	800～900	多	低	低	无/少污染
化学活化	400～700	简单	高	中	很严重
物理化学	800～900	复杂	中	高	较严重

常见不同孔隙类型活性炭可分为微孔、中孔及大孔。其特点见表10-5。

表 10-5　各种类型孔隙的特点

孔隙类型	有效直径/nm	表面积或占有率	作用、功能
微孔	<2.0	$800\sim1000m^2/g$,90%以上	主要决定吸附能力
中孔	2.0～50.0	一般为 $20\sim70m^2/g$,比表面积不超过5%	进入微孔的通道,可填载催化剂
大孔	>50.0	$0.5\sim2.0m^2/g$	吸附通道,广泛应用于催化领域

10.2.4.2　煤基活性炭的应用

（1）超级电容器电极　超级电容器是新一代的储能元件，其储能高、功率密度高，具有可逆存储及电荷释放能量的优点，可实现快速充放电。超级电容器的核心是电极及电解液，电极材料多为碳基材料。煤作为自然界中碳材料存在形式最多的来源之一，受到众多学者关注。以煤基活性炭为主的电极材料一般制作双电层电容器，煤基活性炭表面的官能团也可提供少量的法拉第赝电容。影响超级电容器用煤基活性炭电极的主要因素有：活性炭比表面积、孔径分布、表面官能团、石墨化程度、灰分以及粒度等。

一般而言，煤基活性炭比表面积越大，比电容越高，但两者并不是线性关系。不同制备工艺制备的煤基活性炭，也存在比表面积增大，比电容下降的情况。Xing等以褐煤为原料制备活性炭，调整活化温度后，分别获得比表面积为 $2615m^2/g$（比电容 332F/g）和 $3036m^2/g$（比电容 326F/g）的煤基活性炭，但比表面积较大的煤基活性炭比电容降低。

微孔是双电层的主要场所；中孔可改善充放电速率，保证高的比电容保持率；大孔仅作为通道，对电解质吸附速度有一定影响。潘登宇等用多种不同孔隙结构的煤基活性炭制作超级电容器，研究发现，中孔含量的增加有助于降低超级电容器的接触电阻，在大电流充放电过程中，减少电容衰减率。

活性炭自身为非极性材料，能够较好地吸附水溶液中非极性材料，但引入含氧官能团或含氮官能团可改善活性炭表面性能，提高吸附极性物质的能力。根据研究，煤基活性炭表面的官能团自身的氧化还原反应产生的法拉第赝电容，可提高5%～10%的比电容量。

石墨化程度对煤基活性炭电化学性能有极大影响。煤从低阶煤到高阶煤石墨化程度不断增加。在一定程度上，石墨化程度增加，制备的煤基活性炭导电率提高，可提高电解液在电极上的分解电压，从而改善超级电容器的能量密度。过高的石墨化程度则会导致煤基活性炭微孔减少，不利于双电层的形成，而低阶煤则能形成较多微孔，且表面活性炭官能团有助于提高比电容。

煤中灰分对于活性炭制备是有害的。灰分主要为硅酸盐、碳酸钙等，其会导致超级电容器自放电，且煤基活性炭比表面积得不到充分利用，降低了超级电容器的比电容。

煤基活性炭粒度主要影响超级电容器的放电效率、内阻及使用寿命。煤基活性炭粒径过小，会增加颗粒间的接触电阻，影响电容器的电阻率。针对上述影响因素，可通过活性炭表面改性改善活性炭表面吸附能力，进而提升超级电容器性能。常见的改性方法有氧化改性、还原改性、负载改性、电化学改性及其他改性。氧化改性通常采用 O_3、H_3PO_4、H_2SO_4、HF、H_2O_2 等为氧化剂，将煤基活性炭表面的官能团氧化，提高煤基活性炭表面的含氧官能团含量，增加极性。还原法采用的一般为 Lewis 碱，在还原性气氛下将煤基活性炭表面的官能团还原为高含氧碱性基团，增加非极性，提高对非极性物质的吸附能力。负载改性是利用活性炭的还原性，将金属离子还原为单质或低价态粒子。常用的浸渍液有 $FeSO_4$、$CuCl_2$、Na_2CO_3 等水溶液。电化学改性是利用微电场，使活性炭表面的电性和化学性质发生改变，从而提高吸附的选择性和性能。近年来，微波技术、等离子体、碳沉积、溶胶-凝胶、电沉积、模板法等均用于改性煤基活性炭，均取得了较好的结果。

（2）废水、废气处理及气体分离　活性炭，因其具有较大的比表面积，广泛应用于废水、废气处理及气体分离。

在废水处理领域，煤基活性炭对重金属离子、苯酚、甲基橙等污染物的吸附具有较好的效果。陈春林等采用脱灰煤基活性炭处理污水中的镉离子，脱灰煤基活性炭对废水中的镉离子去除率达 91% 以上，具有较好的脱除效果。废气处理领域，对甲烷的吸附研究较多。张小兵等研究了不同煤基活性炭对甲烷气体的吸附能力，研究表明，酸性基团的引入不利于煤基活性炭对甲烷的吸附。气体分离方面，煤基活性炭具有较广泛的应用。王芳等以煤基活性炭为载体，通过吸附铜络合物，用于分离乙烯/乙烷气体，且再生性能良好。

10.3　炭泡沫

炭泡沫材料具有轻质、高强度、导电和热传导性能可控、阻燃、耐腐蚀、吸收声音和震动能量的特性。20 世纪 90 年代，炭泡沫材料开始以煤或沥青代替其他前驱体制备，以煤为原料制备的炭泡沫材料强度高、原料丰富、价格低廉，受到越来越多的关注。20 世纪 90 年代，以煤为原料，美国橡树岭国家实验室和西弗吉尼亚大学均开发出炭泡沫材料，该成果一经问世，即得到美国航天航空部门及军方的高度重视。炭泡沫微观形貌如图 10-7 所示。

目前，制备炭泡沫有四种方法：分离焦化法、限制膨胀法、混合前驱体法和加压热解法。郑蕊等以煤粉（100 目）为原料，研究了炭泡沫的制备工艺参数，发现

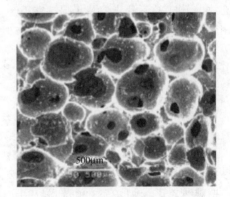

图 10-7　炭泡沫微观形貌

煤床表面压力、温度对炭泡沫的制备尤为关键。徐国忠等以肥煤为原料，采用高压渗氮法制备煤基炭泡沫，研究了炭泡沫制备工艺参数：发泡温度、发泡压力和发泡时间。

10.4　煤基纳米材料

10.4.1　煤基石墨烯

石墨烯是一种由碳原子以 sp2 杂化组成的二维蜂窝状晶格结构的新型碳纳米材

料。具有极大的比表面积和优异的力学、光学、热学等性能，被广泛应用于各个领域。以煤为原料制备石墨烯尚处于研究阶段，通常采用多种方法联合制备石墨烯。煤基石墨烯产品主要应用于光催化和电化学领域。图 10-8 为煤基石墨烯 SEM 形貌图。

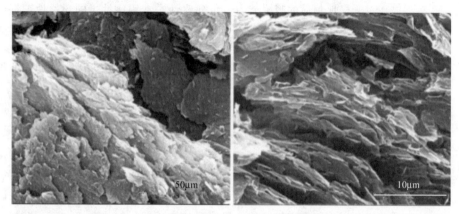

图 10-8　煤基石墨烯 SEM 形貌

　　Clois Powell 及其同事深入研究了由褐煤制备氧化石墨烯和石墨烯的理论基础，该技术将大大降低石墨烯的成本，且环境友好。张亚婷等以煤炭为原料，通过催化热处理、化学氧化及水热还原技术制备了石墨烯宏观体，将其用于电极，稳定性好，比电容达 288.9F/g，充放电 1000 次后电容保持率大于 91.6%。赵春宝等采用改良的 Hummers 氧化还原法制备了煤基石墨烯，制备的石墨烯电极比电容为 128.6F/g，充放电 1000 次后比电容量仍保持在 105.5F/g。曾会会等将煤基石墨烯与 TiO_2 复合用于光催化，当煤基石墨烯用量为 8% 时，可使罗丹明 B 降解 98.9% 以上。张亚婷等以煤为原料，采用 Hummers 法和化学还原法结合制备了煤基石墨烯宏观体，煤基宏观体作为填料用于光催化剂填料，其可较好地催化 CO_2 转化为甲醇。

10.4.2　煤基碳纳米管

　　碳纳米管可以看作是由平面石墨烯片卷曲而成，具有中空内腔结构的准一维管状大分子。按照构成管壁的石墨烯片层数，可分为单壁、双壁和多壁碳纳米管。碳纳米管的合成方法主要有电弧法，激光蒸发法和化学气相沉积法。董强以太西煤为原料，采用超声处理与化学氧化相结合对太西煤处理，通过电弧放电法制备了煤基单壁碳纳米管，纯度高达 90% 以上。图 10-9 为单壁碳纳米管的 TEM 图片。吴霞等通过直流电弧放电法采用新疆煤为碳源，制备了不同管径的碳纳米管。

10.4.3　富勒烯

　　富勒烯是碳原子较多，具有类似于 C_{60} 的笼状结构物质的总称，于 1985 年被 Kroto 等发现。以煤为原料合成富勒烯主要采用电弧法、微波或射频等离子体法。煤的灰分、挥发分等对富勒烯的制备有影响。邱介山等选取国内 14 种煤，采用电弧等离子体蒸发法制备富勒烯，研究了煤的灰分、挥发分及固定碳含量等基础性质对富勒烯产率的影响。富勒烯在物理、化学、材料和生命科学等众多领域均有巨大的

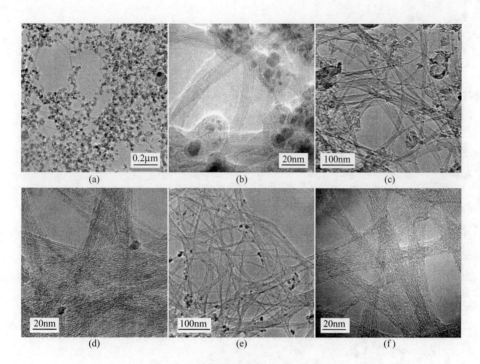

图 10-9　单壁碳纳米管的 TEM 图片

（a，b）未经纯化的单壁碳纳米管；（c，d）纯化的单壁碳纳米管-1；

（e，f）纯化的单壁碳纳米管-2

应用潜力。图 10-10 为单纯煤样生成的各种形状的纳米洋葱状富勒烯的 HRTEM 像。

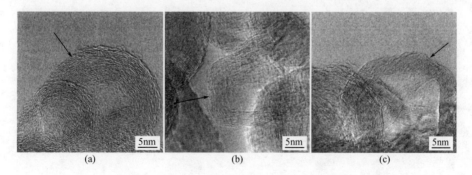

图 10-10　单纯煤样生成的各种形状的纳米洋葱状富勒烯的 HRTEM 像

（a）准球状纳米洋葱状富勒烯；（b）多面体状纳米洋葱状富勒烯；

（c）中空较大的纳米洋葱状富勒烯

参 考 文 献

［1］　张玉德，康小娟，谭金龙，等．煤基功能性填料的研究进展．化工新型材料，2013，41（7）：3-5.

［2］　MT/T 804-1999.煤基橡胶填料技术条件．

［3］　庞青涛，邵水源，昝丽娜，等．超细煤粉/硅橡胶发泡材料的制备与表征．中日复合材料会

议，2012.

[4]　何钊，朱睿颖，石程程，等．改性煤粉对天然橡胶的性能影响．化工时刊，2013，27（1）：5-9.

[5]　张玉德，杨世诚，张乾．磺酸盐改性无烟煤对丁苯橡胶复合材料微观结构和力学性能的影响．2016，44（10）：134-136.

[6]　周安宁，郭树才，葛岭梅．HDPE 与神府煤共混物材料的相容性研究．煤炭学报，1998，23（2）：71-75.

[7]　王国利，周安宁，葛岭梅，等．煤基聚乙烯/蒙脱土复合材料的阻燃特性．高分子材料科学与工程，2005，21（1）：164-167.

[8]　张舒洁，陶秀祥．低密度聚乙烯/超细煤粉复合材料的热反应性研究．中国塑料，2012，26（5）：45-53.

[9]　刘锐利，曹文，庞青涛．超细煤粉填充聚氨酯泡沫材料的性能．化工时刊，2017，31（5）：13-16.

[10]　卢建军，赵彦生，鲍卫仁，等．超细煤粉填充高分子绝缘材料．煤炭学报，2005，30（2）：229-232.

[11]　沙保峰．超细煤粉对聚乙烯薄膜的光降解催化作用的研究．西安：西安科技大学，2005.

[12]　姜玉凤，沙保峰．超细煤粉对聚乙烯地膜光降解性能的影响．塑料工业，2009，37（7）：42-45.

[13]　杨丽坤．煤/聚苯胺复合材料制备方法研究进展．西安科技大学学报，2013，33（6）：715-717.

[14]　马良．不同煤岩组分/聚苯胺导电材料的合成和性能研究．西安：西安科技大学，2002.

[15]　章结兵，周安宁，张小里．双氧水氧化煤对煤基聚苯胺性能的影响．材料导报，2010，（14）：41-44.

[16]　樊晓萍，周安宁，葛岭梅．煤孔结构对煤/PANI复合材料导电性能的影响．煤炭转化，2005，28（1）：82-84.

[17]　刘春宁，麻晓霞．不同态煤基聚苯胺的结构与性能．塑料，2011，06：34-37.

[18]　李茂，杨玲，李建军．煤基活性炭的制备研究进展．四川化工，2013，13（1）：31-33.

[19]　Hsu L Y，Teng H．Influence of different chemical reagents on the preparation of activated carbons from bituminous coal．Fuel processing technology，2006，32（3）：3-11.

[20]　Lillo-Rodenas M A，Lozano-Castello D，Cazorla-Amcros D，et al．Preparation of activated carbons from Spanish anthracite Ⅱ．Activated carbons from bituminous coal：effect of mineral matter content．Carbon：2011，22（5）：33-40.

[21]　Ganan J，Gonzalez-Garcia C M，Gonzalez J F，et al．Preparation of activated carbons from bituminous coal pitch．Applied surface science，2004，238（1-4）：347-354.

[22]　Teng T，Yeh T S，Hsu L Y．Preparation of activated carbon from bituminous coal with phosphoric acid activation．Carbon，1998，36（9）：1387-1395.

[23]　侯彩霞，孔碧华、樊丽华，等．超级电容器用煤基活性炭研究．洁净煤技术，2017，23（5）：56-61.

[24]　孔碧华，郭秉霖，侯彩霞．超级电容器用无灰煤基活性炭的改性研究．2017焦化行业节能环保及新工艺新技术交流会，10-14.

[25]　Xing B L，Guo H，Chen L J，et al．Lignite-derived high surface area mesoporous activated carbons for electrochemical capacitors．Fule processing technology，2015，138：734-742.

[26]　Wang G，Zhang L，Zhang J．A review of electrode materials for electrochemical supercapacitors．Chemical society review，2012，41（2）：797-828.

[27]　王力，张传祥，段玉玲，等．含氧官能团对活性炭电极材料电化学性能影响．电源技术，2015，39（6）：1248-1250.

[28]　邢宝林，张传祥，谌伦建，等．配煤对煤基活性炭孔径分布影响的研究．煤炭转化，2011，34（1）：43-46.

[29]　马亚芬，谌伦建，张传祥，等．煤基活性炭电极材料的改性方法研究．材料导报 A：综述篇，2011，25（9）：42-45.

[30]　宋燕，凌立成，李开喜．超级活性炭材料的制备和结构及其性能研究进展．煤炭转化，2001，24 (2)：27.

[31]　Hussain S, Aziz H A, Isa M H, et al. Physico-chenical method for ammonia removal from synthetic wastewater using limestone and GAC in batch and column studies. Bioresour Technology，2007，98 (4)：874.

[32]　杨金辉，王劲松，周书葵，等．活性炭改性方法的研究进展．湖南科技学院院报，2010，31 (4)：90.

[33]　Liu Q S, Zheng T, Li N, et al. Modification of bamboo-based activated carbon using microwave radiation and its effects on the adsorption of methylene blue. Apply surface Science，2010，256 (10)：3309.

[34]　解强，李兰亭，李静，等．活性炭低温/氮等离子体表面改性的研究．中国矿业大学学报，2005，34 (6)：687.

[35]　Wang X L, Yuan A B, Wang Y Q. Supercapacitive behaviors and their temperature deperature dependence of sol-gel synthesized nanostructured manganese dioxide in lithium hydroxide electrolyte. J Power Sources，2007，157 (2)：1007.

[36]　Reddy R N, Reddy R G. Porous structured vanadium oxide electrode material for electrochemical capacitors. J Power Sources，2006，156 (2)：700.

[37]　Xue T, Xu C, Zhao D D, et al. Electrodeposition of mesoporous manganese dioxide super-capacitor electrodes through self-assembled triblock copolymer templates. J Power Sources，2007，157 (2)：953.

[38]　Zhao D D, Bao S J, Zhou W H, et al. Preparation of hexagonal nanoporous nickel hydroxide film and its application for electrochemical capacitor. Electrochim Commum，2007，9 (5)：869.

[39]　陈春林．脱灰煤基活性炭吸附处理含镉废水．山西化工，2018，173 (1)：157-159.

[40]　吴永红，张兵，沈国良，等．烟煤基活性炭的制备及脱除甲基橙性能．化工进展，2013，32 (S1)：88-92.

[41]　黄冬艳，李娟，江萍，等．污泥－烟煤基活性炭的制备及其对苯酚的吸附性能．环境工程学报，2016，10 (10)：5931-5936.

[42]　张小兵，郇璇，张航，等．不同煤体结构煤基活性炭微观结构与甲烷吸附性能．中国矿业大学学报，2017，46 (1)：155-160.

[43]　王芳，党亚固，李守强，等．煤基活性炭络合吸附剂对乙烯/乙烷吸附分离性能研究．现代化工，2017，37 (8)：154-157.

[44]　邓涛略，白瑞成，邵勤思，等．煤基炭泡沫综述．材料导报，2011，25 (5)：454-456.

[45]　郑蕊，张波，嵇阿琳，等．制备工艺参数对煤基炭泡沫性能的影响研究．碳素，2017，172 (3)：33-38.

[46]　徐国忠，金文武，曾燮榕，等．煤基炭泡沫孔结构调控．无机材料学报，2016，31 (9)：961-968.

[47]　POWELL C, BEALL G W. Graphene oxide and graphene from low grade coal: Synthesis, characterization and applications. Current Opinion in Colloid & Interface Science，2015，20 (5-6)：362-366.

[48]　张亚婷，任绍昭，党永强，等．煤基三维石墨烯基电极在不同电解液中的电化学性能．材料导报 B：研究篇，2017，31 (8)：1-5.

[49]　赵春宝，刘振．煤基石墨烯制备及电化学性能研究．化学工程师，2017，(10)：14-22.

[50]　曾会会，仪桂云，邢宝林，等．煤基石墨烯/TiO_2复合材料的制备及光催化性能．化工进展，2017，36 (7)：2568-2575.

[51]　张亚婷，李可可，刘国阳，等．煤基石墨烯宏观体的制备及其在 CO_2 光催化还原过程中的应用．新型炭材料，2015，30 (6)：539-543.

[52]　董强．煤基单壁碳纳米管的纯化及应用．大连：大连理工大学，2010：5.

[53]　吴霞，王鲁香，刘浪，等．新疆煤基碳纳米管的调控制备．无机化学学报，2013，29 (9)：

1842-1848.

[54]　邱介山，周颖，王琳娜，等．煤基富勒烯的制备研究．大连理工大学学报，2000，40（S1）：40-44.

[55]　杜爱兵，刘旭光，许并社．煤基富勒烯合成及其生成机理．2004，27（3）：1-5.

[56]　杜爱兵．煤基纳米洋葱状富勒烯的制备研究．太原理工大学学报，2005：4.